U0269254

集成电路
设计与实践丛书

ARM MCU嵌入式开发

基于国产GD32F10x芯片 微课视频版

高延增 魏 辉 侯跃恩 ◎ 主编

清华大学出版社

北京

内 容 简 介

本书深入浅出地讲解嵌入式系统开发的基础知识,从原理、方法、工程实践等多视角介绍 ARM MCU 嵌入式开发中的各种常用技术,为每个知识点配备了开发案例,使读者既能掌握工程开发方法,又能掌握技术原理,为后续整个技术生涯奠定坚实基础。

本书共 12 章,第 1、2 章讲述基本概念、开发环境准备及 ARM Cortex-M3 架构;第 3~5 章讲述基础的 GPIO、中断机制和定时器机制;第 6~9 章讲述常用的通信方法,包括串行通信、I2C、SPI、CAN;第 10 章讲述 ADC 的原理与应用;第 11 章进一步讲述如何通过 DMA 技术进行 ADC 采样;第 12 章通过舵机、步进电机讲解 GD32F10x 进行电机控制的入门知识。

本书由多位拥有十多年嵌入式研发与教学经验的高校教师、企业工程师共同编写完成,所有案例都是基于国产 GD32F10x 系列芯片实现的,并且为每章都配套了详细的视频讲解,助力读者轻松零基础入门并精通 ARM 单片机开发。本书可作为高等院校和培训机构相关专业的教学参考书,也可供正在为 ARM 芯片选择国产替代方案的企业工程师选作技术参考书。

图书在版编目(CIP)数据

ARM MCU 嵌入式开发:基于国产 GD32F10x 芯片:微课视频版/高延增,魏辉,侯跃恩主编.—北京:清华大学出版社,2024.6
　(集成电路设计与实践丛书)
　ISBN 978-7-302-66419-2

Ⅰ.①A… Ⅱ.①高… ②魏… ③侯… Ⅲ.①微处理器－系统开发 Ⅳ.①TP332.3

中国国家版本馆 CIP 数据核字(2024)第 111611 号

责任编辑:赵佳霓
封面设计:吴　刚
责任校对:韩天竹
责任印制:刘　菲

出版发行:清华大学出版社
　　　　网　　　址:https://www.tup.com.cn,https://www.wqxuetang.com
　　　　地　　　址:北京清华大学学研大厦 A 座　　　邮　　编:100084
　　　　社 总 机:010-83470000　　　　　　　　　　邮　　购:010-62786544
　　　　投稿与读者服务:010-62776969,c-service@tup.tsinghua.edu.cn
　　　　质量反馈:010-62772015,zhiliang@tup.tsinghua.edu.cn
　　　　课件下载:https://www.tup.com.cn,010-83470236
印 装 者:三河市铭诚印务有限公司
经　　销:全国新华书店
开　　本:186mm×240mm　　　**印　张**:20.5　　　　　　**字　　数**:464 千字
版　　次:2024 年 6 月第 1 版　　　　　　　　　　　　　**印　　次**:2024 年 6 月第 1 次印刷
印　　数:1~1500
定　　价:69.00 元

产品编号:100997-01

前 言
PREFACE

党的二十大报告中指出：教育、科技、人才是全面建设社会主义现代化国家的基础性、战略性支撑。必须坚持科技是第一生产力、人才是第一资源、创新是第一动力，深入实施科教兴国战略、人才强国战略、创新驱动发展战略，这三大战略共同服务于创新型国家的建设。高等教育与经济社会发展紧密相连，对促进就业创业、助力经济社会发展、增进人民福祉具有重要意义。

一方面，在信息技术越来越发达的今天，嵌入式系统正在以前所未有的速度融入我们的生活、工作、娱乐等方方面面。从普通的键盘、鼠标，到无人机、3D打印机，甚至月球车、火星车，无不是嵌入式系统在大显身手。另一方面，中美贸易摩擦不断，特别是在芯片相关领域的冲突不断升级，国内相关厂家寻找国产替代主控芯片的工作刻不容缓。

我国厂商在选用国外品牌的ARM主控芯片时通常会碰到两个问题：①货源供应不稳定，产能随时会受限制；②芯片价格波动大，给终端产品的市场定价、客户维系等带来极大困难。因此，积极寻找国产芯片替代成为目前所有中国嵌入式相关行业上下游厂家的共识。但是，国产芯片由于发展时间相对较短，厂家在选用国产芯片替代时又存在配套学习资源缺乏、熟练的技术人员招聘困难等问题。因此，无论是高校相关专业的师生还是智能硬件相关产业的技术人员，都急需一套专门针对国产ARM芯片的基础教程。

针对上述现状，作者总结多年的嵌入式研发与教学经验、查阅大量参考资料编写成本书，力求清晰地阐述所有ARM单片机开发涉及的知识点，并为所有知识点都配套了讲解详细的视频，同时配有实用性强的案例、与工程实际接近的参考代码等电子资源，使读者学完本书内容后可以直接上手实际项目开发。同时，作者联合业内知名的国产ARM芯片应用厂家开发了一套与教材内容适配的开发板，开发板制作精良、价格实惠，此开发板既可作为学习工具，同时其各个模组的案例代码也可在后续的实际项目开发中直接移植使用。

本书深入浅出地讲解嵌入式系统开发的基础知识，从原理、方法、工程实践等多视角介绍ARM MCU嵌入式开发中的各种常用技术，为每个知识点配备了开发案例（配套电子资源，有翔实注释的代码），使读者既能掌握工程开发方法，又能掌握技术原理，为后续整个技术生涯奠定坚实基础。虽然本书在编写过程中尽量做到深入浅出，以使读者能够从零基础入门嵌入式开发，但依然建议读者在阅读本书之前具备一定的C语言开发基础及硬件电路的基础知识。

本书中的案例全部采用GD官方的标准库函数开发完成，案例均采用模块化的方式进行设计实现,各种模块代码既可以供读者在学习时模仿复现,也可以在将来的技术开发中直接复用。

资源下载提示

素材(源码)等资源:扫描目录上方的二维码下载。

视频等资源:扫描封底的文泉云盘防盗码,再扫描书中相应章节的二维码,可以在线学习。

由于编者水平所限,书中难免有疏漏,恳请读者批评指正。

编　者

2024 年 4 月

目 录

CONTENTS

配套课件(PPT)

源码及原理图

## 第 1 章

概　　述

15min

嵌入式系统是一种为特定应用而设计的专用计算机系统,它既是计算机系统的一种,又区别于通用计算机系统。本章概要地讲述嵌入式系统的整体概念及其核心处理器技术,最后详细介绍 GD32F10x 开发环境的搭建方法。

1.1　理解嵌入式系统的概念

13min

想要精通嵌入式开发,首先要真正理解嵌入式系统的概念,本节将主要讲述嵌入式系统的基本概念、构成框图、分类及嵌入式系统使用的主流处理器技术和生产厂家。

1.1.1　什么是嵌入式系统

IEEE 对嵌入式系统的定义:Devices used to control,monitor,or assist the operation of equipment,machinery or plants。翻译成中文:嵌入式系统是"控制、监视或者辅助设备、机器和车间运行的装置"。IEEE 主要是从应用上加以定义的,从中可以看出嵌入式系统是软件和硬件的综合体,还可以涵盖机械等附属装置。事实上,嵌入式系统是一个外延很广的概念,特别是在移动智能设备普及的时代,嵌入式相关软硬件技术的发展非常迅速,因此很难给它下一个非常精准的定义。

目前国内认同度较高的一个概念是:以应用为中心、以计算机技术为基础,软件硬件可裁剪,适应应用系统对功能、可靠性、成本、体积、功耗严格要求的专用计算机系统。一个典型的嵌入式系统如图 1-1 所示。

综上所述,嵌入式系统具备嵌入性、专用性、计算机系统三个关键属性。通常,嵌入式系统是一个将控制程序存储在只读存储器(Read-Only Memory,ROM)中的嵌入式处理器控制板。事实上,所有带有数字接口的设备,如手表、微波炉、录像机、汽车、智能手机等都可以使用嵌入式系统。

一句话概括,嵌入式系统是软、硬件可裁剪的一种专用计算机系统。

1.1.2　嵌入式系统的构成原理

嵌入式系统并不会孤立存在,它或多或少地会从所处的环境中获取一些数据信息,然后经过一定的加工处理之后输出一些信号,通过这样的方式来帮助它的用户实现一些功能,在这个过程中它的用户可以通过特定的用户接口(如按键、指纹识别、触摸屏等)来对它发送一些指令。嵌入式系统的概念性框图如图1-2所示。

图1-1　一个典型的嵌入式系统　　　　　图1-2　嵌入式系统的概念性框图

　　从图1-2可以看出,一个典型的嵌入式系统的构成可以分成两大部分:①嵌入式系统的核心构成,包括硬件和软件;②嵌入式系统的接口,包括用户交互、数据输入、数据输出、与其他系统交互。

　　硬件是整个嵌入式系统的基础,嵌入式系统硬件部分由核心处理器和外围硬件组成,而外围硬件主要包括输入电路、接口与驱动电路、电源模块、参考时钟、系统专用电路、输出接口驱动电路、存储器、内部时钟、输入控制、串行通信口、并行通信口等。嵌入式系统的主要硬件组成如图1-3所示。

　　嵌入式系统之所以能遍布各行业领域,除了它的硬件外,与运行在硬件之上的软件密不可分。笼统地讲,嵌入式软件是指运行在嵌入式系统硬件之上的操作系统软件及运行在操作系统之上的应用软件,如图1-4所示。

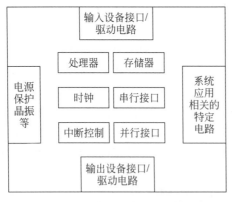

图1-3　嵌入式系统的主要硬件组成

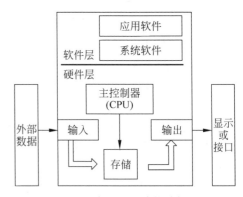

图1-4　嵌入式系统软件框图

　　由于嵌入式系统以应用为中心,所以根据嵌入式系统所要处理的应用不同,嵌入式软件的复杂度区别很大。最简单的嵌入式系统仅有执行单一功能的控制能力,例如,用于公交车刷卡机、电冰箱等设备中的单片机系统,在其 ROM 中仅有实现单一功能的控制程序,典型架构是在一个无限循环中夹杂中断或轮询方式的设备检测,并没有微型操作系统,此类嵌入式系统也是本书教学的重点。复杂的嵌入式系统,例如智能手机、平板电脑,具有与通用计算机几乎一样的功能。实际上此类嵌入式系统与通用计算机的区别仅仅是将微型操作系统与应用软件嵌入在 ROM、RAM 和/或 Flash 存储器中,而不是存储于硬盘等外接存储介质中。很多复杂的嵌入式系统可能又由若干个小型嵌入式系统组成。

1.1.3　嵌入式系统的分类

　　嵌入式系统的数量和种类繁多,依据不同的分类标准可以将嵌入式系统分成很多不同类别。常见的嵌入式系统分类标准有两种:①依据整个系统的性能和功能要求来分;②依据嵌入式系统的核心处理器的复杂性来分。依据这两种分类标准得到的嵌入式系统分类大致如图 1-5 所示。

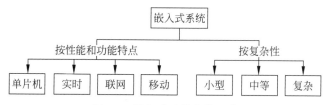

图 1-5　嵌入式系统分类示意

　　依据嵌入式系统的性能和功能要求,嵌入式系统可分类为单片机系统、实时嵌入式系统、具备联网功能的嵌入式系统、移动嵌入式系统。

　　(1)单片机系统:单片机系统不需要操作系统,它独立工作。单片机系统通过输入端口采集数据,然后对数据进行加工处理后,根据处理结果向输出接口输出数据给其他系统或执行部件。例如温度测量仪表、智能手表、一些电子游戏机等,分别如图 1-6 和图 1-7 所示。

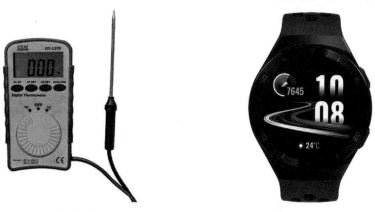

图 1-6　温度测量仪表　　　　　　**图 1-7　智能手表**

　　(2)实时嵌入式系统:实时嵌入式系统是能够在指定的时间内完成系统功能的系统,因此实时嵌入式系统应该在事先定义的时间范围内识别和处理各类事件;系统能够实时地处理和存储控制系统所需要的大量数据。实时嵌入式系统又可分为强实时嵌入式系统(Hard Real-Time Embedded System)、弱实时嵌入式系统(Soft Real-Time Embedded System)两类。

强实时嵌入式系统:在航空航天、军事、核工业等一些关键领域中,处理任务过程中必须保证很好的实时性,否则就可能造成如飞机失事等重大的安全事故、生命财产损失和生态破坏等。因此,在这类系统的设计和实现过程中,应采用各种分析、模拟及各种必要的实验验证对系统进行严格检验,以保证在各种情况下应用对时间和功能的需求都能够得到满足。

弱实时嵌入式系统:某些应用虽然提出了时间需求,但偶尔违反这种实时任务处理需求对系统的运行及环境不会造成严重影响,如视频点播系统、信息采集与检索系统就是典型的弱实时嵌入式系统。在视频点播系统中,系统只需保证在绝大多数情况下视频数据能够及时传输给用户,偶尔的数据传输延迟对用户不会造成很大影响,也不会造成像飞机失事一样严重的后果。

(3)具备联网功能的嵌入式系统:该类嵌入式系统可以连接局域网、广域网或互联网,连接方式可以是有线的或无线的。随着物联网技术的深入应用,这类嵌入式系统是嵌入式系统应用中发展最快的。例如,市场上比较常见的智能家居系统。

(4)移动嵌入式系统:这类嵌入式系统可能是人们日常生活中接触最多的,包括手机、数码相机、可穿戴智能设备等都属于这类系统。这类设备对运算能力、低功耗要求较高。由于移动互联网、物联网的迅猛发展,这类嵌入式系统和通用式计算机系统的界限也越来越模糊。

另一种嵌入式系统的分类方法是依照系统主控制芯片的复杂性进行分类。可以分为小型嵌入式系统、中等规模嵌入式系统、复杂嵌入式系统。

(1)小型嵌入式系统:这类嵌入式系统的主控制芯片通常是由8位或16位的单片机充当的,而且大多通过电池来供电。这类嵌入式系统的软件开发相对简单,通常会有配套的集成开发环境。

(2)中等规模嵌入式系统:这类嵌入式系统的主控芯片一般是单片16位或32位微控制器、RISC或DSP,这类嵌入式系统不管是硬件还是软件都相对较为复杂,因此,开发这类系统需要的工具也较为复杂,常用的应用开发语言包括C、C++、Java、Python等,还需要配套的IDE、仿真器等。

(3)复杂嵌入式系统:此类嵌入式系统的软硬件都相当复杂,性能媲美通用计算机系统。往往需要专用集成电路、可扩展或可配置的处理器。它们一般被用于需要软硬件协同处理的复杂应用场景中。

除此之外,嵌入式系统还可以依据应用场景、是否联网、操作系统等各种不同的分类标准得到不同的分类结果。当然,嵌入式系统的分类结果还和所处的年代有关,现在的中等规模嵌入式系统在若干年后可能会被归类为小型嵌入式系统。

1.1.4 嵌入式系统的处理器技术简介

嵌入式处理器是嵌入式系统的核心,是控制、辅助系统运行的硬件单元。范围极其广阔,从最初的4位处理器,到仍在大规模应用的8位单片机,再到最新的受到广泛青睐的32位、64位嵌入式处理器。

处理器是非常复杂、精密的元器件,它们的设计、生产需要遵循一定的规范。这些规范被称为处理器架构,随着适用场景、技术路线等的不同,衍生出多种处理器架构,广为熟知的包括x86架构、ARM架构、MIPS架构等,而这些架构决定了处理器以何种方式组织其内部的逻辑电路硬件,而以一定架构方式组织起来的处理器内部的海量电路元器件又是为了实现指令集所规定的操作运算。

指令集是处理器中用来计算和控制计算机系统的一套指令的集合,指令集设计得好坏会直接影响处理器性能的发挥,它也是处理器性能体现的一个重要标志。现阶段的主流指令集可分为复杂指令集和精简指令集两部分,嵌入式处理器架构大多是基于精简指令集设计的。

1. 指令集架构

指令集架构(Instruction Set Architecture,ISA)是计算机体系结构的重要组成部分,它定义了计算机处理器与其他系统组件之间的接口和规范。ISA包括指令集和寄存器集,规定了计算机的指令格式、操作类型、数据类型、地址空间等。通常分为两类:复杂指令集计算机(Complex Instruction Set Computer,CISC)和精简指令集计算机(Reduced Instruction Set Computer,RISC)。

(1) 精简指令集计算机:作为一种指令集架构,它的设计思想是减少指令的复杂性,使处理器可以更快地执行指令,是在20世纪80年代初期开发的一种指令集架构。RISC通常具有以下特点:①指令集精简,每个指令只执行一个操作,从而减少了指令的数量和代码的长度;②固定长度指令,每个指令的长度固定,通常为4字节,这样可以使指令的解码更加简单和高效;③延迟槽,RISC通常具有延迟槽,可以在执行指令之前预取下一条指令,从而提高了处理器的效率。RISC的设计目标是提高处理器的性能、降低功耗、减少芯片面积、提高编译器的效率,从而提高整个系统的性能和可靠性,在大多数嵌入式系统的主控芯片中采用的是RISC。

RISC通常采用加载/存储指令,这意味着所有数据必须从内存中加载到寄存器中,然后执行运算,这样可以减少指令的数量,从而提高了处理器的效率。

RISC的优点在于它们具有简单、规范和高效的特点,可以使处理器更快地执行指令,提高程序的执行效率。与此同时,由于指令集精简,处理器的设计和优化变得更加简单,而且每个指令的执行时间也相对较短。

RISC的缺点也很明显:①由于每个指令只执行一个操作,处理器需要执行更多的指令才能完成复杂的操作,这可能会导致指令的数量增加,从而增加代码的长度;②RISC没有多种内部寄存器和复杂的地址寻址方式,可能会增加内存访问的次数,从而影响程序的执行效率。

（2）复杂指令集计算机：与精简指令集计算机相对的是复杂指令集计算机，它包含了多种不同的操作，这些操作可以完成多种不同的任务，它比 RISC 出现得更早，是在 20 世纪 60 年代末到 80 年代初期被开发出来的一种指令集架构。CISC 中的每个指令通常包含多个操作，这些操作可以在单个指令中完成，这样就可以实现更高的代码执行效率。

CISC 最初被设计用于提高程序员的生产力，因为它们可以通过一条指令完成复杂的操作，从而减少了编写代码的时间和工作量，但随着计算机处理器技术的进步，RISC 变得更加流行，因为它们可以更快地执行指令，同时也更容易设计和优化，但是，现代计算机处理器通常采用混合指令集，即将 CISC 和 RISC 结合起来使用，以兼顾代码执行效率和编程便利性。

CISC 是一种微处理器指令集架构，每个指令可执行若干低阶操作，诸如将内存读取、存储和计算操作全部集于单一指令之中。CISC 通常具有以下特点：①指令集复杂，每个指令通常包含多个操作，这些操作可以在单个指令中完成，从而减少了指令的数量和代码的长度；②变长指令，每个指令的长度可以不同，从几字节到数十字节不等；③内部寄存器，CISC 处理器通常具有多个内部寄存器，这些寄存器可以存储临时数据，从而减少了内存访问的次数；④复杂的地址寻址方式，CISC 支持多种不同的地址寻址方式，例如基址偏移、间接寻址、相对寻址等，这些寻址方式可以方便地访问内存中的不同数据。

CISC 的优点在于它们可以在单个指令中完成多个操作，从而减少了代码长度和指令的数量，这对编程人员来讲非常方便。同时，CISC 处理器通常具有多个内部寄存器，可以减少内存访问次数，从而提高了程序的执行效率。

然而，由于 CISC 非常复杂，处理器的设计和优化变得更加困难，而且每个指令的执行时间也相对较长。此外，CISC 的复杂性也增加了指令在执行过程中的出错概率。

总体来讲，CISC 和 RISC 各有优缺点，是当前 CPU 的两种架构。早期的 CPU 全部采用 CISC 架构，它的设计目的是要用最少的机器语言指令来完成所需的计算任务，而现代计算机处理器往往采用混合指令集，以兼顾代码执行效率和编程便利性。

2. 常见的嵌入式处理器的架构

现实中的嵌入式系统芯片大多是在 RISC 的基础上发展而来的，当前影响比较大的是 ARM 和 RISC-V。

（1）ARM(Advanced RISC Machines)是一种基于 RISC 架构的处理器架构，被广泛地应用于嵌入式系统、移动设备、消费类电子产品、网络设备等领域。ARM 公司提供了多种不同的处理器内核和架构，如 ARMv8、ARMv7、ARMv6 等，每种内核都采用了 RISC 指令集架构，其指令集相对简单，操作码长度固定，执行速度快，能够高效地执行大量指令，从而提高系统的性能和功耗效率。ARM 的指令集架构采用了 Thumb 简化指令集和 Thumb-2 扩展指令集。Thumb 简化指令集是一种基于 RISC 的指令集，指令长度为 16 位，比 ARM 原本的 32 位指令集要短，占用空间更小，能够在存储和传输数据时提高效率。Thumb-2 扩展指令集则是在 Thumb 简化指令集的基础上扩展而来的，支持更多的指令和操作，能够提高系统的性能和功能。除了 RISC 架构外，ARM 还采用了一些特殊的技术，如流水线、乱序执行、分支预测等，以提高指令的执行速度和效率，从而更好地满足不同领域的需求。

（2）RISC-V（Reduced Instruction Set Computing-Five）是一种开放、免费的指令集架构，它采用了 RISC 架构设计理念，具有简单、灵活、可扩展、可定制等特点。RISC-V 指令集的设计目标是提供一种通用的指令集架构，适用于各种计算机系统和嵌入式系统，包括高性能服务器、个人计算机、移动设备、物联网、机器人、汽车电子等领域。RISC-V 包括基本指令集（RV32I、RV64I）和标准扩展指令集（RV32G、RV64G），以及可选的专用扩展指令集，如浮点指令集（RV32F、RV32D、RV64F、RV64D）、向量指令集（RV32V、RV64V）等，开发者可以根据实际需求选择合适的指令集。RISC-V 简单、灵活、免费、跨平台、可靠，是一种具有广泛适用性、开放、免费、灵活、可定制的指令集架构，是未来计算机系统和嵌入式系统的重要发展趋势之一。以华为麒麟 710、北京兆易 GD32V 系列为代表的国产 RISC-V 芯片已经开始广泛用于各种领域，是我国芯片领域自主创新的一个重要方向。

1.2　ARM 简史

15min

ARM 公司总部位于英国，专注于设计和授权处理器架构，其设计的处理器架构在全球范围内被广泛应用于移动设备、嵌入式系统、物联网、服务器等领域。该公司的业务模式是授权其处理器架构的许可证给合作伙伴，由合作伙伴自主设计和生产处理器芯片。ARM 提供的处理器架构包括 ARM Cortex-A 系列、Cortex-R 系列和 Cortex-M 系列，覆盖了不同领域和应用的需求。

此外，ARM 公司的生态系统也是其在嵌入式领域影响力的重要组成部分。ARM 公司与众多合作伙伴合作，提供了丰富的软件、工具、开发板等支持，以帮助客户快速地开发和推广产品。同时，ARM 公司还致力于推动新技术和标准的发展，例如物联网、人工智能等领域的技术，为嵌入式系统的创新和发展注入了强大的动力。

ARM 公司在嵌入式领域影响巨大，是全球嵌入式处理器市场的领导者。ARM 架构的处理器被广泛地应用于各种嵌入式系统，包括智能手机、平板电脑、物联网设备、汽车、医疗设备、工业自动化设备等。根据 ARM 公司发布的数据，其处理器架构在全球范围内的市场份额已经超过 80%，特别是在智能手机和平板电脑等领域，几乎是市场的独霸者。ARM 合作商遍布全球，合作社区包含 1200 多位伙伴，部分重要 ARM 合作商如图 1-8 所示。由于 ARM 在低功耗方面的优秀表现，又刚好赶上了移动设备爆发式发展的时代，最终造就了它的辉煌，可以说是时代造就了 ARM 的辉煌。

1.2.1　ARM 的发展历程

1978 年 12 月 5 日，物理学家 Hermann Hauser 和工程师 Chris Curry 在英国剑桥创办了 CPU（Cambridge Processing Unit）公司，主要业务是为当地市场供应电子设备。1979年，CPU 公司改名为 Acorn Computer Group 公司。

图 1-8 部分重要的 ARM 合作商

1983 年,Acorn Computer Group 公司开始研发一种新的处理器架构,命名为 Advanced RISC Machine(ARM)。

1985 年,ARM 架构首次被应用在 Acorn Computer Group 的新一代计算机 Archimedes 上。

1990 年,Acorn Computer Group 公司正式改名为 ARM 计算机公司,吸引了很多大公司的投资。苹果公司、芯片厂商 VLSI 公司,加上 Acorn Computer Group 本身的资金和知识产权一起入股做了一家这样的 ARM 计算机公司,业务一度十分不景气,由于缺乏资金,ARM 做了一个迫于无奈但今天看来意义深远的决定,即自己不制造芯片,只把芯片的设计方案授权给其他公司,由其他公司来生产,正是因为这个因祸得福的模式使 ARM 的芯片遍地开花。

1991 年,苹果公司开始在其新款计算机 PowerBook 上使用 ARM 处理器。

1994 年,ARM 计算机公司推出了第一款低功耗处理器 ARM7,该款处理器的成功为 ARM 公司的未来发展奠定了基础。

2001 年,ARM 推出了 ARMv6 架构,该架构提供更强大的性能和更低的功耗。

2005 年,ARM 推出了 Cortex-A8 处理器,该款处理器被广泛地应用于智能手机、平板电脑和其他嵌入式设备。

2011 年,ARM 推出了 Cortex-A15 处理器,该款处理器的性能进一步提升,被应用于高端移动设备和服务器领域。

2013 年,ARM 推出了 64 位处理器架构 ARMv8,为 ARM 进入服务器和超级计算机领域提供了机会。

2016 年,日本软银集团以 240 亿英镑收购了 ARM 公司。

2020 年 9 月,美国公司 NVIDIA 宣布以 400 亿美元的价格收购 ARM 公司,但该交易没有得到全球监管机构的批准,以失败告终,因为许多人认为这将使 NVIDIA 成为行业垄断者。

近年来,ARM 继续推出了一系列高性能、低功耗的处理器,如 Cortex-A76、Cortex-A77 和 Cortex-A78 等,被广泛地应用于智能手机、物联网和自动驾驶等领域。同时,ARM 还在人工智能、机器学习等领域进行了探索。

本书后面的实验案例都是基于 GD32F103C8T6 控制器的,GD32F103C8T6 是一款由国内芯片厂商北京兆易(GigaDevice)推出的基于 Cortex-M3 内核的微控制器。它是 STM32F10x 系列的替代产品,兼容 STM32F103C8T6,并提供了更高的性价比。GD32F103C8T6 芯片采用了 32 位 ARM Cortex-M3 处理器架构,主频可达 72MHz,具有 64KB 的 Flash 存储器和 20KB 的 SRAM 存储器。它还具有多种通信接口,包括 SPI、I2C 和 USART 等,以及多种外设,如定时器、ADC 和 PWM 等。GD32F103C8T6 芯片已被广泛地应用于各种嵌入式系统、消费电子产品和工业控制领域等。

1.2.2 ARM 架构的变迁

ARM 架构经历了多个主要版本和多个子版本,不同版本之间有不同的特点和功能。ARM 架构的主要版本和对应时间见表 1-1。

表 1-1 ARM 架构的主要版本和对应时间

版　　本	时　　间	特　　点
ARMv1	1985 年	最初的 ARM 架构版本,采用 16 位指令集,适用于低功耗和低成本嵌入式设备
ARMv2	1986 年	ARMv1 的改进版本,引入了 32 位指令集和虚拟内存技术
ARMv3	1992 年	引入了新的指令集架构和缓存技术,支持更高的性能和可编程性
ARMv4	1994 年	引入了分支预测、定点运算等新特性,支持更高的性能和低功耗
ARMv5	1997 年	引入了 Thumb 指令集,支持更高的代码密度和低功耗,同时还增强了浮点运算和媒体处理等功能
ARMv6	2002 年	支持更好的代码密度和执行效率,同时还引入了 Jazelle 技术,可实现 Java 应用程序的直接硬件执行
ARMv7	2005 年	引入了新的架构和指令集,支持多核处理器和虚拟化等技术

续表

版　本	时　间	特　　点
ARMv8	2011 年	是 ARM 架构的 64 位版本,支持更大的地址空间和更高的数据吞吐量,同时还引入了虚拟化和安全扩展等新特性
ARMv9	2021 年	引入了新的安全特性、性能增强和 AI 加速等功能,旨在提高处理器的安全性、可编程性和应用性能

从应用者角度来讲,应该更加关注 ARM 架构根据不同的应用场景和需求而做出的不同类型设计,每种 ARM 架构类型都具有自己的特点和优势,可以满足不同的系统需求。多年来,ARM 已经研发了相当多的不同的处理器产品。如图 1-9 所示,ARM 处理器产品分为经典系列和较新的 Cortex 处理器系列(图 1-9 分割线的右侧),并且根据应用范围的不同,ARM 处理器可分为应用处理器、实时处理器、微控制处理器三种类别。

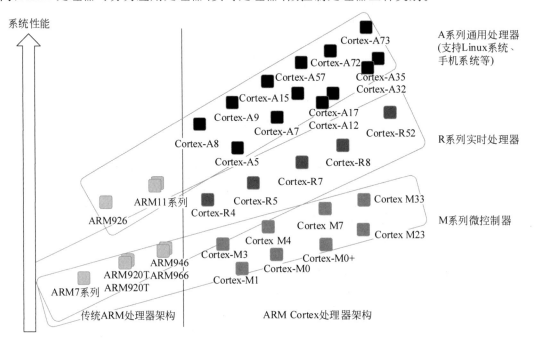

图 1-9　ARM 处理器架构类型

ARM 架构还可以根据不同的应用领域进行分类。例如,Cortex-A 系列处理器适用于高性能计算、服务器和移动设备等领域,Cortex-R 系列处理器则适用于实时控制和嵌入式系统等领域,Cortex-M 系列处理器则适用于低功耗嵌入式系统和物联网等领域。

Cortex-A 架构:这是一种 ARMv7 或 ARMv8 架构的应用处理器架构,适用于高性能的移动设备、智能电视、网络设备、云计算和服务器等场景;Cortex-A 架构采用了 Out-of-Order 执行技术和超标量流水线设计,能够实现更高的性能和效率。

Cortex-R 架构:这是一种针对实时系统和嵌入式系统的 ARM 架构,适用于汽车、工业自动化、航空航天和医疗设备等领域;Cortex-R 架构具有实时性和可靠性,并支持容错和纠错机制。

Cortex-M 架构：这是一种专门为嵌入式系统和微控制器设计的 ARM 架构，适用于智能家居、物联网、医疗设备和自动化控制等领域；Cortex-M 架构具有低功耗、低成本和实时性等特点，可以实现小型、低功耗的嵌入式系统设计。

除了根据版本、应用领域进行分类外，ARM 架构还可以根据其指令集、位数等不同维度进行分类。

根据指令集架构，可以分为 ARM 和 Thumb。ARM 是 32 位指令集，提供高性能和精确控制；Thumb 是 16 位指令集，提供更高的代码密度和低功耗优势；ARM 还开发了Thumb-2，该指令集同时支持 32 位和 16 位指令，可以提供更好的代码密度和执行效率。

根据位数，架构可以分为 32 位和 64 位架构。32 位 ARM 架构主要用于嵌入式系统和移动设备，而 64 位 ARM 架构则用于高性能计算和服务器等领域。64 位架构提供更大的地址空间和更高的数据吞吐量。

本书所涉及的 GD32F103C8T6 芯片是基于 Cortex-M3 架构的，本书后续内容不涉及其他类型的 ARM 架构，有关其他种类的 ARM 架构，读者可以参考 ARM 官网的相关资料。

1.2.3　ARM 嵌入式开发的学习路线

嵌入式工程师在学习阶段的整体学习路线如图 1-10 所示，本书涉及的 32 位 ARM 单片机开发处于学习路线的中前期。

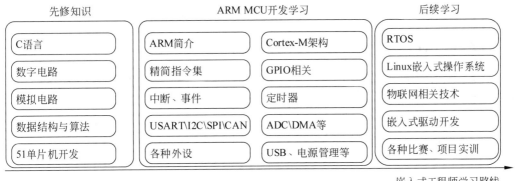

图 1-10　嵌入式工程师整体学习路线

先修阶段，主要是对基础知识的学习。千里之行，始于足下。对于嵌入式从业者而言，基础知识主要包括 C 语言、硬件知识、数据结构与算法、计算机组成原理等。完成基础知识的学习后，新手可以通过 51 单片机入门嵌入式开发，因为 51 单片机的资源相对较少，学习者更容易入门。

32 位 ARM 单片机学习比 51 单片机更进一步，ARM 单片机有不同的体系结构，如Cortex-M 系列、Cortex-R 系列和 Cortex-A 系列等。初学者可以选择学习 Cortex-M 系列，这是一个针对低功耗嵌入式系统和物联网应用的处理器系列，具有低成本、低功耗、高性能等特点,目前在嵌入式行业有最广泛的应用。大致分成几个阶段:①熟悉、使用 Keil、IAR 等常见的 ARM 开发工具,掌握如何编译、下载和调试程序;②学习外设编程,ARM 单片机包含各种外设,如 GPIO、ADC、DAC、UART、SPI、I2C 等,学习如何使用这些外设进行控制和通信。可以参考厂家提供的数据手册和开发板的应用笔记;③学习实时操作系统(Real-Time Operating System,RTOS),学习 RTOS 可以帮助用户更好地组织和管理单片机的任务,提高代码的可维护性和可扩展性,可以学习 μC/OS-II、FreeRTOS、RT-Thread 等常见的 RTOS。

学习完 32 位 ARM 单片机后,已经可以独立地完成很多嵌入式开发项目,在学习的过程中可以实践一些项目,例如 LED 控制、温度控制、智能家居、电机控制等。这样可以帮助用户更好地理解和应用所学的知识,并提高自己的实践能力。

除此之外,嵌入式系统学习还有很多更高级的主题,如嵌入式 Linux 开发。Linux 开发又分为驱动开发、内核开发和应用开发等,精通每个方向都需要长期的学习积累。

总结起来,嵌入式工程师总的学习路线包括嵌入式基础学习、51 单片机、32 位 ARM 单片机、RTOS、嵌入式 Linux 操作系统等几个阶段。

1.3 准备工作

本书所有相关的实验基于 GD32F103C8T6 这款芯片实现。本节主要介绍 Keil MDK 开发环境的安装与配置、利用 Keil MDK 构建 GD32F10x 模板工程的详细步骤。

1.3.1 教材配套开发板介绍

▶ 24min

本书配套的 GD32F103 开发板及其所附开发外设资源如图 1-11 所示,使用图中所示的开发板可以完成本书第 1~11 章的配套实验。

除开发板外,还配备了一个扩展资源包,见表 1-2,可以辅助完成第 12 章电机控制的实验,第 12 章的内容读者可根据需要选学。

表 1-2 扩展资源包

配 件 名 称	数 量	配 件 名 称	数 量
Micro-USB 连接线	1	SG90 9g 舵机	1
杜邦线	30	步进电机 28BYJ-48	1
USB 转 RS232 串口线	1	薄膜按键 4×4	1
USB 线 Type-C	1	面包板 85×55mm,400 孔	1
温湿度传感器 DHT11	1	ST-Link V2 仿真器	1

1. 开发板特点

开发板的主控芯片使用 GD32F103C8T6,比较适合 32 位 ARM 单片机的初学者。此芯片采用 Cortex-M3 内核,具有高速的运算能力和响应速度。GD32F103C8T6 还具备几个特

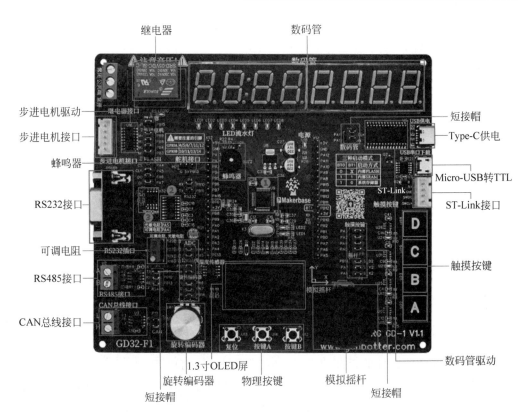

图 1-11 教材配套开发板

点：①集成了多种外设，包括 ADC、DAC、USART、SPI、I2C 等，支持多种通信协议和接口，可以满足各种应用需求；②采用低功耗设计，具有多种省电模式，可以有效地降低系统功耗，延长电池寿命；③内置 64KB 闪存和 20KB RAM，可支持较大规模的应用程序和数据存储；④GD32F103C8T6 具有多种扩展接口，包括 CAN、USB 及多种定时器和中断输入，可以应用于更加复杂的应用场景；⑤易于开发，支持多种开发环境和开发工具，包括 GD32CubeMX 和 Keil 等，使开发过程更加简单和高效；⑥成本相对较低，性价比高，适合各种应用场景；⑦兼容性好，可与 STM32F10x 系列的芯片兼容，可以方便地进行项目迁移和升级。

开发板外设丰富，集成了温度传感器 LM75AD、继电器、步进电机驱动、数码管、OLED 屏、触摸按键、物理按键、旋转编码器、模拟摇杆、ST-Link 调试接口等。可以实现 GPIO、中断、定时器、USART、I2C、CAN、SPI、DMA、模数转换、电机驱动等多种实验，并且相对于同类产品价格更实惠。

开发板的软硬件完全开源，读者对照本书完成开发板的学习后可以直接上手项目开发。

2. 开发板学习步骤

使用本书及其配套开发板进行 ARM 单片机开发的学习可分为以下几个阶段进行。

（1）前期准备阶段。需要了解嵌入式系统的概念、掌握 ARM 单片机开发工具 Keil MDK 的安装与配置方法,掌握构建 GD32F10x 模板工程的方法。

（2）对 ARM Cortex-M3 架构的学习。需要了解 Cortex-M3 架构的组成、GD32F10x 对 Cortex-M3 架构的实现。

（3）对 GD32F10x 片上资源的学习。包括 GPIO、中断机制、Systick、定时器等常用资源的学习及其对应实验案例的实现。

（4）对嵌入式开发中常见的通信协议的学习。包括 USART、I2C、SPI、CAN 总线,同时掌握 GD32F10x 使用这些通信协议对常见的外围设备进行数据收发的方法。包括 GD32F10x 和上位 PC 通信、与开发板上的温度传感器、OLED 屏、配件包中的 Flash 等的数据通信。

（5）对 ADC、DMA 的学习。掌握 GD32F10x 对开发板上模拟摇杆、可调电阻等元件的数据访问。

（6）电机控制入门。掌握 PWM 控制舵机旋转角度的方法,掌握 GD32F10x 对步进电机驱动芯片的控制方法。

1.3.2　开发环境准备

▶ 17min

本书涉及的案例工程的运行方式为首先使用 Keil MDK 创建(或打开已有)工程编译成 HEX 文件,然后使用 FlyMcu 软件通过开发板上的 Micro-USB 接口将 HEX 文件下载到开发板即可运行,也可以直接在 Keil MDK 中使用配件包中的 ST-Link 下载器下载或调试程序。本节介绍可进行 GD32F10x 开发的 Keil MDK 开发工具的安装与配置方法。

1. Keil MDK 的安装与配置

GD32 芯片的开发需要依赖于 MDK 软件,主流的开发软件有 IAR、Keil 4、Keil 5,其中用户数量最多的还是 Keil 系列的软件。Keil 4 和 Keil 5 都属于 Keil 系列,但 Keil 5 兼容 Keil 4,因此本教程选用 Keil 5 版本的软件作为 GD32 的开发工具。

Keil 5 的安装大体上可分为两个步骤:先安装 Keil MDK 5,再进行 ARM 编译器的配置。因为截至本书成稿,GD32 的官方固件库还不能兼容 Keil MDK 5.37 默认的编译器 AC6,需要用 AC5 编译器进行开发。AC5 的全称是 ARM Compiler 5,是 ARMCC 编译器的版本之一,而 MDK 5.37 以后默认使用 AC6,不再安装 AC5 了,因此,还需要在新版本 MDK 中手动安装 AC5 才能正常编译 GD32 的工程。

本书以当前最新版本的 Keil MDK 5.37 为例,演示如何在 MDK 5.37 中使用 AC5 编译器。读者也可自行安装默认 AC5 的低版本 Keil MDK,则可省略 ARMCC 编译器的设置过程。

1）下载 Keil MDK

打开 Keil MDK 官方网站并根据网站上的指引下载 MDK 安装的 exe 文件,在正式下载之前需要根据网站提示注册用户并填写必要的信息。

2）安装 Keil MDK 5

以管理员身份运行上一步下载的 MDK 安装程序，勾选同意产品许可协议，如图 1-12 所示。

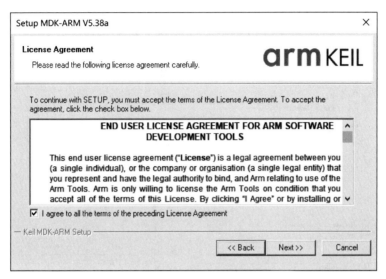

图 1-12　产品许可协议

然后选择 Keil 5 的安装路径并填写用户信息，如图 1-13 和图 1-14 所示。记住 Keil 5 的安装路径，稍后配置 AC5 时需要使用。

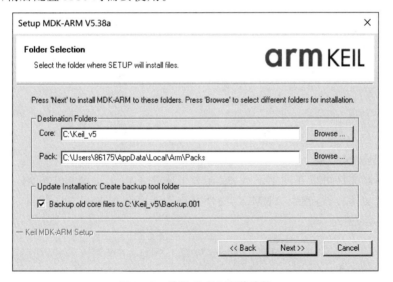

图 1-13　选择 Keil 5 安装路径

随后进入 Keil 5 安装进度条显示界面，等待安装完成后单击 Finish 按钮，此后会自动弹出在线安装支持包的界面，如图 1-15 所示，此处可以后续手动配置，直接关闭即可。

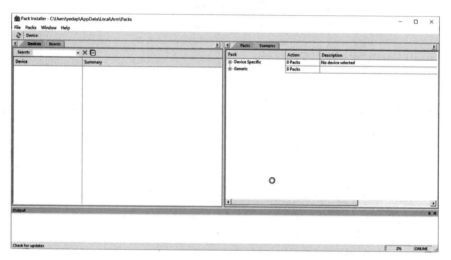

图 1-14 填写用户信息

图 1-15 芯片支持包自动安装界面

3) 安装 AC5 编译器

AC5 编译器文件可以在网上下载,或在本书附带的电子资源包中获取,将文件解压后得到 ARMCC 文件夹,将整个 ARMCC 文件夹移动或复制到 Keil 5 安装目录下的 ARM 目录中,如图 1-16 所示。

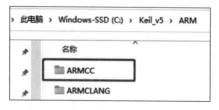

图 1-16 将 ARMCC 文件夹复制到 MDK 安装目录下的 ARM 目录中

然后以管理员身份运行 Keil 5，单击快捷菜单中的 File Extensions，Books and Environment 图标，如图 1-17 所示。在弹出的 Manage Project Items 对话框中选择 Folders/Extensions 选项卡，单击 Use ARM Compiler 右侧的"…"按钮（如图 1-18 所示），调出 ARM 编译器版本管理的对话框（如图 1-19 所示）。

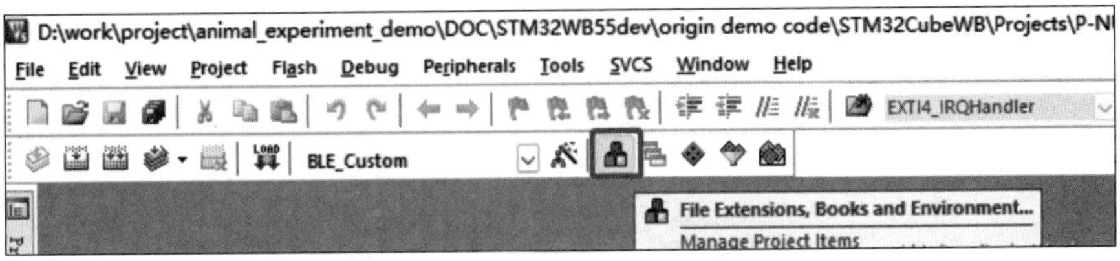

图 1-17 File Extensions，Books and Environment 图标

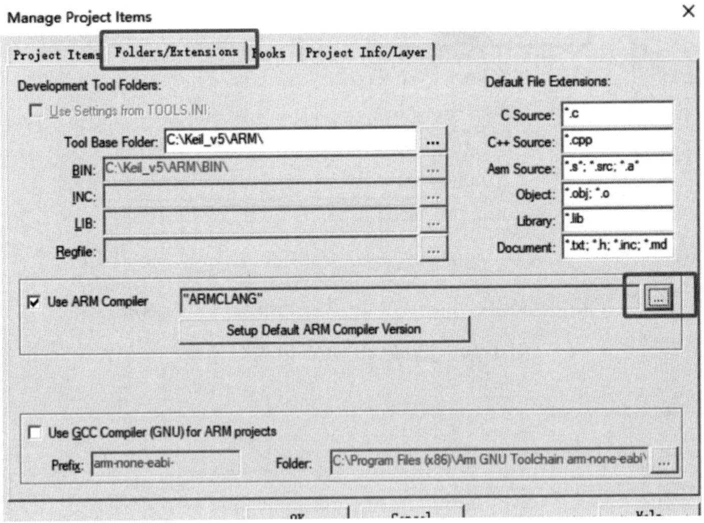

图 1-18 Manage Project Items 对话框

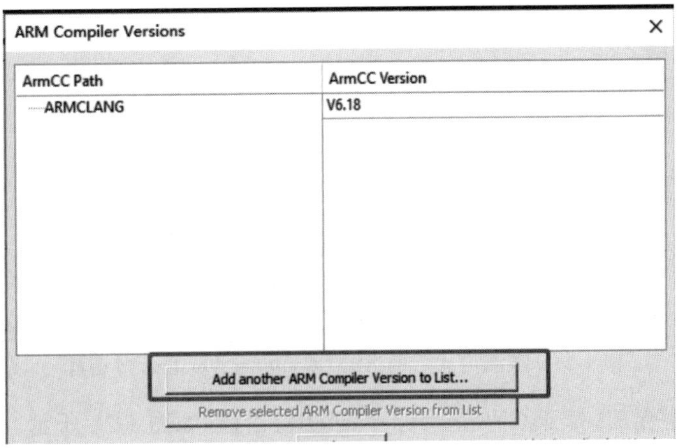

图 1-19 ARM Compiler Versions 对话框

　　在 ARM Compiler Versions 对话框中单击 Add another ARM Compiler Version to List 按钮,选择前面复制到 Keil 5 安装目录下 ARM 目录下的 ARMCC 目录,如图 1-20 所示,添加 AC5 后的 ARM Compiler Versions 对话框如图 1-21 所示。

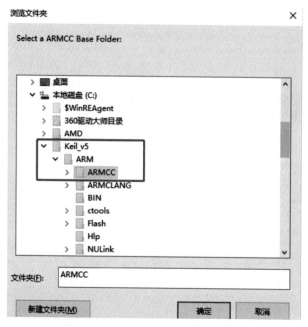

图 1-20　选择 ARMCC 目录对话框

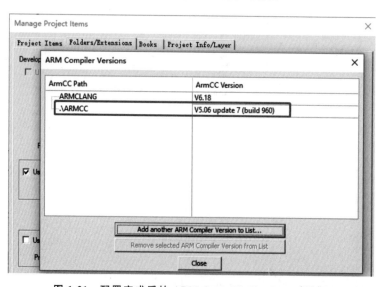

图 1-21　配置完成后的 ARM Compiler Versions 对话框

　　回到 Keil 5 主界面,打开 Options for Target 对话框(如图 1-22 所示),可以看到 V5.06 update 7(build 960),说明已经添加成功,如图 1-23 所示。

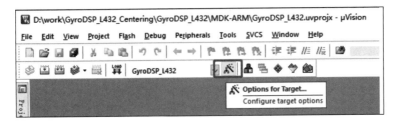

图 1-22 Options for Target 图标

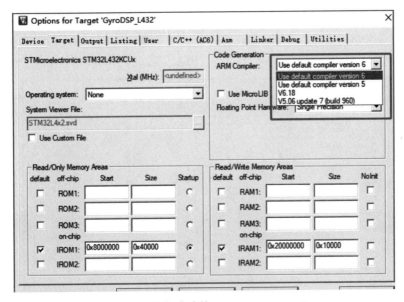

图 1-23 添加成功的 Compiler Version 5

2. 安装芯片支持包

由于 Keil 在线安装 GD32 的支持包较慢,所以使用离线方式进行芯片支持包的安装,本教程使用的 GD32F103C8T6 芯片对应的支持包为 GD32F10x AddOn。

首先,在北京兆易(GD32)官网搜索 GD32F10x AddOn,搜索结果如图 1-24 所示,单击图中矩形框标注的 图标进行下载。

图 1-24 GD32F10x AddOn 搜索并下载

对下载后的 GD32F10x AddOn 进行解压,解压后可以得到两个文件夹,分别为 IAR 和 Keil,在 Keil 文件夹下有个 Keil 5,运行其中的 GigaDevice.GD32F10x_DFP.2.0.2.pack 文件,然后根据提示即可完成 Keil 5 中 GD32F10x 芯片的开发支持包,如图 1-25 所示。

图 1-25   GD32F10x AddOn 解压缩后的 Keil 5 安装包的路径

Keil 5 的 GD32F10x AddOn 安装成功后,即可创建以 GD32F10x 系列芯片作为运行目标(target)的 Keil 5 模板工程,如图 1-26 所示,模板工程的创建方法见 1.3.3 节。

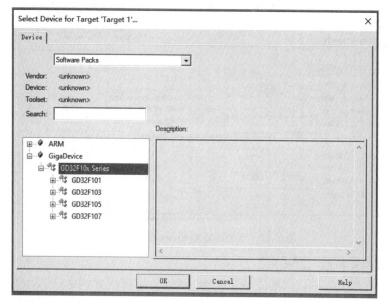

图 1-26   GD32F10x AddOn 安装成功后可创建 GD32F10x 系列芯片的新工程

1.3.3   创建 GD32F10x 模板工程——点亮一个 LED

由前面关于 ARM 的介绍可知,不同厂家(例如 GD、ST)的单片机(MCU)可以采用同样的 Cortex-M 内核,但这些 MCU 外设的设计、接口、寄存器等可能并不一样,因此如果不加限制,则可能会导致一个能够非常熟练使用 STM32 软件编程的工程师很难快速地上手开发一款尽管是 Cortex-M 内核的其他厂家的芯片。为解决此问题,ARM 公司制定了 ARM Cortex™ 微控制器软件接口标准(Cortex Microcontroller Software Interface Standard,CMSIS),CMSIS 提供与供应商无关的硬件抽象层,为处理器和外设实现一致且简单的软件接口,从而简化软件的重用、缩短微控制器新开发人员的学习过程。

CMSIS 的目的是让不同厂家的 Cortex-M 的 MCU 至少在内核层次上能够做到一定的

一致性,提高软件移植的效率。CMSIS 旨在提供一种统一的编程接口,使开发人员能够轻松地编写可移植、可维护和高效的嵌入式软件,从而降低嵌入式系统开发的复杂性和成本。

本节介绍如何创建符合 CMSIS 规范的 GD32F10x 模板工程,后续的实验案例在本模板工程的基础上修改即可。

1. Keil 5 工程的规范化

CMSIS 提供了一系列的接口规范。①CMSIS-CORE:用于 Cortex-M 处理器的核心功能接口,包括处理器的寄存器访问、中断处理、系统控制等;②CMSIS-DSP:用于数字信号处理(Digital Signal Processing,DSP)的库函数接口,包括各种数字信号处理算法,如滤波、FFT、向量运算等;③CMSIS-RTOS:用于 RTOS 的接口,包括任务管理、时间管理、互斥信号量等;④CMSIS-Driver:用于外设驱动的接口,包括各种外设(如 UART、SPI、I2C、GPIO等)的初始化、配置和操作接口;⑤CMSIS-Pack:用于软件组件的打包和发布,包括软件组件的封装、版本管理和分发;⑥CMSIS 提供了一种统一的编程模型,使开发人员能够在不同的 Cortex-M 处理器上复用代码,提高了代码的可移植性和可维护性。此外,CMSIS 还提供了一些优化的实现,以提高嵌入式系统的性能和效率。

需要注意的是,CMSIS 只是一个软件接口标准,不是一个具体的软件库或操作系统,开发人员需要根据自己的需求选择相应的 CMSIS 组件,并与硬件平台和实际的应用程序进行集成。在 CMSIS 的指引下,多数 ARM 芯片的封装厂商会推荐一种适合自身厂商芯片的特点的模板工程构建方法,依照这种模板构建的工程能以相对较低的成本移植到其他厂商同样内核的芯片上去。

在 Keil 5 工程中,CMSIS 的工程规范要求表现为代码文件的组织方式,如图 1-27 所示。

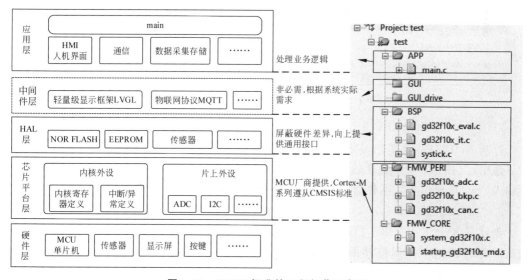

图 1-27　CMSIS 标准的工程规范示意图

如图 1-27 所示,基于 CMSIS 标准的软件架构主要分为 5 层:应用层、中间件层、HAL 层、芯片平台层及硬件层。其中,应用层以人机交互的实现为主;中间件层可选,简单产品往往省略;HAL 层为硬件抽象层,起着承上启下的作用;芯片平台层的代码往往由 MCU 厂家提供,例如本节模板工程中本层的代码就从北京兆易厂商提供的标准固件库中获取。

2. 模板工程创建步骤

使用 Keil 5 创建 GD32F10x 模板工程的大致步骤如下:

(1) 在计算机硬盘创建模板工程存放的文件夹及其子目录。

(2) 使用 Keil 5 创建工程。

(3) 选择 GD32F103C8 作为工程的目标芯片。

(4) 使用 Keil 整理工程项。

(5) 为 Keil 5 工程添加库文件。

(6) 在 Keil 中为工程配置 ARM 编译器、头文件包含路径、编译输出 HEX 文件设置等。

(7) 编辑代码,编译整个工程。

本节以点亮配套开发板上的 LED1 为例,介绍 GD32F10x 模板工程创建的详细步骤。

1) 准备工作

在计算机硬盘上创建文件夹,命名为"模板工程",在模板工程中创建 test 子文件夹,在 test 文件夹中分别创建 APP、BSP 文件夹;在 GD32 官网搜索 GD32F10x_Firmware_Library,单击下载链接,可以得到文件 GD32F10x_Firmware_Library_V2.2.4.rar,解压缩后将其中的 Firmware 文件夹复制到刚创建的"模板工程"文件夹,如图 1-28 所示。

图 1-28 下载 GD32F10x_Firmware_Library

2) 使用 Keil 创建工程

打开 Keil 软件,选择 Project 下的 New μVision Project 子菜单,在随后弹出的路径选择对话框中,选择第 1 步中创建的"模板工程"文件夹下的 test 子文件夹,然后在文件名编辑框中输入 test(可根据实际需要命名为其他名称),单击"保存"按钮保存,如图 1-29 所示。

3) 选择目标芯片

创建完 Keil 工程并单击"保存"按钮后会弹出如图 1-30 所示的目标芯片选择对话框。依次展开对话框中树形控件的 GigaDevice→GD32F10x Series→GD32F103,选中其中的 GD32F103C8,单击 OK 按钮。在随后弹出的 Manage Run-Time Environment 对话框中单击 OK 按钮,完成 Keil 中创建模板工程的工作。

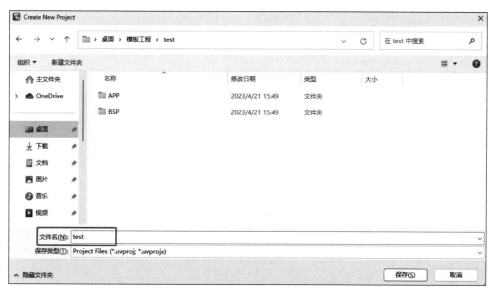

图 1-29 在 Keil 中创建模板工程

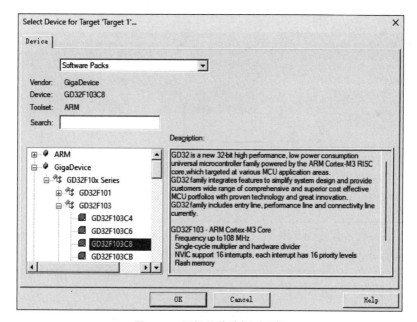

图 1-30 目标芯片选择对话框

完成前面三步的工作后,模板工程目录下的实际文件夹的构成如图 1-31 所示。

4)使用 Keil 整理工程项

使用 Keil 5 创建了工程之后,Keil 5 中显示的工程的项目并不会和实际的工程目录自动对应(如图 1-32 所示),需手动整理。单击图 1-32 中 File Extensions,Books and Environment 图标,调出 Manage Project Items 对话框。

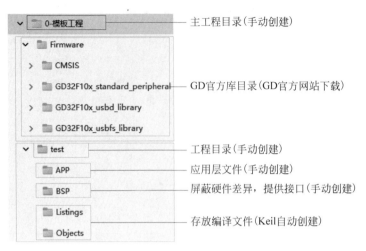

图 1-31　模板工程实际的文件夹构成

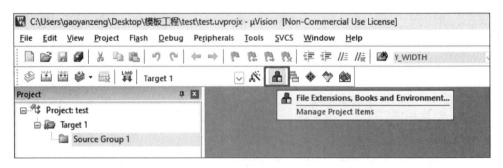

图 1-32　Keil 中打开刚创建的工程显示的项目

在弹出的 Manage Project Items 对话框中的 Project Items 选项卡中,双击 Project Targets 中的 Target1 可以重新编辑目标名称,如图 1-33 所示。将 Target1 重命名为 GD32F103C8T6,然后在 Groups 中添加 APP、BSP、FMW_PERI、FMW_CORE 共 4 个组。

注意:此处组的创建是为了使 Keil 5 可以方便地管理工程文件,不一定和计算机磁盘上的实际路径相对应。

---

5) 为 Keil 5 工程添加库文件

从 GD32 官方网站下载的 GD32F10x_Firmware_Library_V2.2.4.rar 文件解压后还有一个 Template 文件夹,将其中的 gd32f10x_it.c、gd32f10x_it.h、gd32f10x_libopt.h、systick.c、systick.h 文件复制到"工程模板"文件夹下 test 子文件夹的 BSP 文件夹中;将其中的 main.c、main.h 文件复制到"工程模板"文件夹下 test 子文件夹的 APP 文件夹中。此时计算机磁盘的路径中虽然已经有了对应的文件,但 Keil 5 的工程视图中并没有自动添加,还需要手动为 Keil 5 的工程视图窗口手动添加文件链接,继续单击图 1-32 中所示的 File Extensions,Books and Environment 图标,调出图 1-33 所示的 Manage Project Items 对话

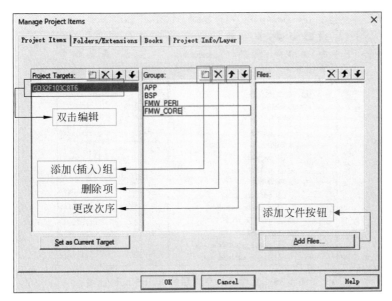

图 1-33 Manage Project Items 对话框

框,选中 APP,单击 Add Files 按钮,在随后弹出的对话框中找到磁盘上 APP 下存放的 main.c 文件,单击 Add 按钮即可把 main.c 文件的链接添加到 Keil 5 的工程视图中,如图 1-34 所示。类似地,将"文件夹类型"下拉菜单设置为 All files(* . *),添加 main.h 文件。

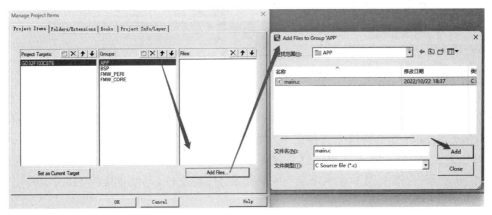

图 1-34 将文件添加到 Keil 5 中

以同样的方法将磁盘中"\模板工程\test\BSP"目录下的 systick.c、gd32f10x_it.c 文件添加到 BSP 组;将"\模板工程\Firmware\GD32F10x_standard_peripheral\Source"目录下的所有文件(GD32F10x 芯片上的标准外设库)都添加到 FMW_PERI 组;将"\模板工程\Firmware\CMSIS\GD\GD32F10x\Source"目录下的 s.stem_gd32f10x.c 文件和"\模板工程\Firmware\CMSIS\GD\GD32F10x\Source\ARM"目录下的 startup_gd32f10x_md.s 文件添加到 FMW_CORE 组。添加完成后的 Keil 5 工程视图如图 1-35 所示。

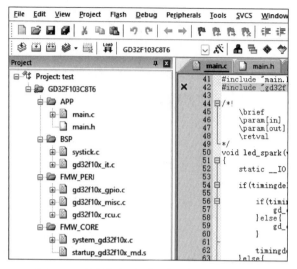

图 1-35　文件添加完成后的 Keil 5 工程视图

6）为工程配置 ARM 编译器、头文件包含路径、编译输出 HEX 文件设置等

单击图 1-36 所示的 Options for Target 图标，打开 Options for Target 对话框。

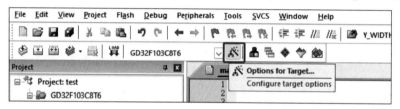

图 1-36　配置工程的编译选项的按钮

在 Options for Target 对话框并找到 Target 选项卡，在其中 ARM Compiler 下拉菜单中选择 V5.06 update 4(build 422)选项(按照 1.3.2 节所述方法安装本书附带电子资源中的 ARM Compiler 才会有这个选择菜单)，如图 1-37 所示。

单击 Options for Target 对话框并找到 Output 选项卡，勾选 Create HEX File 复选框，如图 1-38 所示，这样 Keil 5 在编译工程时会生成 HEX 文件，可以直接将 HEX 文件下载到 ARM 单片机中运行。

单击 Options for Target 对话框并找到 C/C++ 选项卡，为编译器添加存放工程头文件的路径。如图 1-39 所示，单击 Include Paths 旁边的□□按钮，在随后弹出的 Folder Setup 对话框的 New(Insert)图标□的下方的列表编辑框会出现一个□□按钮，单击此按钮后会弹出"文件夹选择"对话框。首先需要定位到"\模板工程\test\APP"文件夹，然后单击"选择文件夹"按钮并将 APP 文件夹添加为 Include Paths。以同样的方法，依次将"\模板工程\test\BSP""\模板工程\Firmware\CMSIS""\模板工程\Firmware\CMSIS\GD\GD32F10x\Include""\模板工程\Firmware\GD32F10x_standard_peripheral\Include"文件夹添加到 Include Paths，如图 1-39 所示。

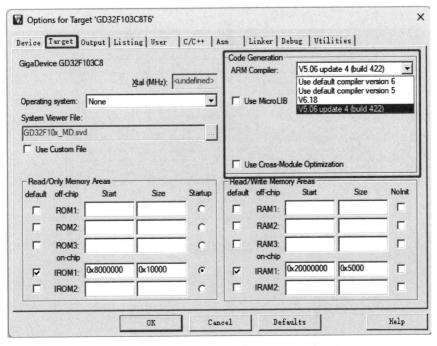

图 1-37　Options for Target 对话框 Target 选项卡

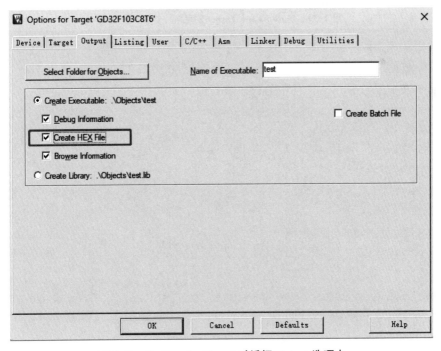

图 1-38　Options for Target 对话框 Output 选项卡

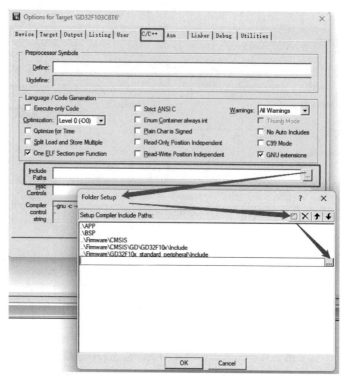

图1-39　Options for Target 对话框 C/C++选项卡

7）编辑程序代码

重新编辑 main.c、main.h 文件。此时可以在 Keil 中双击 APP 文件夹下的 main.c 文件，进入编辑模式，将 main.c 文件中的代码重新编辑如下：

```
/*!
    \file      第1章\main.c
    \brief     led1 example for GD32F103 dev board.
*/

#include "main.h"
#include "gd32f10x.h"

int main(){
  rcu_periph_clock_enable(RCU_GPIOB);
  rcu_periph_clock_enable(RCU_AF);

  gpio_init(GPIOB, GPIO_MODE_OUT_PP, GPIO_OSPEED_50MHZ, GPIO_PIN_0); /* 初始化 I/O 端口 */
  gpio_bit_set(GPIOB, GPIO_PIN_0);

  while(1){
  }
}
```

以类似的方法编辑 main.h 文件,代码如下:

```
/*!
    \file      第 1 章\main.h
    \brief     the header file of main
*/

# ifndef MAIN_H
# define MAIN_H


# endif /* MAIN_H */
```

将 BSP 中已经添加的 gd32f10x_it.c 文件中的 SysTick_Handler 函数内的 led_spark() 语句注释掉,代码如下:

```
void SysTick_Handler(void)
{
//led_spark();
  delay_decrement();
}
```

代码编辑完成后单击编译图标 ![icon],此时 Keil 5 下方的 Build Output 窗口会有 0 Error(s),0 Warning(s)提示,如图 1-40 所示。若编译过程一切正常,Keil 5 会在"\模板工程\test\Objects"文件夹下自动生成一个名为 test.hex 的 HEX 文件,将此文件下载到 GD32F103 开发板即可运行程序,从而得到预期效果,HEX 文件的下载方法将在本节第 3 部分"工程实现效果"中进行介绍。

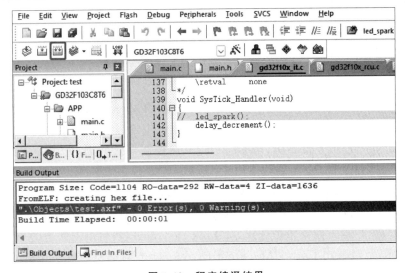

图 1-40 程序编译结果

至此,GD32F10x 的模板工程已经全部创建完成,后续的其他工程的开发可以直接复制该模板工程并在此基础上进行更改,多数情况下只需更改 APP 中的内容。

3. 工程实现效果

有两种方法可以将 HEX 文件下载到本书配套的 GD32F103 开发板中：第 1 种方法，使用 FlyMcu 软件通过开发板上的 Micro-USB 口下载到开发板；第 2 种方法，直接使用 Keil 5 通过 St-Link V2 将 HEX 文件下载到 GD32F103 开发板的 GD32F103C8T6 芯片中。

开发板通过 Micro-USB 和计算机相连，即可使用 FlyMcu 将 HEX 文件下载到开发板。首先，将开发板的 Micro-USB 口通过数据线连接到计算机的 USB 接口，然后打开 FlyMcu 软件(本书附带电子资源包中有该软件)下载 HEX 文件。FlyMcu 通过 4 个步骤便可将 HEX 文件下载到开发板：①选择有 CH340K 字样的 COM 口；②在 FlyMcu 左下角的下拉菜单中选择最后一项"RTS 高电平复位，DTR 高电平进 BootLoader"；③在"联机下载的程序文件"处单击 ▣ 按钮，定位到 HEX 文件所在的路径；④单击"开始编程按钮"即可自动将 HEX 文件下载到开发板，如图 1-41 所示。

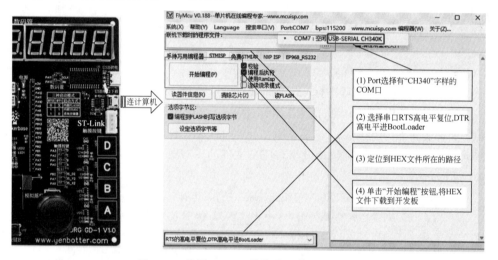

图 1-41　使用 FlyMcu 将程序下载到开发板

使用 St-Link V2 下载程序更简单，ST-Link V2 是 STMicroelectronics 公司生产的一种嵌入式系统调试器和编程器，开发板上使用的 GD32F10x 也可以兼容 St-Link V2。ST-Link V2 可以通过 USB 接口连接到计算机，与 GD32F10x 微控制器之间通过 SWD 进行通信，以实现代码调试、固件升级和 Flash 编程等功能，连接方式如图 1-42 所示，将 St-Link V2 上对应的 5V、GND、SWDIO、SWCLK 与开发板上相对应的接口相连。

将开发板通过 ST-Link 连接到计算机后，打开 Keil 5，单击 ❌，在弹出的对话框中选择 Debug 选项卡，在 Use 下拉菜单中选择 ST-Link Debugger，然后单击旁边的 Settings 按钮，如图 1-43 所示，可以调出 Cortex-M Target Driver Setup 对话框，选择 Flash Download 选项卡，然后勾选 Reset and Run 复选框，如图 1-44 所示。设置成功后，当 Keil 5 中的工程被编译成功后可以直接单击下载图标 📥 将 HEX 文件下载到开发板，并且下载完成后开发板中单片机可以自动复位。

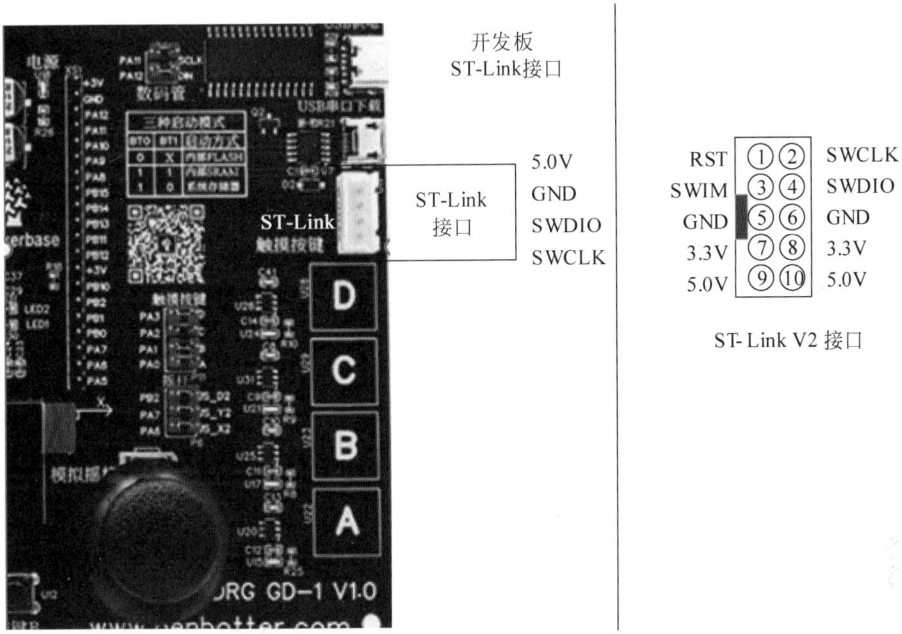

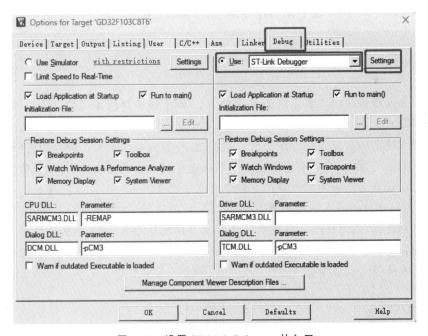

开发板
ST-Link接口

5.0V
GND
SWDIO
SWCLK

RST	① ②	SWCLK
SWIM	③ ④	SWDIO
GND	⑤ ⑥	GND
3.3V	⑦ ⑧	3.3V
5.0V	⑨ ⑩	5.0V

ST-Link V2 接口

图 1-42 开发板 ST-Link 接口通过 St-Link V2 和计算机相连

图 1-43 设置 ST-Link Debugger 的入口

当以上操作都正确完成后,按一下开发板中下部的复位按键,开发板上标有 LED1 标识的 LED 会被点亮。

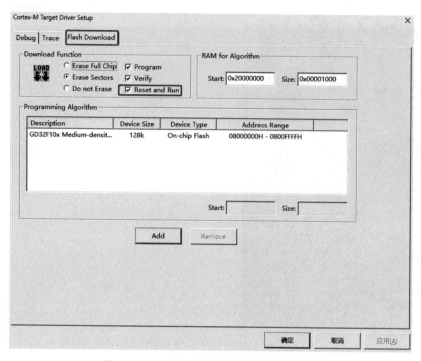

图 1-44　勾选 Reset and Run 复选框的入口

1.4　小结

本章主要内容包括嵌入式系统的基本概念、ARM 处理器技术简介、GD32F10x 模板工程创建三部分。

嵌入式系统本质上是一种专用的计算机系统,一般会被用于某一种专用领域,而且其软硬件是可裁剪的,这两个特点决定了嵌入式系统能够针对专用领域的应用在功能、可靠性、成本、体积、功耗方面比通用型计算机系统更有竞争优势。

ARM 是最常见的嵌入式控制器,因其体积小、功耗低、性能高等优点在嵌入式控制器市场占有绝对优势,而 ARM 公司是专门从事基于精简指令集设计开发的公司。作为知识产权供应商,本身不直接从事芯片生产,靠转让设计许可由合作公司生产各具特色的芯片,这是一种非常优秀的商业模式。

1.5　练习题

(1) 什么是嵌入式系统? 常见的分类标准有哪些?

(2) 什么是嵌入式处理器? 一款嵌入式处理器应该具备哪些特点?

(3) GD32 与 ARM 有怎样的关联?

（4）一个典型的嵌入式系统由哪些模块构成？

（5）嵌入式系统，相对于通用计算机系统有什么特点？

（6）了解 ARM 公司的发展历史，你认为 ARM 公司能取得巨大成功的原因有哪些？

（7）通过网络搜集资料，整理嵌入式系统的产业链全貌。对比整个嵌入式产业链，我国还有哪些环节急需加强？

（8）CMSIS 的全称是什么？它有什么意义？

（9）CMSIS 框架的基本功能层有哪些？

（10）创建模板工程的意义是什么？

1.6 实验：更改模板工程软件，点亮两个 LED

1. 实验目标

通过本实验学习如何搭建用于 GD32F10x 软件开发的 Keil 5 集成开发环境。

创建 GD32F10x 模板工程，更改模板工程使其能够点亮开发板上的两个 LED，即 LED1、LED2。

2. 实验步骤

1）搭建 Keil 5 开发环境

（1）安装 Keil 5 MDK。

（2）为 Keil 5 配置 AC5 的 ARM 编译器。

（3）安装 GD32F10x 的 Keil 5 支持包。

（4）安装 St-Link V2 的驱动。

2）创建模板工程

（1）创建工程。

（2）编辑代码。

（3）编译工程。

3）测试模板工程

（1）将工程下载到开发板。

（2）观察开发板上的程序运行效果。

## 第 2 章

GD32F10x 的架构

1936 年,英国数学家阿兰·麦席森·图灵(1912—1954 年)提出了一种抽象的计算模型——图灵机(Turing Machine)。图灵机,又称图灵计算机,即对人们使用纸笔进行数学运算的过程进行抽象,由一个虚拟的机器替代人类进行数学运算。图灵提出的图灵机模型为现代计算机的逻辑工作方式奠定了基础;随后,冯·诺依曼结构、哈佛结构等层出不穷,直至本书所用 GD32F10x 芯片基于的 ARM 公司的 Cortex-M3 架构。本章将从图灵机、冯·诺依曼、哈佛结构开始,逐步将基于 Cortex-M3 的 GD32F10x 内核架构介绍给大家,使大家了解嵌入式系统的体系架构。

2.1 图灵机与计算机架构

2.1.1 图灵机简介

1. 图灵机的概念

13min

图灵机是由英国数学家图灵在一篇论文《论数字计算在决断难题中的应用》中提出的一种理想机器,这种机器可以通过一些简单的机械的步骤模拟人类的一切数学运算。

"图灵机"设想有一条无限长的纸带,纸带上有一个个方格,每个方格可以存储一个符号,纸条可以向左或向右运动。这个纸带就像现代计算机的存储器一样,纸带上面的每个格子都可以被读写,如图 2-1 所示,在这个例子里,机器只能写 0、1 或者什么也不写。这个机器就是包含 3 种信号的图灵机。

图灵机可以做下面 3 个基本的操作:①读取指针头指向的方格内的内容;②修改方框中的字符或者直接擦除方格内的内容;③将纸带向左或右移动,以便修改其临近方框的值。

2. 一个简单的例子

这个例子实现的功能是在纸带上打印 110。如图 2-2 所示,其中黑色框表示探头所在的位置。具体的实现步骤:①探头写 1;②把纸带向左移动一格;③探头写 1;④把带子向左移动一格;⑤探头写 0。

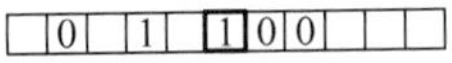

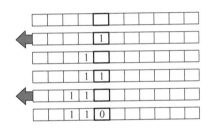

图 2-1　图灵机设想的无限长纸带

图 2-2　在图灵机的无限纸带上打印 110 示意

3．一个简单的程序

上面的例子比较简单,下面再来看一个稍微复杂点的例子。利用图灵机的设计思路,设计一个可以执行"状态反转"的程序,即对前面打印在纸带上的 110 每位上的二进制取反,使其变成 001。

这时需要预先定义一个指令集,也就是当图灵机上的探头读到方格内的内容时可以查这个指令集,然后对读取到的内容和指令集进行比对,根据指令集上的指示进行下一步操作。这个简单程序的指令集的定义见表 2-1。

表 2-1　指令集的定义

状　　态	写　操　作	移　动　操　作
空	不写	不移动
0	写 1	右移一格
1	写 0	右移一格

图灵机如何实现这个"状态反转"的小程序呢? 当探头读到的格子里的值是 0 时查表 2-1 中的第 2 行,得知当读到 0 时,探头在格子里写入 1,然后右移一格,如图 2-3 所示。

此时,探头读到 1,通过查指令集表 2-1,探头写入 0,然后右移,如图 2-4 所示。

图 2-3　探头读到 0 后的操作　　　　图 2-4　探头读到 1 后的操作

上一步操作之后,当探头再次在格子中读到 1 时再次查指令集表 2-1,探头写入 0,然后右移,如图 2-5 所示。

图 2-5　探头又读到 1 后的操作

经过上一步的右移之后,此时探头读到的格子里面的内容是空,通过读指令集表 2-1 可知,探头不向格子中写入值,纸带也不移动。至此,图灵机就把 110 改写成了 001 了。

4．机器状态

上面程序的指令集是不完整的,因为到最后探头不右移纸带也不改变格子里的值,但它还在不停地读取格子里的值,然后查表。这个机器会一直重复执行命令,它并不知道何时停止。还需要引入一个机器状态(Machine State)的概念。给表 2-1 增加一个机器状态列,见

表 2-2,当图灵机的探头读到一个空的格子后,就会停止。

表 2-2　插入机器状态后的指令集

状　　态	写　操　作	移　动　操　作	机　器　状　态
空	不写	不移动	停止状态
0	写1	右移一格	状态 0
1	写0	右移一格	状态 0

如果把方格里面的状态从 1、0、"空"继续增加,则相对应的指令集的行数也会跟着增加。这样,图灵机就可以通过读单元格、查指令集表、改变单元格状态、移动纸带这些非常简单、基本的操作进行非常复杂的数学运算了。

现在使用的各种计算机、嵌入式系统等虽然看似复杂,但在本质上也还是图灵机的进化。受图灵机的启发,后续又出现了冯·诺依曼结构、哈佛结构。

11min

2.1.2　冯·诺依曼结构与哈佛结构

数学家冯·诺依曼提出了计算机制造的 3 个基本原则,即采用二进制逻辑、程序存储执行、计算机由 5 部分组成(运算器、控制器、存储器、输入设备、输出设备),这套理论被称为冯·诺依曼体系结构(Von Neumann Architecture)。冯·诺依曼结构的示意图如图 2-6 所示。

从图 2-6 可以看出,冯·诺依曼结构计算机体系正是对图灵机的一种实现。图灵机中无限长的纸带对应冯·诺依曼计算机体系中的存储器,而读写头对应输入和输出,规则指令集对应运算器,而纸带怎么移动由控制器控制。

哈佛结构(Harvard Architecture)是一种将程序指令存储和数据存储分开的存储器结构。CPU 首先到程序指令存储器中读取程序指令内容,解码后得到数据地址,再到相应的数据存储器中读取数据,并进行下一步的操作(通常执行)。程序指令存储和数据存储分开,数据和指令的存储可以同时进行,可以使指令和数据有不同的数据宽度,其简单的结构示意图如图 2-7 所示。

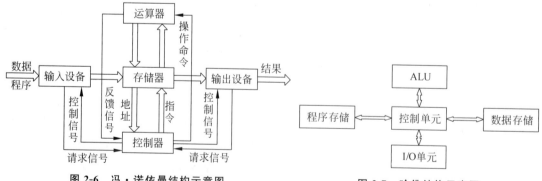

图 2-6　冯·诺依曼结构示意图　　　　　　　图 2-7　哈佛结构示意图

与冯·诺依曼结构处理器比较,哈佛结构处理器有两个明显的特点:使用两个独立的存储器模块,分别存储指令和数据,每个存储模块都不允许指令和数据并存;使用独立的两条总线,分别作为CPU与每个存储器之间的专用通信路径,而这两条总线之间毫无关联。

6min

哈佛结构的微处理器通常具有较高的执行效率,其程序指令和数据指令被分开组织和存储,执行时可以预先读取下一条指令。目前使用哈佛结构的中央处理器和微控制器有很多,Microchip公司的PIC系列芯片、摩托罗拉公司的MC68系列、Zilog公司的Z8系列、ATMEL公司的AVR系列。ARM有许多不同系列,其中既有冯·诺依曼结构也有哈佛结构,而Cortex-M3系列就是哈佛结构的。

图灵机、冯·诺依曼结构、哈佛结构还只是逻辑模型,这些逻辑模型的实现又离不开基本的逻辑电路,如算术逻辑部件(ALU)、锁存器等。

2.1.3　算术逻辑部件与锁存器

22min

从根本上讲,计算机对任务的处理本质上是对数据的处理,而计算机对数据的处理又可归结为数据运算与传输、数据存储等。

计算机中,算术逻辑部件(Arithmetic Logic Unit,ALU)负责执行算术和逻辑运算,而锁存器则提供快速的数据存储和访问能力,两者共同协作,为计算机的运算和数据处理提供了基础,而ALU的一个重要组成部分是加法器,本节将概要地介绍加法器、ALU和锁存器。

1. 加法器实现原理

计算机中,数字的加法运算由加法器实现,而加法运算是计算机中算术运算、布尔运算、指令调用等复杂运算的基础,理解加法器是掌握计算机架构实现的前提。

加法器分全加器、半加器,全加器可以由半加器组合而成,半加器如图2-8所示。

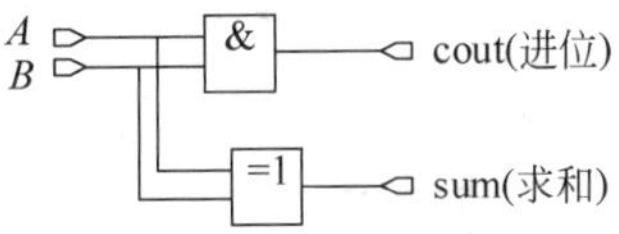

图 2-8　半加器原理图

如图2-8所示的逻辑电路可实现对二进制数 A、B 的求和运算,一个与门的输出(cout)作为求和的进位标志,而异或门的输出(sum)作为求和的结果,逻辑电路的真值表见表2-3。

表 2-3　逻辑电路的真值表

输　　入		输　　出	
A	B	sum	cout
0	0	0	0
0	1	1	0
1	0	1	0
1	1	0	1

实际上,在进行加法运算时除了当前位的求和,还要另外加上低位的进位结果,因此一个完整的加法器应该能够处理3比特位的求和,即全加器。一个全加器由两个半加器(U1、

U2)和一个或门共同组成,如图 2-9 所示。全加器的真值表见表 2-4。

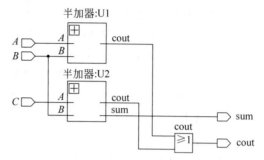

图 2-9　全加器 RTL 电路图

表 2-4 实现了 3 比特位的求和运算。

表 2-4　全加器真值表

输　　入			输　　出	
A	B	C	Sum	Cout
0	0	0	0	0
0	0	1	1	0
0	1	0	1	0
0	1	1	0	1
1	0	0	1	0
1	0	1	0	1
1	1	0	0	1
1	1	1	1	1

　　使用多个全加器可以实现两个 8 位整型数的求和,原理如图 2-10 所示。需要 8 个全加器共同工作才能实现两个 8 位整型变量的求和,假设变量 A 与变量 B 求和,A 的最低位 a0 与 B 的最低位 b0 作为输入进入低位的全加器 FA0(FA0 的进位输入 c 接地),低位全加器 FA0 的输出 sum 即 a0 与 b0 的和,而 FA0 进位输出作为次低位全加器 FA1 的一个输入与 a1、b1 求和,以此类推可以完成 A 与 B 的求和。

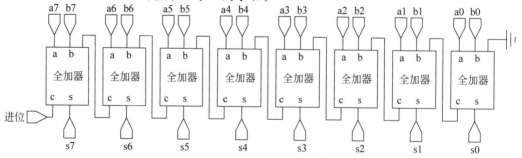

图 2-10　多个全加器对两个 8 位整型变量求和

2. 算术逻辑部件（ALU）的抽象

算术逻辑部件是 CPU 的执行单元，是其核心组成部分。ALU 是由与门和或门构成的算术逻辑单元，主要功能是进行算术、逻辑运算。本书只简单地介绍 ALU 的基本实现思想，以帮助读者更好地理解 ARM 的内部架构。

ALU 有 4 个关键要素：操作数、运算符、状态标志、运算结果，如图 2-11 所示。

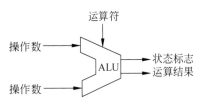

图 2-11 ALU 工作原理示意图

例如，若需要 ALU 对 A 和 B 两个操作数求和，那么会有这样几个关键的步骤：①把 A、B 作为操作数输入给 ALU，然后把求和这个运算符也给到 ALU；②ALU 对 A、B 两个数进行求和操作；③ALU 会输出一个求和结果和一种状态标志。这里的状态标志是指 A、B 两个数进行运算后其结果可能超出 CPU 的最高位数而产生溢出，可能是一个负数，可能是 0，也可能会有进位，运算后的这几种可能的状态也会随着运算结果一起输出。

而给到 ALU 的操作数、运算符就是由控制单元从数据存储器、指令存储器得到的，最后的运算结果和状态标志也会给到相应的存储单元。那么，将一系列需要 ALU 处理的事情，按照顺序排放到相应的指令、数据存储器中，控制单元依照顺序将其取出并给到 ALU，然后将 ALU 的处理结果存放到相应的位置，这样就实现了程序的执行，而这些操作数、运算结果等会由相对应的 I/O 端口输入或者输出，而这些处理的内容、处理的顺序、运算结果的输出等都可以由程序员编写相应的程序代码实现。

3. 锁存器

锁存器（Latch）是一种数字电路元器件，用于存储和保持数据。它可以被看作一种存储单元，可以在需要时读取和写入数据。锁存器常用于寄存器、计数器和其他数字逻辑电路中。

一个将 1 锁存的简单逻辑电路，输入端一旦输入一个 1，只要或门不断电，输出端的值就保持 1 不变，即实现了 1 的锁存，如图 2-12 所示。

一个将 0 锁存的简单逻辑电路，输入端一旦输入一个 0，只要与门不断电，输出的值就会保持 0 不变，即实现了 0 的锁存，如图 2-13 所示。

图 2-12 锁存 1　　　　　　　　　图 2-13 锁存 0

也可以根据需要锁存 0 或 1，当 RESET＝1 时，不记录 SET 的值。无论 SET 的值如何，电路始终输出 0，即锁存了 0。当 RESET＝0 且 SET＝1 时，电路输出 1。这时，若 RESET＝0 且 SET＝0，则电路输出仍为 1，即锁存了 1，如图 2-14 所示。

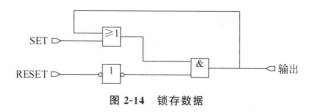

图 2-14　锁存数据

2.2　Cortex-M3 架构简介

22min

2.2.1　架构总览

Cortex-M3 是一款具有低功耗、少门数、短中断延时、低调试成本等优点的 32 位处理器内核。Cortex-M3 采用了哈佛结构,拥有独立的指令总线和数据总线,指令总线和数据总线共享同一个 4GB 的存储器空间。Cortex-M3 的内部架构模块框图如图 2-15 所示。

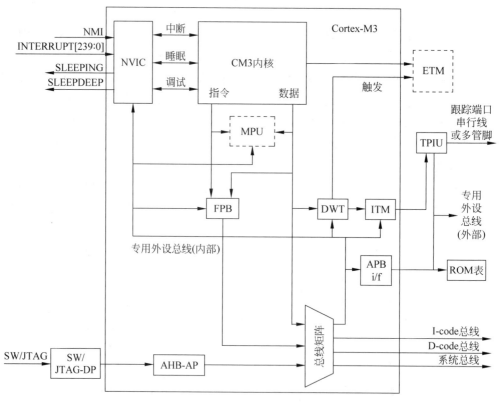

图 2-15　Cortex-M3 的内部架构模块框图

注意:ETM 和 MPU 两个功能在闪存容量低于 256KB 的 GD32F101xx 和 GD32F103xx 设备上是不存在的。

从图 2-15 可以看出,Cortex-M3 内部有多条总线接口,独立的数据总线和指令总线使 Cortex-M3 的读取指令与访问数据并行执行,这样数据访问就不占用指令总线,使性能成倍提升。从图 2-15 还可以看出,与通用计算机的 CPU 相比,Cortex-M3 处理器更像是一个"处理子系统",它既包含了核心处理模块 CM3Core,还集成了调试组件、总线桥、SYSTICK 等。图 2-15 中 Cortex-M3 内部模块的缩写及其含义见表 2-5。

表 2-5　Cortex-M3 内部模块的缩写及其含义

缩　　　写	含　　　义
NVIC	嵌套向量中断控制器
SysTick	简易的周期定时器,用于提供时基,在 NVIC 中
MPU	存储器包含单元(可选)
总线矩阵	用来将处理器和调试接口与外部总线相连
SW/JTAG-DP	串行线调试端口/串行线 JTAG 调试端口,通过串行线调试协议或传统的 JTAG 协议(专用于 SWJ-DP)都可以用于实现与调试接口的连接
AHB-AP	AHB 访问端口,它把串行线/SWJ 接口的命令转换成 AHB 数据传送
ETM	嵌入式跟踪宏单元(可选组件),调试用。用于处理指令跟踪
DWT	数据观察点及跟踪单元,调试用,是一个处理数据观察点功能的模块
ITM	指令跟踪宏单元
TPIU	跟踪单元的接口单元,所有跟踪单元发出的调试信息都要先送给它,它再转发给外部跟踪捕获硬件
FPB	Flash 地址重载及断点单元
ROM 表	一个小的查找表,其中存储了配置信息

2.2.2　Cortex-M3 的重点模块

1. CM3Core

CM3Core 是 Cortex-M3 处理器的中央处理核心。

2. 嵌套向量中断控制器 NVIC

NVIC 在 CM3 内核中内建的中断控制器。中断的具体路数由芯片厂商定义。NVIC 与 CPU 紧耦合,它还包含了若干个系统控制寄存器。NVIC 支持中断嵌套,使在 CM3 上处理中断嵌套时非常灵活。它还采用了向量中断的机制。在中断发生时,它会自动地取出对应的服务例程入口地址,并且直接调用,无须软件判定中断源,可以缩短中断延时。

3. SysTick 定时器

系统滴答定时器是一个非常基本的倒数定时器,用于在每隔一定的时间产生一个中断,即使是系统在睡眠模式下也能工作。它使操作系统在各 CM3 器件之间的移植中不必修改系统定时器的代码,从而提高了嵌入式操作系统的可移植性。SysTick 定时器也是作为 NVIC 的一部分实现的。

4. 存储器保护单元

这是一个选配的单元,有些 CM3 芯片可能没有配备此组件。如果有,则它可以把存储器分成一些区域(Regions),并分别予以保护。它可以让某些区域在用户级下变成只读,从而阻止了一些用户程序破坏关键数据。

5. BusMatrix

BusMatrix 是 CM3 内部总线系统的核心。它是一个 AHB 互连的网络,通过它可以让数据在不同的总线之间并行传送(前提是两个总线主机不同时访问同一块内存区域)。BusMatrix 还提供了附加的数据传送管理设施,包括一个写缓冲及一个按位操作的逻辑。

6. AHB to APB

它是一个总线桥,用于把若干个 APB 设备连接到 CM3 处理器的私有外设总线上(内部的和外部的)。这些 APB 设备常见于调试组件。CM3 还允许芯片厂商把附加的 APB 设备挂在这条 APB 总线上,并通过 APB 接入其外部私有外设总线。

图 2-15 中其他的组件都用于调试,通常不会在应用程序中使用它们。

7. SW-DP/SWJ-DP

串行线调试端口(SW-DP)/串口线 JTAG 调试端口(SWJ-DP)都与 AHB 访问端口(AHB-AP)协同工作,以使外部调试器可以发起 AHB 上的数据传送,从而执行调试活动。在处理器核心的内部没有 JTAG 扫描链,大多数调试功能是通过在 NVIC 控制下的 AHB 访问实现的。SWJ-DP 支持串行线协议和 JTAG 协议,而 SW-DP 只支持串行线协议。

8. AHB-AP

AHB 访问端口通过少量的寄存器,提供了对全部 CM3 存储器的访问机能。该功能块由 SW-DP/SWJ-DP 通过一个通用调试接口(DAP)来控制。当外部调试器需要执行动作时,就要通过 SW-DP/SWJ-DP 访问 AHB-AP,从而产生所需的 AHB 数据传送。

9. 嵌入式跟踪宏单元 ETM

ETM 用于实现实时指令跟踪,它是一个选配件。ETM 的控制寄存器被映射到主地址空间上,因此调试器可以通过 DAP 来控制它。

10. 数据观察点及跟踪单元

通过 DWT,可以设置数据观察点。当一个数据地址或数据的值匹配了观察点时就会产生一次匹配命中事件。匹配命中事件可以用于产生一个观察点事件,后者能激活调试器以产生数据跟踪信息,或者让 ETM 联动。

11. 指令跟踪宏单元 ITM

ITM 有多种用法。软件可以控制该模块直接把消息送给 TPIU(类似 printf 风格的调试);还可以让 DWT 匹配命中事件通过 ITM 产生数据跟踪包,并把它输出到一个跟踪数据流中。

12. 跟踪端口的接口单元 TPIU

TPIU 用于和外部的跟踪硬件(如跟踪端口分析仪)交互。在 CM3 的内部,跟踪信息都被格式化成"高级跟踪总线(ATB)包",TPIU 重新格式化这些数据,从而让外部设备能够捕捉到它们。

13. FPB

FPB 提供 Flash 地址重载和断点功能。Flash 地址重载是指：当 CPU 访问的某条指令匹配到一个特定的 Flash 地址时，将把该地址重映射到 SRAM 中指定的位置，从而使取指后返回的是另外的值。此外，匹配的地址还能用来触发断点事件。

14. ROM 表

它只是一个简单的查找表，提供了存储器映射信息，这些信息供多种系统设备和调试组件使用。当调试系统定位各调试组件时，它需要找出相关寄存器在存储器的地址，这些信息由此表给出。在绝大多数情况下，因为 CM3 有固定的存储器映射，所以各组件都对号入座，但是因为有些组件是可选的，还有些组件是可以由制造商另行添加的，所以各芯片制造商可能需要定制它们的芯片的调试功能。这就必须在 ROM 表中存储这些"另类"的信息，这样调试软件才能判定正确的存储器映射，进而可以检测可用的调试组件是何种类型。

2.2.3　ARM 指令集与三级流水线

ARM 指令集是指计算机 ARM 操作指令系统，如前面所述，指令是给 ARM 核执行的，每条指令都应该包含两部分内容：执行的指令、操作的数据。如果让 ARM 核能够完整地处理一些数据，则 ARM 的指令集需要包括跳转指令、数据处理指令、程序状态寄存器（PSR）处理指令、加载/存储指令、协处理器指令和异常产生指令六大类别。

程序员编写的程序让 CPU 执行时，需要按照一定的规范转换成 CPU 可以识别的底层代码（也就是所谓的指令集），而这个转换的过程就是编译，编译工作一般由开发工具自动完成。从这里可以看出，厂家可以自己规定一些规范或者指令语言让 CPU 来识别，然后开发出对应的编译器就可以了。实际上，指令集也有很多种，Cortex-M3 使用的是 Thumb-2 指令集。

在 Cortex-M3 处理器中，指令是怎样被执行的呢？它使用的是一种被称为流水线（Pipeline）的方式。流水线技术通过多个功能部件并行工作来缩短程序的执行时间，提高处理器核的效率和吞吐率，从而成为微处理器设计中最为重要的技术之一。

ARM 中常用的流水线有三级流水线、五级流水线。Cortex-M3 采用的是三级流水线，包括在取指令、解码、执行，五级流水线在此基础上又增加了 LS1 和 LS2 阶段，LS1 负责加载和存储指令中制定的数据，LS2 则负责提取、符号扩展，通过字节或半字加载命令来加载数据。一个理想状态下的三级流水线如图 2-16 所示。

在图 2-16 中，内核在执行第 N 条指令的同时，对第 N+1 条指令解码，对第 N+2 条指令进行取指操作，整个流水线是不断的，但是，当需要执行一条分支指令或者直接修改程序计数器（PC）而发生跳转时，ARM 内核有可能会清空流水线，然后重新读取指令。

2.2.4　存储器映射

存储器映射是指把芯片中或芯片外的 Flash、RAM、外设、BOOTBLOCK 等进行统一

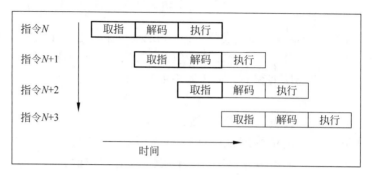

图 2-16　三级流水线示意图

编址,即用地址来表示对象。这个地址绝大多数是由厂家规定好的,用户只能用而不能改。用户只能在挂接外部 RAM 或 Flash 的情况下可进行自定义。

　　Cortex-M3 不同于其他 ARM 系列的处理器,它的存储器映射表已经在内核设计时固定好,不能由芯片厂商更改。Cortex-M3 预先定义好了"粗线条的"存储器映射,如图 2-17 所示。通过把片上外设的寄存器映射到外设区,就可以简单地以访问内存的方式访问这些外设的寄存器了,从而控制外设的工作。这种预定义的映射关系,也使对访问速度可以进行高度优化,而且对于片上系统的设计而言更易集成。

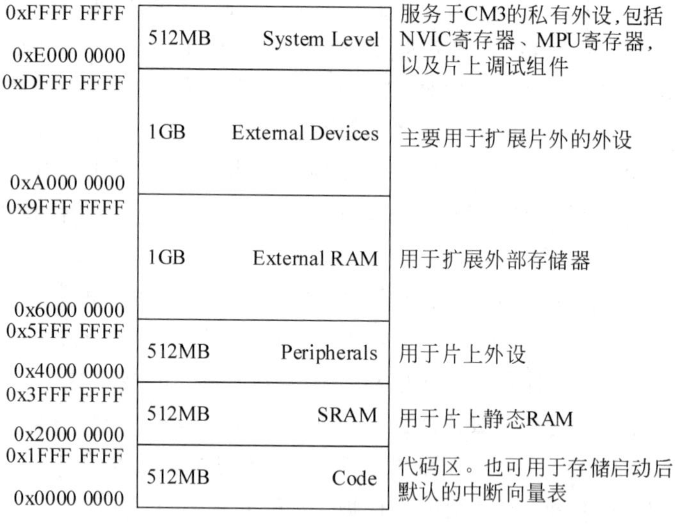

地址	容量	区域	说明
0xFFFF FFFF 0xE000 0000	512MB	System Level	服务于CM3的私有外设,包括NVIC寄存器、MPU寄存器,以及片上调试组件
0xDFFF FFFF 0xA000 0000	1GB	External Devices	主要用于扩展片外的外设
0x9FFF FFFF 0x6000 0000	1GB	External RAM	用于扩展外部存储器
0x5FFF FFFF 0x4000 0000	512MB	Peripherals	用于片上外设
0x3FFF FFFF 0x2000 0000	512MB	SRAM	用于片上静态RAM
0x1FFF FFFF 0x0000 0000	512MB	Code	代码区。也可用于存储启动后默认的中断向量表

图 2-17　Cortex-M3 存储器映射

　　Cortex-M3 的内部拥有一个总线基础设施,专用于优化对这种存储器结构的使用。在此之上,CM3 甚至还允许这些区域之间"越权使用"。例如,数据存储器也可以被放到代码区,而且代码也能够在外部 RAM 区中执行(但是会变慢不少)。

　　处于最高地址的系统级存储区是 CM3 的私有区域,用于存放中断控制器、MPU 及各种调试组件。所有这些设备均使用固定的地址。通过把基础设施的地址定死,就至少在内核水平上为应用程序的移植扫清了障碍。

▶ 25min

2.3　GD32F10x 对 Cortex-M3 架构的实现

Cortex-M3 处理器是一个具有低中断延迟时间和低成本调试特性的 32 位处理器。高集成度和增强的特性使 Cortex-M3 处理器适用于那些需要高性能和低功耗微控制器的市场领域。Cortex-M3 处理器基于 ARMv7 架构，并且支持一个强大且可扩展的指令集，包括通用数据处理 I/O 控制任务和增强的数据处理位域操作。GD32F10x 对 Cortex-M3 架构的实现主要包括以下 5 个方面：内存保护单元（Memory Protection Unit，MPU）、中断向量表、系统控制寄存器、低功耗模式等。本节接下来的部分会对每部分进行讲解。

2.3.1　总体架构

GD32F10x 系列器件采用 32 位多层总线结构，基于 Cortex-M3 内核进行设计，提供了丰富的外设和功能，适用于包括工业控制、消费电子、汽车电子在内的多种应用领域。GD32F10x 的总体架构包括①ARM Cortex-M3 内核，支持 32 位指令集，具有高效的指令执行和异常处理机制；②存储器，GD32F10x 集成了 Flash 存储器和 SRAM，Flash 存储器用于存储程序代码和常量数据，而 SRAM 用于存储变量和临时数据；③外设接口，包括USART、SPI 接口、I2C 接口、定时器/计数器、模拟到数字转换器（Analog-to-Digital Converter，ADC）、数字到模拟转换器（Digital-to-Analog Converter，DAC）等；④时钟系统，包括多个时钟源和时钟分频器，用于提供内部时钟和外部时钟，还支持多种时钟模式和休眠模式，以实现低功耗操作；⑤中断控制器，可以管理和处理外部中断和内部异常，支持优先级控制和向量表，允许开发人员实现灵活的中断处理机制；⑥多个通用输入/输出（General Purpose Input/Output，GPIO）引脚，用于连接外部器件和传感器，这些引脚可以配置为输入或输出，并且支持中断和事件触发。

总体而言，GD32F10x 是一款功能强大的 32 位微控制器，具有灵活的外设接口和丰富的功能，适用于多种应用场景。

2.3.2　存储器与映射

内存管理单元可以将整个内存空间划分为多个区域，并为每个区域设置特定的存储属性和访问权限。

在 GD32 系列芯片中，内存管理单元包括 16 个特定的存储器寄存器，用于定义不同的内存区域属性。通过配置这些寄存器，可以实现内存访问控制和保护。内存管理单元还提供了硬件辅助功能来监控内存访问，并防止非法访问和错误。

其中，内存管理单元可以支持以下功能。

1. 内存保护

内存管理单元可以将内存空间划分为多个区域，并为每个区域设置特定的访问权限。这样可以避免代码和数据的互相干扰和污染。同时，还可以防止恶意程序的攻击和破坏。

2. 存储器映射

内存管理单元可以将不同的存储器区域映射到同一内存地址空间中,这样可以方便地访问不同的存储器设备。

3. 存储器类型控制

内存管理单元可以为每个存储器区域设置特定的存储器类型(例如 Flash、SRAM、外设等),以便实现最佳的存储器访问速度和稳定性。

4. 存储器访问控制

内存管理单元可以为每个存储器区域设置特定的访问属性,以控制存储器的读/写/执行权限和可见性。

2.3.3 启动配置

GD32F10x 系列微控制器提供了 3 种引导源,可以通过 BOOT0 和 BOOT1 引脚进行选择,见表 2-6。这两个引脚的电平状态会在复位后的第 4 个系统时钟(System Clock,CLK)的上升沿进行锁存。用户可自行选择所需要的引导源,通过设置上电复位和系统复位后的 BOOT0 和 BOOT1 的引脚电平实现。一旦这两个引脚电平被采样,它们就可以被释放并用于其他用途。

表 2-6 GD32F10x 启动引导模式

引导源选择	启动模式选择引脚	
	BOOT1	BOOT0
主 Flash 存储器	X	0
引导装载程序	0	1
片上 SRAM	1	1

当引导源期望被配置为"主 Flash 存储器"时,BOOT0 引脚必须明确地接地而不能处于浮空状态。

上电序列或系统复位后,ARM Cortex-M3 处理器先从 0x0000 0000 地址获取栈顶值,再从 0x0000 0004 地址获得引导代码的基地址,然后从引导代码的基地址开始执行程序。根据所选择的引导源,主 Flash 存储器(开始于 0x0800 0000 的原始存储空间)或系统存储器(MD 系列开始于 0x1FFF FF00 的原始存储空间 GD32F10x_HD 和 GD32F10x_XD)被映射到引导存储空间(起始于 0x0000 0000)。片上 SRAM 存储空间的起始地址是 0x2000 0000,当它被选择为引导源时,在应用初始化代码中,必须使用 NVIC 异常表和偏移寄存器来将向量表重定向到 SRAM 中。

2.3.4 电源控制

电源管理单元提供了 3 种省电模式,即睡眠模式、深度睡眠模式和待机模式。这些模式能减少电能消耗,并且使应用程序可以在 CPU 运行时间要求、速度和功耗的相互冲突中获得最佳折中。

　　GD32F10x 系列设备有 3 个电源域,包括 VDD/VDDA 域、1.2V 域和电池备份域。VDD/VDDA 域由电源直接供电。在 VDD/VDDA 域中嵌入了一个低电压调节器(Low DropOut Regulator,LDO),用来为 1.2V 域供电。在备份域中有一个电源切换器,当 VDD 电源关闭时,电源切换器可以将备份域的电源切换到 VBAT 引脚,此时备份域由 VBAT 引脚(电池)供电。

　　总结起来,GD32F10x 的电源控制主要有 5 个特征:①有 3 个电源域,即备份域、VDD/VDDA 域和 1.2V 电源域;②有 3 种省电模式,即睡眠模式、深度睡眠模式和待机模式;③内部 LDO 提供 1.2V 电源;④提供低电压检测器(Low Voltage Detector,LVD),当电压低于所设定的阈值时能发出中断或事件;⑤当 VDD 供电关闭时,由 VBAT(电池)为备份域供电。

2.3.5　复位

　　GD32F10x 复位控制包括 3 种控制方式:电源复位、系统复位和备份域复位。电源复位又称为冷复位,其可复位除了备份域的所有系统。系统复位将复位除了 SW-DP 控制器和备份域之外的其余部分,包括处理器内核和外设 IP。备份域复位将复位备份区域。复位能够被外部信号、内部事件和复位发生器触发。

　　两种情况会产生电源复位:上电/掉电复位(POR/PDR 复位),从待机模式中返回后由内部复位发生器产生。电源复位会复位除了备份域的所有寄存器。电源复位为低电平有效,当内部 LDO 电源基准准备好提供 1.2V 电压时,电源复位电平将变为无效。复位入口向量被固定在存储器映射的地址 0x0000 0004。复位系统电路图如图 2-18 所示。

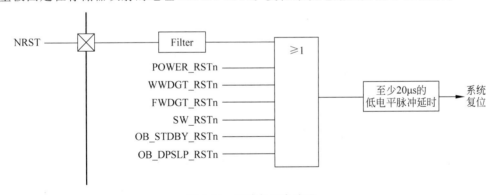

图 2-18　系统复位电路图

　　当发生以下任一事件时会产生一个系统复位:①上电复位(POWER_RSTn);②外部引脚复位(NRST);③窗口看门狗计数终止(WWDGT_RSTn);④独立看门狗计数终止(FWDGT_RSTn);⑤Cortex-M3 的中断应用和复位控制寄存器中的 SYSRESETREQ 位置"1"(SW_RSTn);⑥用户选择字节寄存器 nRST_STDBY 设置为 0,并且进入待机模式时(STDBY_RSTn);⑦用户选择字节寄存器 nRST_DPSLP 设置为 0,并且进入深度睡眠模式时(DPSLP_RSTn)。

　　系统复位将复位除了 SW-DP 控制器和备份域之外的其余部分,包括处理器内核和外设 IP。系统复位脉冲发生器保证每个复位源(外部或内部)都能有至少 $20\mu s$ 的低电平脉冲延时。

当以下事件之一发生时,产生备份域复位:①将备份域控制寄存器中的 BKPRST 位设置为"1";②备份域电源上电复位(在 VDD 和 VBAT 两者都掉电的前提下,VDD 或 VBAT 上电)。

需要注意的是,备份域复位是一种特殊类型的复位,它将备份域中的相关寄存器和存储器区域重置为其默认值,备份域复位将导致备份域中的数据丢失。因此,在执行备份域复位之前,应该确保备份域中的数据已经备份或不再需要。

2.3.6 时钟控制

在嵌入式系统中,时钟是整个系统的重要组成部分,它决定了处理器、外设和总线等各部分的工作时序。为了确保系统的稳定性和可靠性,GD32 系列芯片提供了多种时钟源和时钟分频器,可以为不同的应用场景提供灵活的时钟选择和配置方案。

GD32 系列芯片的时钟系统包括以下几部分。

1. 内部时钟源

GD32 系列芯片内置了多个高精度的时钟源,包括 RC 振荡器、XTAL 振荡器和内部 PLL 等,可以为系统提供高精度的时钟信号。

2. 时钟分频器

时钟分频器可以将输入时钟分频为更低的频率,以满足不同外设的时钟要求。GD32 系列芯片提供了多个时钟分频器,可以为不同外设提供不同的时钟频率。

3. 时钟选择器

时钟选择器可以选择不同的时钟源和时钟分频器输出,以为处理器和外设提供正确的时钟信号。GD32 系列芯片的时钟选择器可以为处理器提供多种时钟源选择,包括 RC 振荡器、XTAL 振荡器和内部 PLL 等。

4. 时钟输出控制器

时钟输出控制器可以控制不同外设的时钟输出使能和时钟输出频率,以满足不同外设的时钟要求。GD32 系列芯片的时钟输出控制器可以为多个外设提供不同的时钟频率和时钟使能控制。

通过合理配置时钟源、时钟分频器和时钟选择器等部分,GD32 系列芯片可以为不同应用场景提供灵活、高效的时钟方案。同时,还可以提供高精度的时钟信号和可靠的时序控制,以确保系统的稳定性和可靠性。

2.4 小结

本章详细地介绍了图灵机的设计思路,在此基础上引入了 ALU 的工作原理和 Cortex-M3 的系统架构。读者只有真正理解了它们的设计思路,才能在后续自己的系统设计开发过程中设计出架构稳定、完美符合需求的嵌入式产品。

　　读者若想更深入地了解 Cortex-M3 架构和 GD32 芯片更详细的内核架构,需要查阅相关用户手册。实际上,嵌入式工程师在后续的嵌入式开发中需要经常查阅用户手册。

2.5　练习题

　　(1) 简述图灵机的工作原理。

　　(2) 简述冯·诺依曼结构、哈佛结构的区别。

　　(3) 算术逻辑部件(ALU)在 CPU 中的作用是什么?

　　(4) 使用 ALU 对两个数求和的过程是怎样的?

　　(5) Cortex-M3 处理器由哪几部分组成?

　　(6) 在 GD32F10x 中,有哪几种启动方式?

　　(7) GD32F10x 的低功耗工作模式有几种?

## 第 3 章

通用输入/输出端口 GPIO

GPIO,即通用输入/输出端口,是 ARM 单片机可控制的引脚。GD32 芯片的 GPIO 引脚与外部设备连接起来,可实现与外部的通信、控制外部硬件或者采集外部设备数据等功能。借助 GPIO,微控制器可以实现对外围设备(如 LED,按键等)最简单、最直观的监控。除此之外,GPIO 还可以用于串行并行通信,存储器扩展等。GPIO 往往是了解、学习、开发嵌入式系统的第 1 步。

本章主要介绍 GD32F10x 系列微控制器的 I/O 端口模块的 GPIO(通用 IO)作为输入、输出口的使用方法及相关的 GPIO 库函数。

3.1 芯片的常用封装

12min

在使用 ARM 芯片时,用户肉眼所见的仅是它的外在,能和芯片内部相连的就是它的引脚了。对芯片内部程序的载入、通过程序让芯片对外围电路的控制和访问就是通过这些引脚实现的,而 ARM 芯片的生产厂家会根据市场需求生产不同引脚数量的芯片,以 GD32F10x 系列为例,它的引脚数目就有 48、64、100、144 几种规格,而具体芯片引脚的封装方式又包括 QFN、LQFP、BGA、CSP 这几种。

(1) QFN:方形扁平无引脚封装。这是表面贴装型封装之一,QFN 是日本电子机械工业会规定的名称,现在多称为 LCC。在封装的四侧配置有电极触点,由于无引脚,贴装占有面积比 QFP 小,高度比 QFP 低,但是,当印刷基板与封装之间产生应力时,在电极接触处就不可以得到缓解,因此电极触点难以做到 QFP 的引脚那样多,一般只有 14~100 个引脚。材料有陶瓷和塑料两种。当有 LCC 标记时基本上是陶瓷 QFN,如图 3-1 所示。

(2) LQFP:薄型 QFP(Low-profile Quad Flat Package)指封装本体厚度为 1.4mm 的 QFP,是日本电子机械工业会根据制定的新 QFP 外形规格所用的名称,而 QFP 这种技术的中文含义叫方形扁平式封装技术(Plastic Quad Flat Package),该技术实现的 CPU 芯片引脚之间的距离很小,引脚很细,一般大规模或超大规模集成电路采用这种封装形式,如图 3-2 所示。该技术封装的 CPU 操作方便,可靠性高,而且其封装外形尺寸较小,寄生参数减小,适合高频应用;该技术主要适用 SMT 表面安装技术在 PCB 上安装布线。

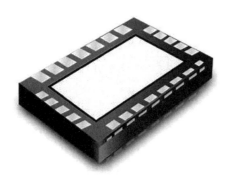

图 3-1 QFN 封装

图 3-2 LQFP 封装

（3）BGA：球栅阵列封装技术。该技术一出现便成为 CPU、主板南、北桥芯片等高密度、高性能、多引脚封装的最佳选择，但 BGA 封装占用基板的面积比较大，如图 3-3 所示。虽然该技术的 I/O 引脚数增多，但引脚之间的距离远大于 QFP，从而提高了组装成品率，而且该技术采用了可控塌陷芯片法焊接，从而可以改善它的电热性能。另外该技术的组装可用共面焊接，从而能大幅提高封装的可靠性，并且由该技术实现的封装 CPU 信号传输延迟小，适应频率可以提高很大。BGA

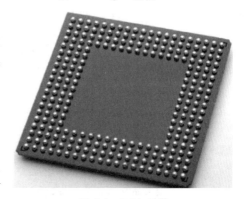

图 3-3 BGA 封装

封装具有 4 个显著优点：①I/O 引脚数虽然增多，但引脚之间的距离远大于 QFP 封装方式，提高了成品率；②虽然 BGA 的功耗增加，但由于采用的是可控塌陷芯片法焊接，从而可以改善电热性能；③信号传输延迟小，适应频率大幅提高；④组装可用共面焊接，可靠性大幅提高。

（4）CSP：芯片级封装，CSP 封装是最新一代的内存芯片封装技术，其技术性能又有了新的提升。CSP 封装可以让芯片面积与封装面积之比超过 1∶1.14，已经相当接近 1∶1 的理想情况，绝对尺寸也仅有 32 平方毫米，约为普通的 BGA 的 1/3，仅仅相当于 TSOP 内存芯片面积的 1/6。与 BGA 封装相比，同等空间下 CSP 封装可以将存储容量提高三倍。

GD32F10x 系列有丰富的端口可供使用，包括多个多功能的双向 5V 兼容的快速 I/O 端口，所有 I/O 端口都可以映射到 16 个外部中断。一个 LQFP 封装的 64 脚的芯片的引脚图如图 3-4 所示。

如图 3-4 所示，LQFP64 封装的芯片 I/O 端口有 PA、PB、PC、PD 共 4 组，PA～PC 每组 16 个（0～15），PD 只有 3 个引脚 PD0～PD2，所以 LQFP64 封装的 STM32F10x 一共有 51 个 I/O 端口。

具体到某一款具体的 ARM 芯片，其封装类型、引脚数量一般可以从其芯片命名看出。如图 3-5 所示为本书配套开发板所用芯片 GD32F103C8T6 的命名规则，从图中可以看出该芯片的引脚数量是 48 个，封装类型是 LQFP。

▶ 25min

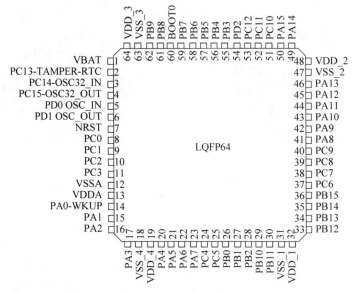

图 3-4　LQFP64 引脚图

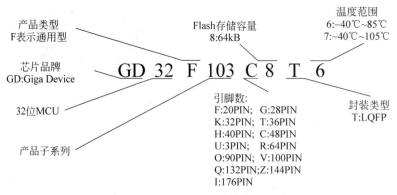

图 3-5　GD32F103C8T6 的命名规则

3.2　GPIO 工作原理

在 ARM 芯片中,GPIO 引脚既可以配置为输入也可以配置为输出,并且可以通过软件进行控制和配置。

当 GPIO 引脚被配置为输入模式时可用于接收外部设备或传感器发送的数字信号。在输入模式下,可以读取引脚的电平状态,以便进行相应处理。常见应用包括按键输入、传感器数据采集等。

当 GPIO 引脚被配置为输出模式时用于向外部设备发送数字信号,在输出模式下,可以通过设置引脚的电平状态,控制连接的外部设备的行为。常见的应用包括 LED 控制、驱动电机、控制继电器等。

每个I/O端口都会有对应的配置寄存器,用户通过配置寄存器就可以设置GPIO引脚的功能和属性。

GPIO引脚通常还支持中断功能,可以在引脚状态发生变化时触发中断请求。通过配置中断控制器和相关寄存器,可以实现对引脚状态变化的实时响应。这在需要高实时性和低功耗的应用中特别有用。

多数ARM芯片会提供多功能引脚(例如,复用引脚),可以通过配置将GPIO引脚用于其他功能,如串口通信、SPI接口、I2C接口等。这样可以根据应用需求,灵活地选择引脚的功能。

本节介绍GPIO的内部结构框图、输入/输出工作模式的实现原理。

3.2.1 内部结构框图

每个GPIO端口有两个32位配置寄存器(GPIOx_CRL、GPIOx_CRH)、两个32位数据寄存器(GPIOx_IDR、GPIOx_ODR)、一个32位置位/复位寄存器(GPIOx_BSRR)、一个16位复位寄存器(GPIOx_BRR)和一个32位锁定寄存器(GPIOx_LCKR)。

每个I/O端口位都可以自由编程,然而I/O端口寄存器必须按32位字被访问(不允许半字或字节访问)。GPIOx_BSRR和GPIOx_BRR寄存器允许对任何GPIO寄存器的读/更改进行独立访问;这样,在读和更改访问之间产生中断请求(IRQ)时不会发生意外。如图3-6所示,给出了一个I/O端口位的内部结构。

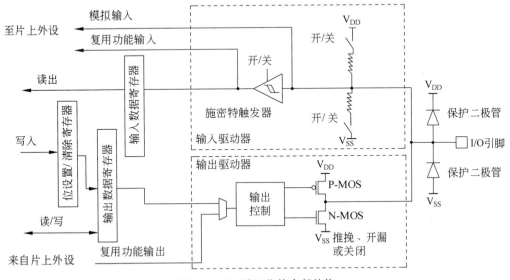

图 3-6 I/O端口位的内部结构

如图3-6所示,除了最右侧的"I/O引脚"是外界和芯片交互的出入口外,其他都是在芯片内部的。每个I/O端口以保护二极管、推挽开关、施密特触发器为核心实现了非常灵活的功能。

（1）保护二极管：I/O引脚上下两边两个二极管用于防止引脚外部过高、过低的电压输入。当引脚电压高于 V_{DD} 时，上方的二极管导通；当引脚电压低于 V_{SS} 时，下方的二极管导通，防止不正常电压引入芯片而导致芯片烧毁。尽管如此，还是不能直接外接大功率器件，需要大功率及隔离电路驱动，防止烧坏芯片或者外接器件无法正常工作。

（2）P-MOS管和N-MOS管：由 P-MOS 管和 N-MOS 管组成的单元电路使 GPIO 具有"推挽输出"和"开漏输出"模式。这里的电路会在下面详细分析。

（3）TTL 施密特触发器：信号经过触发器后，模拟信号会被转换为 0 和 1 的数字信号，但是，当 GPIO 引脚作为 ADC 采集电压的输入通道时，用其"模拟输入"功能，此时信号不再经过触发器进行 TTL 电平转换。

3.2.2　输出工作模式

▶ 19min

1. 开漏输出

在开漏输出模式下，通过设置"位设置/清除寄存器"或者"输出数据寄存器"的值，途经N-MOS管，最终输出到 I/O 端口，如图 3-7 所示。

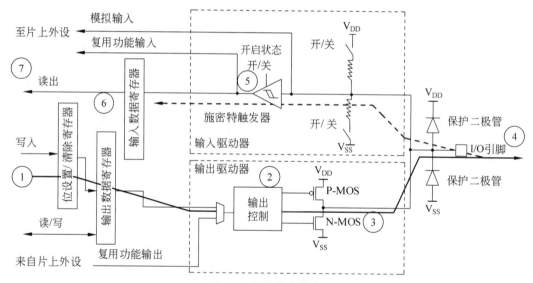

图 3-7　开漏输出模式

这里需要注意 N-MOS 管，当设置输出的值为高电平时，N-MOS 管处于关闭状态，此时I/O 端口的电平就不会由输出的高低电平决定，I/O 此时表现为高阻态，I/O 端口的电平由外部的上拉电阻决定；当设置输出的值为低电平时，N-MOS 管处于开启状态，此时 I/O 端口的电平就是低电平。也就是说，当 I/O 端口被配置为开漏输出模式时，一般需要在外部配合上拉电阻使用。

同时,I/O端口的电平也可以通过输入电路进行读取;当开漏输出时,I/O端口的电平不一定是输出的电平(高电平时)。

2. 开漏复用输出

开漏复用输出模式与开漏输出模式类似。只是输出的高低电平的来源,不是让CPU直接写输出数据寄存器,取而代之利用片上外设模块的复用功能输出来决定。

26min

如图3-8所示,①处的电平直接控制输出控制电路②,而①处的电平是由片上的外设给出的,如作USART、SPI通信端口时。

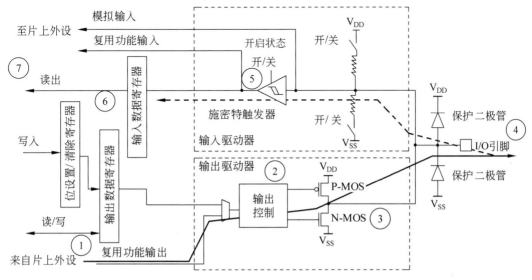

图 3-8 开漏复用输出模式

3. 推挽输出

在推挽输出模式下,通过设置"位设置/清除寄存器"或者"输出数据寄存器"的值,途经P-MOS管和N-MOS管,最终输出到I/O端口。

这里需要注意P-MOS管和N-MOS管状态与图3-7中开漏输出不同,当将输出的值设置为高电平时,P-MOS管处于开启状态,N-MOS管处于关闭状态,此时I/O端口的电平就由P-MOS管决定,为高电平;当将输出的值设置为低电平时,P-MOS管处于关闭状态,N-MOS管处于开启状态,此时I/O端口的电平就由N-MOS管决定,为低电平。

同时,I/O端口的电平也可以通过输入电路进行读取;注意,此时读到的I/O端口的电平一定是输出的电平。

4. 推挽复用输出

推挽复用输出模式与推挽输出模式类似。只是输出的高低电平的来源,不是让CPU直接写输出数据寄存器,取而代之利用片上外设模块的复用功能输出来决定。

与图3-8类似,只是①处的电平直接控制输出控制电路②,而①处的电平是由片上的外设给出的,如用作I2C通信端口时。

3.2.3 输入工作模式

GPIO 的输入工作模式包括浮空输入(GPIO_Mode_IN_FLOATING)、上拉输入(GPIO_Mode_IPU)、下拉输入(GPIO_Mode_IPD)、模拟输入(GPIO_Mode_AIN)共 4 种,下面分别予以说明。

1. 浮空输入

在浮空输入模式下,输入驱动器中的上、下拉开关均打开,I/O 端口的电平信号直接进入输入数据寄存器。也就是说,当 I/O 端口有电平输入时,I/O 的电平状态完全由外部输入决定;如果在该引脚悬空(在无信号输入)的情况下读取该端口的电平,则是不确定的。

若 I/O 端口①处为低电平,②处电平和①处电平相同,也为低电平,经过 TTL 施密特触发器后,③处变为数字信号 0,从而进入输入数据寄存器;若 I/O 端口①处为高电平,②处电平和①处电平相同,也为高电平,经过 TTL 施密特触发器后,③处变为数字信号 1,从而进入输入数据寄存器;若 I/O 端口①处悬空,②处电平未知,经过 TTL 施密特触发器后,③处的数字信号未知,如图 3-9 所示。

浮空输入一般多用于外部按键输入。

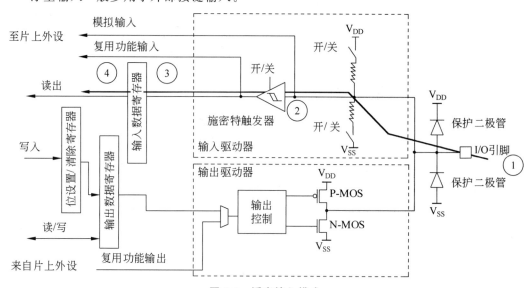

图 3-9　浮空输入模式

2. 上拉输入

在上拉输入模式下,输入驱动器中的上拉开关闭合,I/O 端口的电平信号直接进入输入数据寄存器,但是在 I/O 端口悬空(在无信号输入)的情况下,输入端的电平可以保持在高电平,并且在 I/O 端口输入为低电平时,输入端的电平也还是低电平。

若 I/O 端口①处为高或低电平的输入时,情况和浮空输入模式下相同;若 I/O 端口①处悬空,②处电平为高电平 V_{DD},经过 TTL 施密特触发器后,③处为 1,如图 3-10 所示。

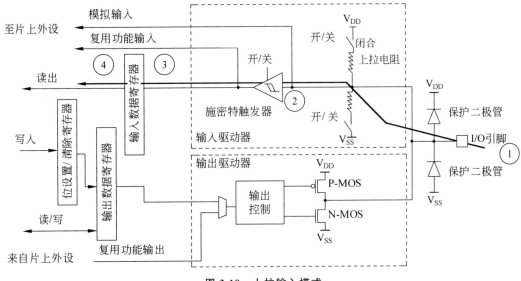

图 3-10 上拉输入模式

3. 下拉输入

在下拉输入模式下,I/O端口的电平信号直接进入输入数据寄存器,但是在I/O端口悬空(在无信号输入)的情况下,输入端的电平可以保持在低电平,并且在I/O端口输入为高电平时,输入端的电平也还是高电平。

若I/O端口①处为高或低电平的输入时,情况和浮空输入模式下相同;若I/O端口①处悬空,②处电平为低电平 V_{SS},经过 TTL 施密特触发器后,③处的数字信号为 0。如图 3-11 所示。

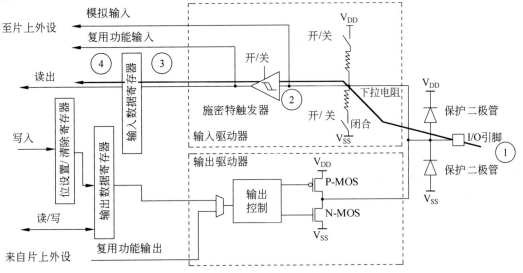

图 3-11 下拉输入模式

数字电路有 3 种状态:高电平、低电平和高阻状态,有些应用场合不希望出现高阻状态,可以通过上拉电阻或下拉电阻的方式使其处于稳定状态,具体选择上拉输入还是下拉输入视具体应用场景而定。

4. 模拟输入

在模拟输入模式下,I/O 端口的模拟信号(电压信号,而非电平信号)直接输入片上外设模块,例如 ADC 模块等。

信号从 I/O 端口①进入,从另一端②直接进入片上模块。此时,所有的上拉、下拉电阻和施密特触发器均处于断开状态,因此"输入数据寄存器"将不能反映端口①上的电平状态,也就是说,在模拟输入配置下,CPU 不能在"输入数据寄存器"上读到有效的数据。如图 3-12 所示。

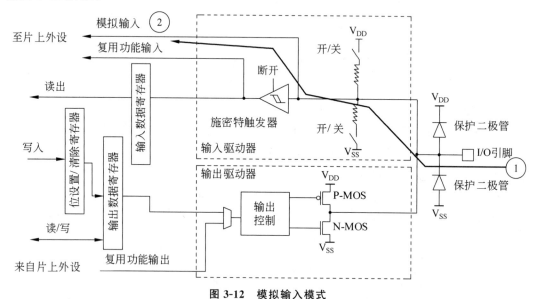

图 3-12 模拟输入模式

模拟输入的信号是未经数字化处理的电压信号,可以直接供芯片内部的 ADC 使用。

3.3 GPIO 主要寄存器简介

19min

由 3.2 节中的 GPIO 原理图可知,GD32F10x 系列微控制器的 GPIO 模块使用了一系列寄存器来配置和控制引脚的功能和属性。每个 GPIO 端口都有一组寄存器与之对应,用于配置和控制该端口的引脚,这些寄存器的地址是通过基址寄存器(Base Register)和偏移量(Offset)计算得出的。

基址寄存器:每个 GPIO 端口都有一个基址寄存器,用于确定该端口的起始地址。在GD32F10x 系列中,每个 GPIO 端口的基址寄存器见表 3-1。

表 3-1　GPIO 端口的基址寄存器

GPIO 组	寄存器基地址
GPIOA	0x40010800
GPIOB	0x40010C00
GPIOC	0x40011000
GPIOD	0x40011400
GPIOE	0x40011800
GPIOF	0x40011C00
GPIOG	0x40012000

偏移量：每个 GPIO 端口的寄存器地址与基址寄存器之间的偏移量确定了特定寄存器的地址。在 GD32F10x 系列中，常用的 GPIO 寄存器偏移量及对应功能见表 3-2。

表 3-2　GPIO 寄存器偏移量及对应功能

寄存器类型	偏移量（功能）
CTL0	0x00（配置低 8 位引脚）
CTL1	0x04（配置高 8 位引脚）
ISTAT	0x08（输入数据寄存器）
OCTL	0x0C（端口输出控制寄存器）
BOP	0x10（端口位操作寄存器）
BC	0x14（位清除寄存器）
LOCK	0x18（端口配置锁定寄存器）

通过将基址寄存器与偏移量相加，即可计算得到特定寄存器的地址。例如，要访问 GPIOA 的 CTL0 寄存器，可以使用以下地址计算公式：

$GPIOA\_CTL0 = GPIOA\_BASE + 0x00 = 0x40010800 + 0x00 = 0x40010800$

同样地，要访问 GPIOA 的 OCTL 寄存器，可以使用以下地址计算公式：

$GPIOA\_OCTL = GPIOA\_BASE + 0x0C = 0x40010800 + 0x0C = 0x4001080C$

需要注意的是，以上地址计算公式适用于 GD32F10x 系列微控制器中的 GPIO 模块，其他型号的 GD32 系列微控制器可能存在微小差异。在实际编程中，需要参考 GD32F10x 的技术手册和参考手册中提供的基址寄存器和偏移量定义，或者直接调用 GD 官方提供的固件库中相应的接口函数实现。

3.3.1　端口控制寄存器

1. 端口控制寄存器 0（GPIOx_CTL0，x＝A..G）

端口控制寄存器 0（GPIOx_CTL0）用来配置 GPIOx 的低 8 个引脚的工作状态，如图 3-13 所示。该寄存器的地址偏移量为 0x00，复位值为 0x4444 4444，该寄存器只能按字（32 位）访问。

端口控制寄存器 0 的位描述见表 3-3。

31 30	29 28	27 26	25 24	23 22	21 20	19 18	17 16
CTL7[1:0]	MD7[1:0]	CTL6[1:0]	MD6[1:0]	CTL5[1:0]	MD5[1:0]	CTL4[1:0]	MD4[1:0]
rw	rw	rw	rw	rw	rw	rw	rw

15 14	13 12	11 10	9 8	7 6	5 4	3 2	1 0
CTL3[1:0]	MD3[1:0]	CTL2[1:0]	MD2[1:0]	CTL1[1:0]	MD1[1:0]	CTL0[1:0]	MD0[1:0]
rw	rw	rw	rw	rw	rw	rw	rw

图 3-13 端口控制寄存器 0

表 3-3 端口控制寄存器 0 的位描述

位/位域	名 称	描 述
31:30	CTL7[1:0]	Port 7 配置位,该位由软件置位和清除。 参考 CTL0[1:0] 的描述
29:28	MD7[1:0]	Port 7 模式位,该位由软件置位和清除。 参考 MD0[1:0] 的描述
27:26	CTL6[1:0]	Port 6 配置位,该位由软件置位和清除。 参考 CTL0[1:0] 的描述
25:24	MD6[1:0]	Port 6 模式位,该位由软件置位和清除。 参考 MD0[1:0] 的描述
23:22	CTL5[1:0]	Port 5 配置位,该位由软件置位和清除。 参考 CTL0[1:0] 的描述
21:20	MD5[1:0]	Port 5 模式位,该位由软件置位和清除。 参考 MD0[1:0] 的描述
19:18	CTL4[1:0]	Port 4 配置位,该位由软件置位和清除。 参考 CTL0[1:0] 的描述
17:16	MD4[1:0]	Port 4 模式位,该位由软件置位和清除。 参考 MD0[1:0] 的描述
15:14	CTL3[1:0]	Port 3 配置位,该位由软件置位和清除。 参考 CTL0[1:0] 的描述
13:12	MD3[1:0]	Port 3 模式位,该位由软件置位和清除。 参考 MD0[1:0] 的描述
11:10	CTL2[1:0]	Port 2 配置位,该位由软件置位和清除。 参考 CTL0[1:0] 的描述
9:8	MD2[1:0]	Port 2 模式位,该位由软件置位和清除。 参考 MD0[1:0] 的描述
7:6	CTL1[1:0]	Port 1 配置位,该位由软件置位和清除。 参考 CTL0[1:0] 的描述

位/位域	名　　称	描　　述
5:4	MD1[1:0]	Port 1 模式位，该位由软件置位和清除。 参考 MD0 [1:0]的描述
3:2	CTL0[1:0]	Port 零配置位，该位由软件置位和清除。 输入模式（MD[1:0]＝00）。 00：模拟输入 01：浮空输入 10：上拉输入／下拉输入 11：保留 输出模式（MD[1:0]＞00）。 00：GPIO 推挽输出 01：GPIO 开漏输出 10：AFIO 推挽输出 11：AFIO 开漏输出
1:0	MD0[1:0]	Port 0 模式位，该位由软件置位和清除。 00：输入模式（复位状态） 01：输出模式（10MHz） 10：输出模式（20MHz） 11：输出模式（50MHz）

例如，要将 GPIOA 的 Port0 引脚配置为模拟输入，需要将 GPIOA_CTL0 寄存器的第 1～0bit(MD0[1:0])设置为 00(代表输入模式)，再将 GPIOA_CTL0 寄存器的第 3～2 位 (CTL0[1:0])设置为 00(当 MD0[1:0]为 00 时代表模拟输入)。

2. 端口控制寄存器 1(GPIOx_CTL1，x＝A..G)

端口控制寄存器 1(GPIOx_CTL1)用来配置 GPIOx 的高 8 个引脚的工作状态，如图 3-10 所示。该寄存器的地址偏移量为 0x04，复位值为 0x4444 4444，该寄存器只能按字(32 位)访问。

31　　30	29　　28	27　　26	25　　24	23　　22	21　　20	19　　18	17　　16
CTL15[1:0]	MD15[1:0]	CTL14[1:0]	MD14[1:0]	CTL13[1:0]	MD13[1:0]	CTL12[1:0]	MD12[1:0]
rw	rw	rw	rw	rw	rw	rw	rw

15　　14	13　　12	11　　10	9　　8	7　　6	5　　4	3　　2	1　　0
CTL11[1:0]	MD11[1:0]	CTL10[1:0]	MD10[1:0]	CTL9[1:0]	MD9[1:0]	CTL8[1:0]	MD8[1:0]
rw	rw	rw	rw	rw	rw	rw	rw

图 3-14　端口控制寄存器 1

端口控制寄存器 1 的位描述见表 3-4。

表 3-4　端口控制寄存器 1 的位描述

位/位域	名　　称	描　　述
31:30	CTL15[1:0]	Port 15 配置位，该位由软件置位和清除。 参考 CTL0[1:0]的描述
29:28	MD15[1:0]	Port 15 模式位，该位由软件置位和清除。 参考 MD0 [1:0]的描述

续表

位/位域	名　　称	描　　述
27:26	CTL14[1:0]	Port 14 配置位,该位由软件置位和清除。 参考 CTL0[1:0]的描述
25:24	MD14[1:0]	Port 14 模式位,该位由软件置位和清除。 参考 MD0 [1:0]的描述
23:22	CTL13[1:0]	Port13 配置位,该位由软件置位和清除。 参考 CTL0[1:0]的描述
21:20	MD13[1:0]	Port 13 模式位,该位由软件置位和清除。 参考 MD0[1:0]的描述
19:18	CTL12[1:0]	Port 12 配置位,该位由软件置位和清除。 参考 CTL0[1:0]的描述
17:16	MD12[1:0]	Port 12 模式位,该位由软件置位和清除。 参考 MD0 [1:0]的描述
15:14	CTL11[1:0]	Port 11 配置位,该位由软件置位和清除。 参考 CTL0[1:0]的描述
13:12	MD11[1:0]	Port 11 模式位,该位由软件置位和清除。 参考 MD0 [1:0]的描述
11:10	CTL10[1:0]	Port 10 配置位,该位由软件置位和清除。 参考 CTL0[1:0]的描述
9:8	MD10[1:0]	Port10 模式位,该位由软件置位和清除。 参考 MD0 [1:0]的描述
7:6	CTL9[1:0]	Port 9 配置位,该位由软件置位和清除。 参考 CTL0[1:0]的描述
5:4	MD9[1:0]	Port 9 模式位,该位由软件置位和清除。 参考 MD0 [1:0]的描述
3:2	CTL8[1:0]	Port 8 配置位,该位由软件置位和清除。 参考 CTL0[1:0]的描述
1:0	MD8[1:0]	Port 8 模式位,该位由软件置位和清除。 参考 MD0 [1:0]的描述

GPIOx_CTL1 的使用方法与 GPIOx_CTL0 类似。

3.3.2　端口输入状态寄存器(GPIOx_ISTAT,x=A..G)

端口输入状态寄存器(GPIOx_ISTAT)用来标识 GPIOx 引脚的输入状态,如图 3-15 所示。该寄存器的地址偏移量为 0x08,复位值为 0x0000 XXXX,该寄存器只能按字(32 位)访问。

31	30	29	28	27	26	25	24	23	22	21	20	19	18	17	16
保留															

15	14	13	12	11	10	9	8	7	6	5	4	3	2	1	0
ISTAT15	ISTAT14	ISTAT13	ISTAT12	ISTAT11	ISTAT10	ISTAT9	ISTAT8	ISTAT7	ISTAT6	ISTAT5	ISTAT4	ISTAT3	ISTAT2	ISTAT1	ISTAT0
r	r	r	r	r	r	r	r	r	r	r	r	r	r	r	r

图 3-15　端口输入状态寄存器

端口输入状态寄存器的位描述见表 3-5。

表 3-5 端口输入状态寄存器的位描述

位/位域	名 称	描 述
31:16	保留	必须保持复位值
15:0	ISTATy	端口输入状态位(y＝0…15),这些位由软件置位和清除。 0：引脚输入信号为低电平 1：引脚输入信号为高电平

例如,当寄存器 GPIOA_ISTAT 的 ISTAT7 位为 1 时表示 GPIOA 的 PIN7 引脚的输入信号为高电平。

3.3.3 端口输出控制寄存器(GPIOx_OCTL,x＝A..G)

端口输出控制寄存器(GPIOx_OCTL)用来控制 GPIOx 引脚的输出状态,如图 3-16 所示。该寄存器的地址偏移量为 0x0C,复位值为 0x0000 0000,该寄存器只能按字(32 位)访问。

31	30	29	28	27	26	25	24	23	22	21	20	19	18	17	16
保留															

15	14	13	12	11	10	9	8	7	6	5	4	3	2	1	0
OCTL15	OCTL14	OCTL13	OCTL12	OCTL11	OCTL10	OCTL9	OCTL8	OCTL7	OCTL6	OCTL5	OCTL4	OCTL3	OCTL2	OCTL1	OCTL0
rw	rw	rw	rw	rw	rw	rw	rw	rw	rw	rw	rw	rw	rw	rw	rw

图 3-16 端口输出控制寄存器

端口输出控制寄存器的位描述见表 3-6。

表 3-6 端口输出控制寄存器的位描述

位/位域	名 称	描 述
31:16	保留	必须保持复位值
15:0	OCTLy	端口输出控制位(y＝0…15),这些位由软件置位和清除。 0：引脚输出低电平 1：引脚输出高电平

例如,若要 GPIOA 的 PIN7 引脚输出高电平,只需将 GPIOA_ISTAT 的 OCTL7 位置为 1。

3.3.4 端口位操作与位清除寄存器

1. 端口位操作寄存器(GPIOx_BOP,x＝A..G)

端口位操作寄存器(GPIOx_BOP)用来控制 GPIOx_OCTL 寄存器,如图 3-17 所示。该寄存器的地址偏移量为 0x10,复位值为 0x0000 0000,该寄存器只能按字(32 位)访问。

端口位操作寄存器的位描述见表 3-7。

31	30	29	28	27	26	25	24	23	22	21	20	19	18	17	16
CR15	CR14	CR13	CR12	CR11	CR10	CR9	CR8	CR7	CR6	CR5	CR4	CR3	CR2	CR1	CR0
w	w	w	w	w	w	w	w	w	w	w	w	w	w	w	w

15	14	13	12	11	10	9	8	7	6	5	4	3	2	1	0
BOP15	BOP14	BOP13	BOP12	BOP11	BOP10	BOP9	BOP8	BOP7	BOP6	BOP5	BOP4	BOP3	BOP2	BOP1	BOP0
w	w	w	w	w	w	w	w	w	w	w	w	w	w	w	w

图 3-17　端口位操作寄存器

表 3-7　端口位操作寄存器的位描述

位/位域	名　称	描　述
31:16	CRy	端口清除位 y(y＝0…15),这些位由软件置位和清除。 0:相应的 OCTLy 位没有改变 1:将相应的 OCTLy 位清除为 0
15:0	BOPy	端口置位 y(y＝0…15),这些位由软件置位和清除。 0:相应的 OCTLy 位没有改变 1:将相应的 OCTLy 位设置为 1

例如,若想让 GPIOA 的 PIN7 引脚的输出值变为 0,而其他位不变,只需将 GPIOA_BOP 的 CR7 置为 1,将其他的 CR 位置为 0;若想要 GPIOA 的 PIN7 引脚的输出值变为 1,而其他位不变,只需将 GPIOA_BOP 的 BOP7 置为 1,将其他的 BOP 位置为 0。

2. 端口位清除寄存器(GPIOx_BC,x＝A..G)

端口位清除寄存器(GPIOx_BC)用来控制 GPIOx_OCTL 寄存器,如图 3-18 所示。该寄存器的地址偏移量为 0x14,复位值为 0x0000 0000,该寄存器只能按字(32 位)访问。

31	30	29	28	27	26	25	24	23	22	21	20	19	18	17	16
保留															

15	14	13	12	11	10	9	8	7	6	5	4	3	2	1	0
CR15	CR14	CR13	CR12	CR11	CR10	CR9	CR8	CR7	CR6	CR5	CR4	CR3	CR2	CR1	CR0
w	w	w	w	w	w	w	w	w	w	w	w	w	w	w	w

图 3-18　端口位清除寄存器

端口位清除寄存器的位描述见表 3-8。

表 3-8　端口位清除寄存器的位描述

位/位选	名　称	描　述
31:16	保留	必须保持复位值
15:0	CRy	端口清除位 y(y＝0…15),这些位由软件置位和清除。 0:相应的 OCTLy 位没有改变 1:清除相应的 OCTLy 位

该寄存器的用法与 GPIOx_BOP 的 CR 部分的用法相同。

3.3.5 端口配置锁定寄存器(GPIOx_LOCK,x=A,B)

端口配置锁定寄存器(GPIOx_LOCK)用来锁定特定的I/O端口是否可以被改变,如图3-19所示。该寄存器的地址偏移量为0x18,复位值为0x0000 0000,该寄存器只能按字(32位)访问。

通过设置GPIOx_LOCK寄存器的特定值,可以锁定相关的GPIO寄存器,防止对其进行进一步的配置更改。这可以防止意外或恶意地修改GPIO配置,以确保GPIO的稳定性和可靠性。

31	30	29	28	27	26	25	24	23	22	21	20	19	18	17	16
保留															LKK
															rw

15	14	13	12	11	10	9	8	7	6	5	4	3	2	1	0
LK15	LK14	LK13	LK12	LK11	LK10	LK9	LK8	LK7	LK6	LK5	LK4	LK3	LK2	LK1	LK0
rw	rw	rw	rw	rw	rw	rw	rw	rw	rw	rw	rw	rw	rw	rw	rw

图 3-19 端口配置锁定寄存器

端口配置锁定寄存器的位描述见表3-9。

表 3-9 端口配置锁定寄存器的位描述

位/位域	名 称	描 述
31:17	保留	必须保持复位值
16	LKK	锁定序列键。 该位只能通过Lock Key写序列设置,始终可读。 0:GPIO_LOCK寄存器和端口配置没有锁定 1:直到下一次MCU复位前,GPIO_LOCK寄存器被锁定 LOCK Key写序列:写1→写0→写1→读0→读1。 注意:在LOCK Key写序列期间,LK[15:0]的值必须保持
15:0	LKy	端口锁定位y(y=0…15),这些位由软件置位和清除。 0:相应的端口位配置没有锁定 1:当LKK位置1时,相应的端口位配置被锁定

当执行正确的写序列设置了LKK位时,该寄存器用来锁定端口位的配置。位[15:0]用于锁定GPIO端口的配置。在规定的写入操作期间,不能改变LCKP[15:0]。当对相应的端口位执行了LOCK序列后,在下次系统复位之前将不能再更改端口位的配置。

3.3.6 AFIO端口配置寄存器0(AFIO_PCF0)

AFIO端口配置寄存器0(AFIO_PCF0)是与芯片的引脚重映射(Pin Remap)相关的寄存器。该寄存器的地址偏移量为0x04,复位值为0x0000 0000,该寄存器只能按字(32位)访问。

中密度、高密度和超高密度产品寄存器内存映射和位定义如图3-20所示。

31	30	29	28	27	26	25	24	23	22	21	20	19	18	17	16
保留			SPI2_REMAP	保留	SWJ_CFG[2:0]			保留			ADC1_ETRGRT_REMAP	保留	ADC0_ETRGRT_REMAP	保留	TIMER4CH3_IREMAP
			rw		w						rw		rw		rw

15	14	13	12	11	10	9	8	7	6	5	4	3	2	1	0
PD01_REMAP	CAN_REMAP[1:0]		TIMER3_REMAP	TIMER2_REMAP[1:0]		TIMER1_REMAP[1:0]		TIMER0_REMAP[1:0]		USART2_REMAP[1:0]		USART1_REMAP	USART0_REMAP	I2C0_REMAP	SPI0_REMAP
rw	rw	rw	rw	rw		rw		rw		rw		rw	rw	rw	rw

图 3-20　寄存器内存映射和位定义

AFIO 端口配置寄存器 0 的位描述见表 3-10。

表 3-10　AFIO 端口配置寄存器 0 的位描述

位/位域	名　称	描　述
31:29	保留	必须保持复位值
28	SPI2_REMAP	SPI2/I2S2 重映射。 该位由软件置位和清除。 0: 关闭重映射功能(SPI2_NSS-I2S2_WS/PA15,SPI2_SCK-I2S2_CK/PB3,SPI2_MISO/PB4,SPI2_MOSI-I2S_SD/PB5) 1: 完全开启重映射功能(SPI2_NSS-I2S2_WS/PA4,SPI2_SCK-I2S2_CK/PC10,SPI2_MISO/PC11,SPI2_MOSI-I2S_SD/PC12) 注意:该位只在高密度产品和超高密度产品中可用,在其他系列中为保留位
27	保留	必须保持复位值
26:24	SWJ_CFG[2:0]	串行线 JTAG 配置。 这些位只写(如果读这些位,则将返回未定义值)。 000: JTAG-DP 使能和 SW-DP 使能(复位状态) 001: JTAG-DP 使能和 SW-DP 使能但没有 NJTRST 010: JTAG-DP 禁用和 SW-DP 使能 100: JTAG-DP 禁用和 SW-DP 禁用 其他: 未定义
23:21	ADC1_ETRGRT_REMAP	ADC 1 常规转换外部触发重映射。 0: 连接 ADC1 常规转换外部触发与 EXTI11 1: 连接 ADC1 常规转换外部触发与 TIM7_TRGO
19	保留	必须保持复位值
18	ADC0_ETRGRT_REMAP	ADC 0 常规转换外部触发重映射。 该位由软件置位和清除。 0: 连接 ADC0 常规转换外部触发与 EXTI11 1: 连接 ADC0 常规转换外部触发与 TIM7_TRGO
17	保留	必须保持复位值

续表

位/位域	名 称	描 述
16	TIMER4CH3_ IREMAP	TIMER 四通道 3 内部重映射。 该位由软件置位和清除。 0：连接 TIMER4_CH3 与 PA3 1：连接 TMER4_CH3 与 IRC40K 内部时钟,用于对 IRC40K 进行校准 注意：该位在高密度和超高密度产品线中可用
15	PD01_REMAP	OSC_IN/OSC_OUT 重映射到 Port D0/Port D1。 该位由软件置位和清除。 0：关闭重映射功能 1：OSC_IN 重映射到 PD0,OSC_OUT 重映射到 PD1
14:13	CAN _ REMAP [1:0]	CAN 接口重映射。 这些位由软件置位和清除。 00：关闭重映射功能(CAN_RX/ PA11,CAN_TX/PA12) 01：没有使用 10：开启重映射部分功能(CAN_RX/PB8,CAN_TX/PB9) 11：完全开启重映射功能(CAN_RX/PD0,CAN_TX/PD1)
12	TIMER3_REMAP	TIMER3 重映射。 该位由软件置位和清除。 0：关闭重映射功能(TIMER3_CH0/PB6,TIMER3_CH1/PB7,TIMER3_ CH2/PB8,TIMER3_CH3/PB9) 1：完全开启重映射功能(TIMER3_CH0/PD12,TIMER3_CH1/PD13, TIMER3_CH2/PD14,TIMER3_CH3/PD15)
11:10	TIMER2_REMAP [1:0]	TIMER2 重映射。 这些位由软件置位和清除。 00：关闭重映射功能(TIMER2_CH0/PA6,TIMER2_CH1/PA7, TIMER2_CH2/PB0,TIMER2_CH3/PB1) 01：没有使用 10：开启重映射部分功能(TIMER2_CH0/PB4,TIMER2_CH1/PB5, TIMER2_CH2/PB0,TIMER2_CH3/PB1) 11：完全开启重映射功能(TIMER2_CH0/PC6,TIMER2_CH1/PC7, TIMER2_CH2/PC8,TIMER2_CH3/PC9)
9:8	TIMER1_REMAP [1:0]	TIMER1 重映射。 这些位由软件置位和清除。 00：关闭重映射功能(TIMER1_CH0/TIMER1_ETI/PA0,TIMER1_ CH1/PA1,TIMER1_CH2/PA2,TIMER1_CH3/PA3) 01：开启重映射部分功能(TIMER1_CH0/TIMER1_ETI/PA15, TIMER1_CH1/PB3,TIMER1_CH2/PA2,TIMER1_CH3/PA3) 10：开启重映射部分功能(TIMER1_CH0/TIMER1_ETI/PA0,TIMER1_ CH1/PA1,TIMER1_CH2/PB10,TIMER1_CH3/PB11) 11：完全开启重映射功能(TIMER1_CH0/TIMER1_ETI/PA15, TIMER1_CH1/PB3,TIMER1_CH2/PB10,TIMER1_CH3/PB11)

位/位域	名　　称	描　　述
7:6	TIMER0_REMAP [1:0]	TIMER0 重映射。 这些位由软件置位和清除。 00：关闭重映射功能（TIMER0_ETI/PA12，TIMER0_CH0/PA8，TIMER0_CH1/PA9，TIMER0_CH2/PA10，TIMER0_CH3/PA11，TIMER0_BKIN/PB12，TIMER0_CH0_ON/PB13，TIMER0_CH1_ON/PB14，TIMER0_CH2_ON/PB15） 01：开启重映射部分功能（TIMER0_ETI/PA12，TIMER0_CH0/PA8，TIMER0_CH1/PA9，TIMER0_CH2/PA10，TIMER0_CH3/PA11，TIMER0_BKIN/PA6，TIMER0_CH0_ON/PA7，TIMER0_CH1_ON/PB0，TIMER0_CH2_ON/PB1） 10：没有使用 11：完全开启重映射功能（TIMER0_ETI/PE7，TIMER0_CH0/PE9，TIMER0_CH1/PE11，TIMER0_CH2/PE13，TIMER0_CH3/PE14，TIMER0_BKIN/PE15，TIMER0_CH0_ON/PE8，TIMER0_CH1_ON/PE10，TIMER0_CH2_ON/PE12）
5:4	USART2_REMAP [1:0]	USART2 重映射。 这些位由软件置位和清除。 00：关闭重映射功能（USART2_TX/PB10，USART2_RX/PB11，USART2_CK/PB12，USART2_CTS/PB13，USART2_RTS/PB14） 01：开启重映射部分功能（USART2_TX/PC10，USART2_RX/PC11，USART2_CK/PC12，USART2_CTS/PB13，USART2_RTS/PB14） 10：没有使用 11：完全开启重映射功能（USART2_TX/PD8，USART2_RX/PD9，USART2_CK/PD10，USART2_CTS/PD11，USART2_RTS/PD12）
3	USART1_REMAP	USART1 重映射。 该位由软件置位和清除。 0：关闭重映射功能（USART1_CTS/PA0，USART1_RTS/PA1，USART1_TX/PA2，USART1_RX/PA3，USART1_CK/PA4） 1：开启重映射功能（USART1_CTS/PD3，USART1_RTS/PD4，USART1_TX/PD5，USART1_RX/PD6，USART1_CK/PD7）
2	USART0_REMAP	USART0 重映射。 该位由软件置位和清除。 0：关闭重映射功能（USART0_TX/PA9，USART0_RX/PA10） 1：开启重映射功能（USART0_TX/PB6，USART0_RX/PB7）
1	I2C0_REMAP	I2C0 重映射。 该位由软件置位和清除。 0：关闭重映射功能（I2C0_SCL/PB6，I2C0_SDA/PB7） 1：开启重映射功能（I2C0_SCL/PB8，I2C0_SDA/PB9）

位/位域	名 称	描 述
0	SPI0_REMAP	SPI0 重映射。 该位由软件置位和清除。 0：关闭重映射功能（SPI0_NSS/PA4，SPI0_SCK/PA5，SPI0_MISO/PA6，SPI0_MOSI/PA7） 1：开启重映射功能（SPI0_NSS/PA15，SPI0_SCK/PB3，SPI0_MISO/PB4，SPI0_MOSI/PB5）

AFIO(Alternate Function I/O)提供了一种机制,使单个 GPIO 引脚可以具备多种功能。每个 GPIO 引脚通常具有一个默认的功能,例如作为普通的数字输入/输出,但通过 AFIO 功能,可以将 GPIO 引脚配置为另外的功能,例如模拟输入、定时器输入/输出、串行通信接口等。

通过 AFIO,用户可以灵活地重新分配 GPIO 引脚的功能,以满足不同应用的需求。这种引脚功能的重新分配称为引脚重映射(Pin Remap)。引脚重映射允许用户将 GPIO 引脚与特定的功能模块相连接,从而实现所需的输入或输出操作。

3.4 GPIO 常用库函数介绍

针对 GD32F10x,GD 官方的标准库中有一系列与 GPIO 相关的库函数,这些库函数为开发者提供了一种高层次的抽象,使在编程时不需要直接操作底层硬件寄存器,而是通过简单的函数调用来配置和操作 GPIO 端口的输入/输出、中断等功能,常用的库函数见表 3-11。

表 3-11 GPIO 常用的库函数

库函数名称	库函数描述
gpio_deinit	复位外设 GPIOx
gpio_afio_deinit	复位 AFIO
gpio_init	GPIO 参数初始化
gpio_bit_set	置位引脚值
gpio_bit_reset	复位引脚值
gpio_bit_write	将特定的值写入指定的引脚
gpio_port_write	将特定的值写入指定的一组端口
gpio_input_bit_get	获取引脚的输入值
gpio_input_port_get	获取一组端口的输入值
gpio_output_bit_get	获取引脚的输出值
gpio_output_port_get	获取一组端口的输出值
gpio_pin_remap_config	配置 GPIO 引脚重映射
gpio_exti_source_select	选择哪个引脚作为 EXTI 源
gpio_event_output_config	配置事件输出
gpio_event_output_enable	事件输出使能
gpio_event_output_disable	事件输出除能

续表

库函数名称	库函数描述
gpio_pin_lock	相应的引脚配置被锁定
gpio_ethernet_phy_select	以太网 MII 或 RMII PHY 选择

概括起来有 4 类：①GPIO 初始化，可以设置 GPIO 引脚的输入/输出模式、引脚类型、上下拉电阻、输出速度等参数；②GPIO 输入/输出控制，其作用是允许开发者在程序中灵活地控制和读取 GPIO 引脚的状态；③GPIO 中断控制，可以帮助开发者配置和控制 GPIO 引脚的中断功能，借此实现响应外部事件的功能，例如，按键按下、传感器状态变化等（有关中断知识会在第 4 章讲解）；④GPIO 状态读取，使开发者可以方便地获取 GPIO 引脚的输入或输出状态，从而了解外部设备或信号的当前状态。具体的库函数名称及其简介见表 3-11，需要注意的是本书所介绍的标准库函数版本号为 2.1，随着时间的推移 GD 官方的库函数的名称、参数等可能会发生变化。

3.4.1 初始化函数

1. gpio_init()

gpio_init()是 GPIO 初始化的函数，参数见表 3-12。

表 3-12 gpio_init()函数参数

参　　数	描　　述
函数原型	void gpio_init(uint32_t gpio_periph, uint32_t mode, uint32_t speed, uint32_t pin);
功能描述	GPIO 参数初始化
输入 1: gpio_periph	GPIO 端口 输入值：GPIOx：端口选择（x = A,B,C,D,E,F,G）
输入 2: mode	GPIO 引脚模式 输入值： GPIO_MODE_AIN　　　　　　//模拟输入模式 GPIO_MODE_IN_FLOATING　//浮空输入模式 GPIO_MODE_IPD　　　　　　//下拉输入模式 GPIO_MODE_IPU　　　　　　//上拉输入模式 GPIO_MODE_OUT_OD　　　　//开漏输出模式 GPIO_MODE_OUT_PP　　　　//推挽输出模式 GPIO_MODE_AF_ODAFIO　　//复用开漏输出模式 GPIO_MODE_AF_PPAFIO　　//复用推挽输出模式
输入 3: speed	GPIO 输出最大频率 输入值： GPIO_OSPEED_10MHZ　　　//输出最大频率为 10MHz GPIO_OSPEED_2MHZ　　　　//输出最大频率为 2MHz GPIO_OSPEED_50MHZ　　　//输出最大频率为 50MHz
输入 4: pin	GPIO 引脚 输入值： GPIO_PIN_x　　　　　　　　//引脚选择（x=0…15） GPIO_PIN_ALL　　　　　　　//所有引脚

示例代码如下：

```
/* 将 PA0 设置为模拟输入 */
gpio_init(GPIOA, GPIO_MODE_AIN, GPIO_OSPEED_50MHZ, GPIO_PIN_0);
```

2. gpio_deinit()

gpio_deinit()将 GPIO 恢复为默认值的函数，参数见表 3-13。

表 3-13　gpio_deinit()函数参数

参　　数	描　　述
函数原型	void gpio_deinit(uint32_t gpio_periph);
功能描述	将外设 GPIOx 寄存器重设为默认值
输入：gpio_periph	GPIO 端口 输入值： GPIOx　//端口选择(x = A,B,C,D,E,F,G)

示例代码如下：

```
/* 将 GPIOA 置为默认值 */
gpio_deinit(GPIOA);
```

3.4.2　输入输出控制函数

1. gpio_bit_set()

gpio_bit_set()将指定的 GPIO 引脚置为高电平状态，函数参数见表 3-14。

表 3-14　gpio_bit_set()函数参数

参　　数	描　　述
函数原形	void gpio_bit_set(uint32_t gpio_periph, uint32_t pin);
功能描述	将指定 GPIO 端口的引脚置为高电平状态
输入 1：gpio_periph	GPIO 外设编号 输入值： GPIOx　//端口选择(x = A,B,C,D,E,F,G)
输入 2：pin	GPIO 引脚 输入值： GPIO_PIN_x　　//引脚选择(x = 0…15) GPIO_PIN_ALL　//所有引脚

示例代码如下：

```
/* 将 PA0 引脚置为高电平 */
gpio_bit_set(GPIOA, GPIO_PIN_0);
```

2. gpio_bit_reset()

gpio_bit_reset()将指定的 GPIO 引脚置为低电平状态，函数参数见表 3-15。

表 3-15　gpio_bit_reset()函数参数

参　数	描　述
函数原形	void gpio_bit_reset(uint32_t gpio_periph, uint32_t gpio_pin);
功能描述	将指定 GPIO 端口的引脚置为低电平状态
输入 1：gpio_periph	GPIO 外设编号 输入值： GPIOx　//端口选择(x = A,B,C,D,E,F,G)
输入 2：pin	GPIO 引脚 输入值： GPIO_PIN_x　　//引脚选择(x = 0…15) GPIO_PIN_ALL　//所有引脚

示例代码如下：

```
/* 将 PA0 引脚置为低电平 */
gpio_bit_reset(GPIOA, GPIO_PIN_0);
```

3. gpio_port_write()

gpio_port_write()一次性指定一组 GPIO 引脚的状态,函数参数见表 3-16。

表 3-16　gpio_port_write()函数参数

参　数	描　述
函数原形	void gpio_port_write(uint32_t gpio_periph, uint16_tdata);
功能描述	该函数的作用是一次性设置指定 GPIO 外设的 16 个引脚的电平状态,以达到快速设置多个引脚的目的。注意,该函数会覆盖之前对这 16 个引脚的任何设置
输入：gpio_periph	GPIO 外设编号 输入值： GPIOx　//端口选择(x = A,B,C,D,E,F,G)

示例代码如下：

```
/* 将"1010 0101"写入 GPIOA */
gpio_port_write (GPIOA, 0xA5);
```

4. gpio_bit_write()

gpio_bit_write()将某个 GPIO 引脚置为输入的电平值,函数参数见表 3-17。

表 3-17　gpio_bit_write()函数参数

参　数	描　述
函数原型	void gpio_bit_write(uint32_t gpio_periph,uint32_t pin, bit_status bit_value);
功能描述	将特定的值写入某个指定引脚
输入 1：gpio_periph	GPIO 外设编号 输入值： GPIOx　//端口选择(x = A,B,C,D,E,F,G)

续表

参 数	描 述
输入 2: pin	GPIO 引脚 输入值: GPIO_PIN_x　　//引脚选择(x = 0…15)
输入 3: bit_value	待写入引脚的值 输入值: Bit_RESET　　//清除数据端口位(置低电平) Bit_SET　　　//设置数据端口位(置高电平)

示例代码如下:

```
/* 将 GPIOA 的第 15 引脚置为高电平 */
gpio_bit_write(GPIOA, GPIO_PIN_15, Bit_SET);
```

3.4.3　状态查询函数

1. gpio_input_bit_get()

gpio_input_bit_get()读取某个 GPIO 引脚的输入电平状态,函数参数见表 3-18。

表 3-18　gpio_input_bit_get()函数参数

参 数	描 述
函数原型	FlagStatus gpio_input_bit_get(uint32_t gpio_periph, uint32_t pin);
功能描述	该函数只能用于读取 GPIO 端口的输入电平状态,如果要读取 GPIO 口的输出电平状态,则可使用 gpio_output_bit_get 函数
输入 1: gpio_periph	GPIO 外设编号 输入值: GPIOx　　//端口选择(x = A,B,C,D,E,F,G)
输入 2: pin	GPIO 引脚 输入值: GPIO_PIN_x　　//引脚选择(x = 0…15)
返回	类型:FlagStatus 可能返回值: SET/RESET

示例代码如下:

```
/* 读取 PA0 的状态 */
FlagStatus bit_state;
bit_state = gpio_input_bit_get(GPIOA, GPIO_PIN_0);
```

2. gpio_input_port_get()

gpio_input_port_get()读取某一组 GPIO 所有引脚的输入电平状态,函数参数见表 3-19。

表 3-19　gpio_input_port_get()函数参数

参　　数	描　　述
函数原型	uint16_t gpio_input_port_get(uint32_t gpio_periph);
功能描述	该函数的返回值为一个 16 位的整数,表示指定 GPIO 端口的 16 个引脚的输入电平状态。该值的每个位代表相应的 GPIO 引脚,0 表示输入低电平,1 表示输入高电平。注意,该函数只能用于读取 GPIO 端口的输入电平状态,如果要读取 GPIO 端口的输出电平状态,则可使用 gpio_output_port_get 函数
输入:gpio_periph	GPIO 外设编号 输入值: GPIOx　　　　//端口选择(x = A,B,C,D,E,F,G)
返回	类型:uint16_t 可能返回值: 0x00-0xFF

代码如下:

```
/* 读取端口组 GPIOA 的输入值 */
uint16_t port_state;
port_state = gpio_input_port_get(GPIOA);
```

3. gpio_output_bit_get()

gpio_output_bit_get()读取某个 GPIO 引脚的输出电平状态,函数参数见表 3-20。

表 3-20　gpio_output_bit_get()函数参数

参　　数	描　　述
函数原形	FlagStatus gpio_output_bit_get(uint32_t gpio_periph, uint32_t pin);
功能描述	该函数只能用于读取 GPIO 端口的输出电平状态,如果要读取 GPIO 端口的输入电平状态,则可使用 gpio_input_bit_get 函数
输入 1:gpio_periph	GPIO 外设编号 输入值: GPIOx　　　　//端口选择(x = A,B,C,D,E,F,G)
输入 2:pin	GPIO 引脚 输入值: GPIO_PIN_x　　//引脚选择(x = 0…15)
返回	类型:FlagStatus 可能返回值: SET/RESET

示例代码如下:

```
/* 读取引脚 PA0 的输出电平 */
FlagStatus bit_state;
bit_state = gpio_output_bit_get(GPIOA, GPIO_PIN_0);
```

4. gpio_output_port_get()

gpio_output_port_get 读取某组 GPIO 引脚的输出电平状态,函数参数见表 3-21。

表 3-21 gpio_output_port_get()函数参数

参　　数	描　　述
函数原型	uint16_t gpio_output_port_get(uint32_t gpio_periph);
功能描述	该函数用于读取一组 GPIO 端口的输出电平状态
输入：gpio_periph	GPIO 外设编号 输入值： GPIOx　　　//端口选择(x = A,B,C,D,E,F,G)
返回	类型：uint16_t 可能返回值： 0x00-0xFF

示例代码如下：

```
/* 获取 GPIOA 的输出值 */
uint16_t port_state;
port_state = gpio_output_port_get (GPIOA);
```

3.5 GPIO 案例：按键控制 LED 亮灭

▶ 36min

3.5.1 案例需求

开发板上的按键 A、B 分别用于控制 LED1、LED2 的亮灭状态翻转，即①当按键 A 被按下时，若 LED1 当前为点亮状态，则熄灭，若 LED1 当前为熄灭状态，则点亮；②当按键 B 被按下时，若 LED2 当前为点亮状态，则熄灭，若 LED2 当前为熄灭状态，则点亮。开发板如图 3-21 所示。

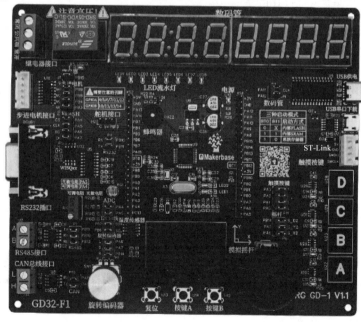

图 3-21　按键 A、B 分别控制 LED1、LED2 状态翻转

3.5.2 案例方法

欲实现案例目标,大致需要经过两个步骤:①先对要用到的I/O端口的工作模式进行初始化,即需要分别将LED1(U27)和LED2(U30)对应的PB0、PB1设置为推挽输出,将按键A、按键B对应的PA0、PA1设置为上拉输入;②进入一个while(TRUE)的循环,在循环中查询按键A、按键B的状态,若按键被按下(对应I/O引脚输入一个低电平),则将该按键控制的LED的亮灭状态翻转。LED1、LED2和按键A、按键B对应的电路原理如图3-22所示。

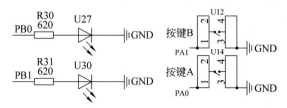

图 3-22　LED1、LED2 和按键 A、按键 B 对应的电路原理图

整体的流程图如图3-23所示。

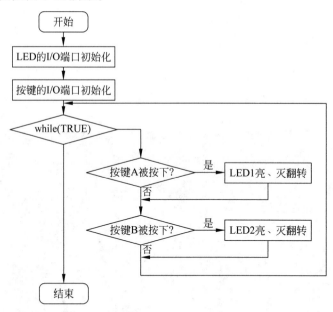

图 3-23　按键控制 LED 状态翻转的流程图

3.5.3 案例代码

为实现案例目标,需要定义三个模块:①LED控制模块,能够初始化LED对应的I/O引脚状态并能够控制LED的亮、灭状态;②按键控制模块,能够初始化按键对应的I/O引脚状态并能够查询按键的状态;③主模块,调用LED模块,按键模块接口函数实现预期的功能。

LED控制模块由LED.h、LED.c两个文件组成,按键控制模块由KEY.h、KEY.c两个文件构成,主模块由main.c文件构成,整个工程的文件视图如图3-24所示。

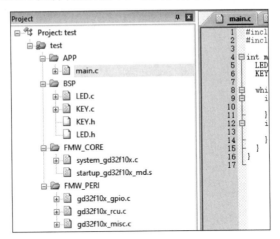

图 3-24　按键控制 LED 工程视图

LED控制模块,LED.h文件的代码如下:

```
/*!
    \file      第3章\3.5案例\LED.h
*/

#ifndef _LED_H
#define _LED_H                       //防止头文件被重复包含或定义

#include "gd32f10x.h"
#include <stdio.h>

#define LED1_PIN    GPIO_PIN_0        //LED 对应 I/O 引脚的宏定义
#define LED2_PIN    GPIO_PIN_1
#define LED_PORT    GPIOB

void LED_Init(void);                  //LED 相关的 I/O 端口初始化

void LED1_Toggle(void);               //LED1 状态翻转
void LED2_Toggle(void);               //LED2 状态翻转

#endif
```

LED控制模块,LED.c文件的代码如下:

```
/*!
    \file      第3章\3.5案例\LED.c
*/
#include "LED.h"
```

```
//LED 对应 I/O 引脚的初始化
void LED_Init(){
    rcu_periph_clock_enable(RCU_GPIOB);

    gpio_init(LED_PORT, GPIO_MODE_OUT_PP, GPIO_OSPEED_50MHZ, LED1_PIN|LED2_PIN);
    gpio_bit_reset(LED_PORT, LED1_PIN|LED2_PIN);      //初始化为熄灭状态
}

//反转 LED1 点亮或熄灭的状态
void LED1_Toggle(void){
    gpio_bit_write(LED_PORT, LED1_PIN, (bit_status)!gpio_output_bit_get(LED_PORT, LED1_
PIN));
}

//反转 LED2 点亮或熄灭的状态
void LED2_Toggle(void){
    gpio_bit_write(LED_PORT, LED2_PIN, (bit_status)!gpio_output_bit_get(LED_PORT, LED2_
PIN));
}
```

按键控制模块,KEY.h 文件的代码如下:

```
/*!
    \file    第 3 章\3.5 案例\KEY.h
*/
#ifndef _KEY_H
#define _KEY_H                        //防止重复包含或定义

#include "gd32f10x.h"
#include <stdio.h>

#define KEY_A_PIN   GPIO_PIN_0
#define KEY_B_PIN   GPIO_PIN_1
#define KEY_PORT    GPIOA

void KEY_Init(void);

bool KEY_A_Pressed(void);       //按键 A 是否被按下
bool KEY_B_Pressed(void);       //按键 B 是否被按下

#endif
```

按键控制模块,KEY.c 文件的代码如下:

```
/*!
    \file    第 3 章\3.5 案例\KEY.c
*/
#include "KEY.h"
```

```
void KEY_Init(void){
    rcu_periph_clock_enable(RCU_GPIOA);

    gpio_init(KEY_PORT, GPIO_MODE_IPU, GPIO_OSPEED_50MHZ, KEY_A_PIN|KEY_B_PIN);
}

/*
功能:判断按键A是否被按下(加了软件消抖)
返回:如果按键A被按下,则返回值为TRUE,否则返回值为FALSE
*/
bool KEY_A_Pressed(void){
    if(gpio_input_bit_get(KEY_PORT, KEY_A_PIN) == RESET){
        return TRUE;
    }
    return FALSE;
}

/*
功能:判断按键B是否被按下(没加软件消抖)
返回:如果按键B被按下,则返回值为TRUE,否则返回值为FALSE
*/
bool KEY_B_Pressed(void){
    if(gpio_input_bit_get(KEY_PORT, KEY_B_PIN) == RESET){
        return TRUE;
    }
    return FALSE;
}
```

主模块,main.c的代码如下:

```
/*!
    \file    第3章\3.5案例\main.c
*/
# include "LED.h"
# include "KEY.h"

int main(){
    LED_Init();
    KEY_Init();

    while(1){
        if(KEY_A_Pressed()){
            LED1_Toggle();
        }
        if(KEY_B_Pressed()){
            LED2_Toggle();
        }
    }
}
```

3.5.4 效果分析

工程编译成功后将得到的可执行文件下载到开发板后,按下按键 A,LED1 被点亮,再次按下按键 A,LED1 熄灭;按下按键 B,LED2 被点亮,再次按下按键 B,LED2 熄灭。

但是,按下按键 A 或按键 B 并不是每次都能很好地控制 LED1 或 LED2 的亮灭状态,有时会出现控制失灵的现象。原因是,作为机械按键,在被按下或弹起时会有抖动而产生纹波,如图 3-25 所示。若要按键较好地控制 LED,需要进行消抖,消抖的方法将在 3.8 节的实验中介绍。

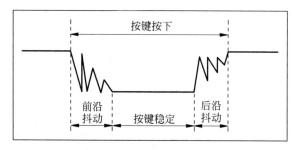

图 3-25 机械按键的抖动

3.6 小结

本章详细介绍了 GPIO 的内部工作原理,分析了 GPIO 的原理框图。分输入、输出两类对 GPIO 的 8 种工作模式的工作原理进行了详细分析。只有掌握了 GPIO 每个工作模式的内部原理才能在实际开发中灵活应用。最后,给出了一个通过按键控制 LED 亮灭的案例工程,可以根据按键按下或弹起的状态来改变 LED 点亮和熄灭的状态,通过这个应用案例应该掌握如何使用 GD 提供的库函数对 GD32 的 GPIO 进行初始化、输入查询、输出控制等操作。

在一般的应用场景中,用户按下按键这个动作并不是很频繁,所以在 main 函数的无限循环中不停地查看 PA0 的状态并不是很必要。第 4 章将介绍 GD32 的中断和事件。

3.7 练习题

(1) 简述 GD32 常见的封装方式。

(2) 在嵌入式系统研发工作中,该如何选择芯片的封装方式?

(3) GPIO 的输入工作模式有哪些?

(4) GPIO 的输出工作模式有哪些?

(5) 简述 GPIO 模拟输入工作模式中信号的流向。

(6) 简述 GPIO 开漏输出模式中信号的流向。

（7）说明 GPIO 使用的流程及其对应步骤的实现方法。

（8）整理 GPIO 各种工作模式的适用场景。

3.8 实验：物理按键软件消抖

3.8.1 实验目标

根据 3.5 节按键控制 LED 亮灭的实验结果，物理按键的前沿抖动、后沿抖动会影响按键的工作效果。本次实验的目标是，通过软件方法避开前沿抖动、后沿抖动阶段，在按键稳定的时间段内控制按键的按下、弹起的状态。

3.8.2 实验方法分析

根据常识，按键被按下的过程一般会持续 100ms 左右，前沿抖动、后沿抖动一般会持续 10ms 左右。以按键 A（接入 PA0 口，并且被设置为上拉输入模式）为例，按键被按下前后的 I/O 端口输入如图 3-26 所示。

由图 3-26 可知，若要避开前沿抖动，则只需在 PA0 刚开始输入为 0 时等待 10ms 左右等按键进入稳定时段再次读取 PA0 的输入，若此时 PA0 输入依然为 0，则表示按键确实被按下且已经进入稳定时段，此后等待按键被弹起（当等到 PA0 的输入再次变为 1 时按键被弹起），可以确认按键被按下了；若不是在前沿抖动时 PA0 检测到一个 0 输入，等待 10ms 后，按键不会进入稳定按下的状态（PA0 的输入会变为 1），表示按键没有被按下。将按键软件消抖的过程整理为流程图，如图 3-27 所示。

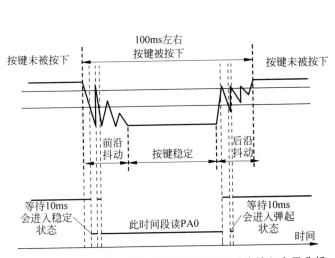

图 3-26　物理按键 A 被按下过程对应 PA0 引脚输入电平分析

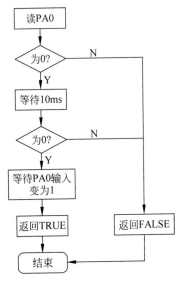

图 3-27　物理按键 A 软件消抖流程图

3.8.3 实验代码

若要实现图 3-27 所示的软件消抖流程,则需要在 3.5 节的案例的基础上再增加一个延时等待的模块以实现 10ms 的等待。因为芯片运行一条指令需要一定时间,所以可以通过运行若干条空指令以实现芯片延时的效果,空指令的运行时长和芯片的时钟频率、指令集等因素相关,针对 GD32F103C8T6 不太精准的毫秒级延时函数的实现代码如下:

```
//ms 延时函数
//输入:time_count,表示要延时 time_count 毫秒
void delay_ms(uint16_t time_count){
    while(time_count -- ){
        uint16_t i = 20000;
        while(i -- ){
            ; //空指令
        }
    }
}
```

有了延时函数,相对于 3.5.3 节中的代码,只需将判断按键状态的函数更改为可进行软件消抖的代码便可以达到实验目的。KEY.c 的代码更改如下:

```
/*!
    \file    第 3 章\3.8 实验\KEY.h
*/
#include "KEY.h"
#include "DELAY.h"

void KEY_Init(void){
    rcu_periph_clock_enable(RCU_GPIOA);

    gpio_init(KEY_PORT, GPIO_MODE_IPU, GPIO_OSPEED_50MHZ, KEY_A_PIN|KEY_B_PIN);
}

/*
功能:判断按键 A 是否被按下(加了软件消抖)
返回:如果按键 A 被按下,则返回值为 TRUE,否则返回值为 FALSE
*/
bool KEY_A_Pressed(void){
    if(gpio_input_bit_get(KEY_PORT, KEY_A_PIN) == RESET){
        //软件消抖
        delay_ms(15);
        if(gpio_input_bit_get(KEY_PORT, KEY_A_PIN) == RESET){
            while(gpio_input_bit_get(KEY_PORT, KEY_A_PIN) == RESET);
            return TRUE;
        }
    }
    return FALSE;
```

```
}

/ *
功能:判断按键 B 是否被按下(没加软件消抖)
返回:如果按键 B 被按下,则返回值为 TRUE,否则返回值为 FALSE
* /
bool KEY_B_Pressed(void){
    if(gpio_input_bit_get(KEY_PORT, KEY_B_PIN) == RESET){
        //软件消抖
        delay_ms(15);
        if(gpio_input_bit_get(KEY_PORT, KEY_B_PIN) == RESET){
            while(gpio_input_bit_get(KEY_PORT, KEY_B_PIN) == RESET);
            return TRUE;
        }
    }
    return FALSE;
}
```

3.8.4 实验现象

加入软件消抖的代码后,按键控制 LED 的亮灭状态更加精准。

## 第 4 章

中断和事件

中断是一种外设和处理器之间进行通信的机制,外部通过中断的方式来通知处理器有事情发生了,而处理器有专门的模块根据发生的事情的紧急程度来决定是否要暂停正在执行的程序来响应中断事件。由于中断机制的存在,正在执行的应用不用理会中断的发生和处理,中断响应程序也不用关心应用程序的执行状态,所有这些都交给中断控制器来处理,使程序开发变得更简单、处理器的执行更高效。

本章主要介绍 GD32F10x 中断和事件机制,以及它们的使用方法。

4.1　中断的概念

在处理器中,所谓中断就是一个过程,即 CPU 正在执行程序过程中,遇到更加紧急的事件(内部的或外部的)需要处理,暂时中止当前程序的执行转而去为紧急事件服务,待服务完毕,再返回暂停处(断点)继续执行原来的程序。为事件服务的程序称为中断服务程序或中断处理程序,能引发中断的事件称为中断源。中断处理流程如图 4-1 所示。

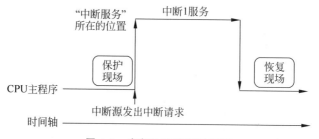

图 4-1　中断处理流程示意图

按照事件发生的顺序,整个中断过程包括:①中断源发出中断请求;②判断当前处理机是否允许中断和该中断源是否被屏蔽;③按照优先权对当前发生的中断排队;④处理机执行完当前指令或当前指令无法执行完,立即停止当前程序,保护断点地址和处理机的当前状态,转入相应的中断服务程序;⑤执行中断服务程序;⑥恢复被保护的状态,执行"中断返回"指令后回到被中断的程序或转入其他程序。

基于 Cortex-M3 的 GD32F10x 有两个优先级的概念:抢占式优先级、响应式优先级。响应式优先级也叫"亚优先级"或"副优先级",每个中断源都需要事先指定这两种优先级。抢占式优先级要高于响应式优先级,也就是说一个低抢占式优先级的中断程序正在执行时发生了一个高抢占式优先级的中断,则第1个中断要暂停,以此来响应这个新的中断,即所谓的中断嵌套。

在嵌入式系统中,中断嵌套是指当系统正在执行一个中断服务程序时,又有新的中断事件发生而产生了新的中断请求。此时,CPU 对中断的响应方式取决于这两个中断的优先级。如果两个中断的抢占式优先级相同,则再比较响应式优先级。值得注意的是,只要抢占式优先级相同,则不论它们的响应式优先级如何都是要等正在响应的中断程序执行完才会响应新的中断信号。只有当两个抢占式优先级相同的中断信号同时到达时,中断控制器才会根据它们的响应式优先级高低来决定先处理哪一个。

中断系统的另一个重要功能是中断屏蔽,即程序员可以通过设置相应的中断屏蔽位,禁止 CPU 响应某个中断,从而实现中断屏蔽。中断屏蔽的目的是保证在执行一些关键程序时不响应中断,以免造成延时而引起错误。

4.2　嵌套向量中断控制器 NVIC

17min

所谓 NVIC,即嵌套向量中断控制器(Nested Vectored Interrupt Controller,NVIC)。它是属于 Cortex 内核的器件,是非常强大、方便的嵌套向量中断控制器,不可屏蔽中断(Non-Maskable Interrupt,NMI)和外部中断都由它来处理。

4.2.1　NVIC 简介

GD32 是一款基于 ARM Cortex-M 处理器架构的微控制器系列,因此其中的中断控制器(Interrupt Controller)也是使用 ARM Cortex-M 内核中提供的 NVIC,如图 4-2 所示。

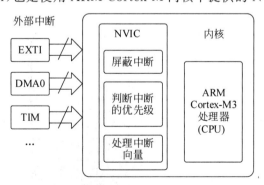

图 4-2　NVIC 也是 Cortex-M3 内核的一部分

NVIC 的主要功能是管理和分配中断请求,每个中断源都有一个独立的中断处理器。在发生中断请求时,NVIC 会在中断优先级表中寻找相应的中断处理器,并按照优先级顺序响应中断请求。NVIC 可以处理外部中断、内部异常、直接数据存储(Direct Memory Access,DMA)中断等多种类型的中断请求,并且支持优先级分组、中断控制状态的查询与设置及中断嵌套等高级功能。

在 GD32 中,NVIC 的相关寄存器和功能都被集成在 NVIC 外设中。用户可以使用 NVIC 的相关 API 实现中断的配置、使能、禁止和优先级设置等操作。

4.2.2 NVIC 工作机制

Cortex-M3 的 NVIC 是一种嵌套向量中断控制器,它支持多种优先级中断和快速响应中断,能够在多种嵌入式系统中实现高效的中断处理。

若要理解 NVIC 的工作机制,则需要知道中断向量表、中断请求、中断优先级、中断嵌套、中断处理等概念。

(1) 中断向量表:中断向量表是一段特殊的内存空间,存放着所有中断服务子程序(Interrupt Service Routine,ISR)的入口地址。在 Cortex-M3 处理器中,中断向量表存放在内部的 Flash 中,地址默认为 0x00000000。中断向量表中的每个中断向量对应一个特定的中断处理程序,由中断向量表的地址和偏移量计算出中断处理程序的入口地址。

(2) 中断请求:当外部中断、内部异常、DMA 中断等事件发生时,中断请求会被发送到 Cortex-M3 的 NVIC 中。NVIC 根据中断类型和优先级判断是否响应中断请求,并根据中断优先级表将中断分配给相应的中断处理器。

(3) 中断优先级:Cortex-M3 的 NVIC 支持多达 256 个优先级,每个中断源可以分配不同的优先级。中断优先级分为抢占式优先级和响应式优先级,抢占式优先级用于区分不同的中断请求之间的抢占关系,响应式优先级用于区分同一个中断请求内部的处理顺序。

(4) 中断嵌套:Cortex-M3 的 NVIC 支持中断嵌套,允许高优先级中断在低优先级中断的处理过程中被触发。当一个中断被触发时,NVIC 会根据中断优先级表将中断分配给相应的中断处理器。如果此时另一个更高优先级的中断请求到来,则该中断可以被立即响应,并在当前中断处理程序执行完后立即执行。

(5) 中断处理:当 NVIC 将中断请求分配给相应的中断处理器时,中断处理器会根据中断类型执行相应的中断处理程序。中断处理程序通常包括中断响应、中断清除、数据保存、中断处理、中断返回等几个步骤。处理完中断后,中断处理器将执行 IRET 指令,将中断处理器的状态恢复到中断前的状态,然后返回被中断的代码处继续执行。

借助上述机制,Cortex-M3 的 NVIC 实现了高效的中断处理,NVIC 的一般工作流程可以分解为以下 6 步。

(1) 中断请求发生:当外部设备或处理器内部的一个中断事件发生时(例如定时器溢出、外部中断触发、串口接收数据等)会产生一个中断请求。

(2) 中断向量表查找:处理器根据中断号(IRQn)从中断向量表中查找相应的中断服务子程序(ISR)地址。中断向量表是存储在处理器的特定地址处的一组指令指针,每个指针对应一个中断服务子程序。

(3) 中断优先级判断:在确定中断服务子程序地址后,NVIC 会比较当前中断请求的优先级与当前正在执行的中断的优先级。如果当前中断的优先级高于正在执行的中断的优先级,则 NVIC 会立即中断正在执行的中断,跳转到新的中断服务子程序,并将新的中断优先级入栈保存。

（4）中断处理：处理器跳转到相应的中断服务子程序(ISR)地址,开始执行中断处理代码。在中断处理期间,可以对中断事件进行响应、处理相关的数据、更新状态等。

（5）中断嵌套和优先级恢复：如果在中断处理期间发生了更高优先级的中断请求（中断嵌套），则 NVIC 会保存当前中断的优先级信息,并转而处理更高优先级的中断。当高优先级中断处理完成后,NVIC 会从堆栈中恢复原来的中断优先级,并返回之前被中断的中断处理。

（6）中断处理结束：当中断服务子程序执行完毕后,处理器从中断服务子程序返回原来的程序执行流程,继续执行之前的任务。

中断处理本身是串行的,每次只能处理一个中断。中断优先级管理器确保在中断处理期间,可以正确地处理更高优先级的中断,并在处理完成后恢复低优先级中断。这种机制确保了中断处理的确定性和一致性,使 ARM Cortex-M 系列处理器能够高效地响应多个中断事件。关于 NVIC 的更多知识,可以参阅《Cortex-M3 技术参考手册》。

4.2.3　NVIC 配置

在 GD32F10x 系列芯片中,配置 NVIC 响应某些中断的过程一般可分为 5 步。

（1）选择中断优先级分组：GD32F10x 系列支持将中断优先级分组为若干组,并为每组设置优先级。

（2）使能特定中断：在使用某个中断前,需要在 NVIC 中使能该中断。使用 NVIC_EnableIRQ 函数来使能中断。

（3）配置中断优先级：中断优先级决定了中断处理的优先级顺序。使用 NVIC_SetPriority 函数设置中断的优先级。

（4）编写中断服务子程序：中断服务子程序是实际处理中断事件的函数。在编写中断服务子程序时,需要根据中断发生的条件和需求,实现相应的中断处理代码。需要确保中断服务子程序是短小、高效的,以便及时响应其他中断和实时任务。

（5）设置中断向量表：在 GD32F10x 系列中,中断向量表位于 Flash 的起始地址处。在编译、链接和烧录时,需要确保将正确的中断向量表设置在 Flash 的起始地址处,以便处理器在发生中断时能够正确地跳转到相应的中断服务子程序。

以上是配置 GD32F10x 系列单片机 NVIC 的基本步骤,这些与 NVIC 配置相关的库函数在 gd32f10x_misc 模块中,调用库函数进行 NVIC 配置的过程更加简便,具体内容将在 4.5 节的中断案例中演示。

4.3　EXTI 外部中断/事件控制器

19min

4.3.1　EXTI 简介

中断既可能发起于内部,也可能发起于外部,外部的中断请求可以由 GPIO 端口、定时器、外部中断引脚等输入,而外部中断是否会被送入 NVIC 或者送入 NVIC 的优先级,又由 EXTI 来控制。所谓 EXTI 是外部中断/事件控制器(External Interrupt/Event Controller) 的简称,用来管理控制器中的中断/事件线。每个中断/事件线都对应一条边沿检测器,可以 实现输入信号的上升沿检测和下降沿检测,如图 4-3 所示。EXTI 可以实现对每个中断/事 件线进行单独配置,可以单独配置为中断或事件及其相对应的触发事件的属性。

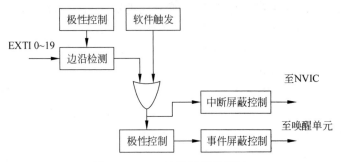

图 4-3　EXTI 边沿检测示意图

　　EXTI 允许外部设备(例如 GPIO 引脚、定时器、外部中断引脚等)向处理器发出中断请 求。当外部设备发生特定事件时会触发 EXTI,使处理器能够及时响应并处理该事件。在 ARM 单片机中,GPIO 引脚常常用于连接外部设备或传感器,当外部设备的状态发生变化 时(例如按键被按下、传感器信号变化等),可以通过 EXTI 产生中断请求,让处理器在中断 服务子程序中处理相应的事件。这样能够实现对实时性要求较高的应用场景,如按键响应、 传感器数据采集等。

4.3.2　EXTI 原理

　　EXTI 作为嵌入式系统中常用的一种中断方式,通过连接外部设备和中断控制器,能够 实现对实时事件的快速响应和处理,如图 4-4 所示。EXTI 通过巧妙设计,允许用户对外部 中断事件的处理方式进行设置,进一步减小 ARM 内核的负担。

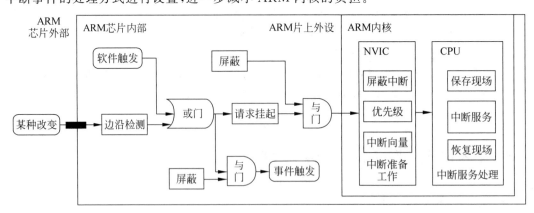

图 4-4　EXTI 作为外部中断和 NVIC 的中介

EXTI 的工作原理就是在外部设备的事件发生时,向处理器的 EXTI 模块发送中断请求信号,然后 EXTI 模块根据配置的触发条件(例如上升沿触发、下降沿触发、边沿触发等)来判断是否产生中断,如图 4-5 所示。若满足触发条件,EXTI 则会向中断控制器(在Cortex-M3 中就是 NVIC)发出中断请求,最终中断控制器会根据中断优先级和中断嵌套等机制来处理中断请求,并跳转到相应的中断服务子程序执行中断处理。

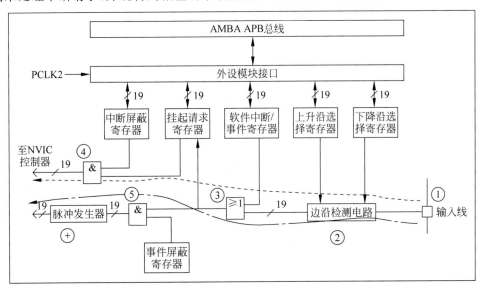

图 4-5　EXTI 详细框图

在配置 EXTI 时,需要设置外部中断引脚的触发方式、优先级和中断服务子程序等。具体的配置方法和库函数会根据不同的 ARM 单片机型号和开发环境有所差异。在GD32F10x 系列单片机中,可以使用标准库中 gd32f10x_exti 模块的相关函数来配置中断触发方式,同时使用 nvic_irq_enable()函数来使能外部中断,并在 ISR 中处理相应的事件。

Cortex-M3 的 EXTI 模块包含以下几部分。

(1) 外部中断线:与 GPIO 端口相连,可以检测 GPIO 端口电平变化。

(2) 中断线触发方式控制器:用于配置外部中断的触发方式,可以选择上升沿、下降沿、上升下降沿和低电平等触发方式。

(3) 中断请求控制器:用于判断外部中断是否满足触发条件,并产生中断请求信号。

(4) 中断控制器:用于管理中断请求的优先级和响应顺序。

综上,可以概括 EXTI 和 NVIC 共同配合完成中断处理的过程。当被配置为连接到外部中断的 GPIO 端口状态发生变化时,外部中断线将检测到信号变化,然后将信号传递给 EXTI,EXTI 根据预先配置的触发方式判断是否满足中断条件,如果满足条件,则向中断请求控制器发出中断请求信号。中断请求控制器收到请求信号后,将请求信号传递给中断控制器进行优先级判断和响应处理。如果该中断的优先级高于当前正在处理的中断,则立即执行中断服务程序,否则将中断请求标记为挂起状态,等待当前中断处理完成后再执行中断服务程序。

4.3.3　EXTI 通用 IO 映像

在 Cortex-M3 中,每条中断线只能连接一个 GPIO 引脚,见表 4-1。如果需要连接多个 GPIO 引脚,则需要使用外部中断复用器(External Interrupt Multiplexer,EIM)进行控制。复用器可以将多个 GPIO 引脚映射到同一条中断线上,实现多个 GPIO 引脚共享同一个中断服务程序的功能。同时,Cortex-M3 还支持事件管理器功能,可以将 GPIO 事件与中断服务程序分离,用于实现事件驱动的应用程序。

EXTI 线编号及其触发源的对应关系见表 4-1。

表 4-1　EXTI 线编号及其触发源的对应关系

EXTI 线编号	触 发 源
0	PA0/PB0/PC0/PD0/PE0/PF0/PG0
1	PA1/PB1/PC1/PD1/PE1/PF1/PG1
2	PA2/PB2/PC2/PD2/PE2/PF2/PG2
3	PA3/PB3/PC3/PD3/PE3/PF3/PG3
4	PA4/PB4/PC4/PD4/PE4/PF4/PG4
5	PA5/PB5/PC5/PD5/PE5/PF5/PG5
6	PA6/PB6/PC6/PD6/PE6/PF6/PG6
7	PA7/PB7/PC7/PD7/PE7/PF7/PG7
8	PA8/PB8/PC8/PD8/PE8/PF8/PG8
9	PA9/PB9/PC9/PD9/PE9/PF9/PG9
10	PA10/PB10/PC10/PD10/PE10/PF10/PG10
11	PA11/PB11/PC11/PD11/PE11/PF11/PG11
12	PA12/PB12/PC12/PD12/PE12/PF12/PG12
13	PA13/PB13/PC13/PD13/PE13/PF13/PG13
14	PA14/PB14/PC14/PD14/PE14/PF14/PG14
15	PA15/PB15/PC15/PD15/PE15/PF15/PG15
16	LVD
17	RTC 闹钟
18	USB 唤醒
19	以太网唤醒

表 4-1 的含义是,用户在使能某个 EXTI 线之后,还要为它选择中断的 GPIO 源,PAx～PGx(x 取值 0～15)共用一条中断线。例如若用户使能了 EXTI_0,就只能在 PA0～PG0 中选择一个 GPIO 口作为中断源,而且只能选择其中一个。

GD32 的 EXTI 通用 IO 映像是一种扩展功能,允许在 GD32 系列微控制器中使用 GPIO 端口模拟外部中断功能。通过配置 GPIO 端口的模式和中断触发方式,可以将 GPIO 端口连接到中断请求控制器的通用 IO 映像输入端口,从而实现与硬件外部中断相同的中断触发和响应效果。

GD32 的 EXTI 通用 IO 映像支持以下特性:①支持所有 GPIO 端口的中断触发,最多可同时使用 16 个 GPIO 端口；②支持上升沿、下降沿和双边沿触发方式；③支持软件中断触发，可在程序中通过设置寄存器触发中断。

4.3.4 EXTI 使用方法

使用 GD32 的 EXTI 通用 IO 映像进行外部中断响应，需要执行以下几个步骤：

(1) 将 GPIO 端口配置为中断输入模式，并设置中断触发方式。

(2) 配置 EXTI 通用 IO 映像中断线，将 GPIO 口连接到相应的中断线。

(3) 配置 NVIC 中断向量表，使中断服务程序能够响应中断。

(4) 重写中断响应函数，将中断处理任务代码写入中断响应函数，任务完成后清除中断挂起标识。

下面是一个使用 GD32 库函数为 PA0 配置 EXTI 的代码片段：

```
//将 GPIO 端口配置为中断输入模式，设置上升沿触发
gpio_init(GPIOA, GPIO_MODE_IN_IPU, GPIO_OSPEED_50MHZ, GPIO_PIN_0);
exti_init(EXTI_0, EXTI_INTERRUPT, EXTI_TRIG_RISING);
exti_interrupt_flag_clear(EXTI_0);

//将 GPIO 端口连接到中断线 0
gpio_exti_source_select(GPIO_PORT_SOURCE_GPIOA, GPIO_PIN_SOURCE_0);

//配置 NVIC 中断向量表，使中断服务程序能够响应中断
nvic_irq_enable(EXTI0_IRQn, 0, 0);
```

在上面的例子中，首先通过 gpio_init 函数将 GPIO 端口 PA0 配置为中断输入模式，并将触发方式设置为上升沿，然后使用 exti_init 函数将中断线 0 配置为中断模式，并将触发方式设置为上升沿。接着使用 gpio_exti_source_select 函数将 GPIO 端口 PA0 连接到中断线 0。最后使用 nvic_irq_enable 函数配置 NVIC 中断向量表，使中断服务程序能够响应中断。

当 GPIO 端口 PA0 检测到上升沿时，将触发中断，中断服务程序将被调用执行，不同中断线的中断服务程序不同，EXTI_0 的中断服务程序如下：

```
void EXTI0_IRQHandler(void) {
    //中断服务子程序
    //在此处写入处理中断事件的代码
    //...
    //清除中断挂起标志位
    exti_interrupt_flag_clear(EXTI_0);
}
```

对于不同的 EXTI 源，其对应的中断响应函数不同，见表 4-2。

表 4-2 EXTI 线与中断响应函数的对应关系

函 数 名 称	功 能
EXTI0_IRQHandler	EXTI 线 0 中断
EXTI1_IRQHandler	EXTI 线 1 中断

续表

函 数 名 称	功　能
EXTI2_IRQHandler	EXTI 线 2 中断
EXTI3_IRQHandler	EXTI 线 3 中断
EXTI4_IRQHandler	EXTI 线 4 中断
EXTI5_9_IRQHandler	EXTI 线[9:5]中断
EXTI10_15_IRQHandler	EXTI 线[15:10]中断

前 5 条 EXTI 线(EXTI 线 0~EXTI 线 4),每条线对应一个中断响应函数 EXTIx_IRQHandler,而 EXTI 线[9:5]这 5 条中断线共用一个中断响应函数 EXTI5_9_IRQHandler,EXTI 线[15:10]这 5 条中断线共用一个中断响应函数 EXTI10_15_IRQHandler。当被共用的中断响应函数 EXTI5_9_IRQHandler 或 EXTI10_15_IRQHandler 被触发后,用户需要调用库函数 exti_interrupt_flag_get 查看 EXTI 线的状态来判断中断响应函数是由哪条中断线触发的,从而做出相应的处理。

4.4　EXTI 外部中断处理的常用库函数简介

GD32F10x 标准库函数中,与中断处理相关的常用库函数见表 4-3。

表 4-3　常用的中断相关的库函数

函 数 名 称	功　能	所 在 模 块
nvic_irq_enable	使能 NVIC 的中断,并配置中断的优先级	gd32f10x_misc
nvic_irq_disable	禁止指定的中断	gd32f10x_misc
exti_init	初始化 EXTI 线 x	gd32f10x_exti
exti_interrupt_flag_clear	清除指定的某条 EXTI 线的中断标志位	gd32f10x_exti
exti_interrupt_flag_get	获取指定的某条 EXTI 线的中断标志位	gd32f10x_exti
gpio_exti_source_select	选择哪个引脚作为 EXTI 源	gd32f10x_gpio
EXTIx_IRQHandler	外部中断处理函数,x 取值见表 4-2	startup_gd32f10x_md.s 的中断向量表

这些库函数可以分布在 GD32 标准函数的不同模块中,使用它们时需要将对应的模块添加到工程中。

4.4.1　初始化或使能相关函数

在使用本节介绍的中断库函初始化中断之前,还需要对相应的外设时钟进行使能,以及对 GPIO 的工作模式进行配置,具体方法可参考 4.5 节案例。

1. nvic_irq_enable

nvic_irq_enable 为使能中断函数,配置中断的优先级的函数,参数见表 4-4。

表 4-4　nvic_irq_enable 函数参数

参　数	描　述
函数原型	void nvic_irq_enable(uint8_t nvic_irq, uint8_t nvic_irq_pre_priority, uint8_t nvic_irq_sub_priority);
功能描述	使能中断,配置中断的优先级
被调用函数	nvic_priority_group_set
输入 1: nvic_irq	NVIC 中断,参考枚举类型 IRQn_Type(其部分成员见表 4-5)
输入 2: nvic_irq_pre_priority	抢占优先级(0～4),数字越小优先级越高
输入 3: nvic_irq_sub_priority	响应优先级(0～4),数字越小优先级越高

代码如下:

```
/* 使能中断线 EXTI0_IRQn,将响应式优先级设置为1,并将抢占式优先级设置为 1 */
nvic_irq_enable(EXTI0_IRQn,1,1);
```

nvic_irq 为枚举类型 IRQn_Type 成员,详细的成员参见 GD 官方文档《GD32F10x_固件库使用指南》。枚举类型 IRQn_Type 的部分成员见表 4-5。

表 4-5　枚举类型 IRQn_Type 的部分成员

成 员 名 称	功 能 描 述	成 员 名 称	功 能 描 述
EXTI0_IRQn	EXTI 线 0 中断	EXTI3_IRQn	EXTI 线 3 中断
EXTI1_IRQn	EXTI 线 1 中断	EXTI4_IRQn	EXTI 线 4 中断
EXTI2_IRQn	EXTI 线 2 中断	ADC0_1_IRQn	ADC0 和 ADC1 全局中断

2. nvic_irq_disable

nvic_irq_disable 为除能中断函数,参数见表 4-6。

表 4-6　nvic_irq_disable 函数参数

参　数	描　述
函数原型	void nvic_irq_disable (uint8_t nvic_irq);
功能描述	除能中断
输入: nvic_irq	NVIC 中断,参考枚举类型 IRQn_Type,与 nvic_irq_enable 函数的输入 nvic_irq 相同

示例代码如下:

```
/* 除能窗口看门狗定时器中断(窗口看门狗将在第 5 章讲解) */
nvic_irq_disable(WWDGT_IRQn);
```

3. exit_init

exit_init 初始化 EXTI 线 x(x＝0,1,2…19),参数表见表 4-7。

表 4-7　exti_init 函数参数

参　数	描　述
函数原型	void exti_init(exti_line_enum linex, exti_mode_enum mode,exti_trig_type_enum trig_type);

续表

参　数	描　述
功能描述	初始化 EXTI 线 x
输入 1: linex	EXTI 线 x,取值为 EXTI_x(x=0,1,2…19)
输入 2: trig_type	触发类型 输入值: EXTI_TRIG_RISING　　　//上升沿触发 EXTI_TRIG_FALLING　　//下降沿触发 EXTI_TRIG_BOTH　　　//上升沿和下降沿均触发 EXTI_TRIG_NONE　　　//上升沿和下降沿均不触发

示例代码如下:

```
/* 将 EXTI_0 初始化为上升沿、下降沿均触发中断 */
exti_init(EXTI_0, EXTI_INTERRUPT, EXTI_TRIG_BOTH);
```

4. gpio_exti_source_select

gpio_exti_source_select 选择 EXTI 源的输入引脚,参数表见表 4-8。

表 4-8　gpio_exti_source_select 函数参数

参　数	描　述
函数原型	void gpio_exti_source_select(uint8_t gpio_outputport, uint8_t gpio_outputpin);
功能描述	初始化 EXTI 线 x
输入 1: gpio_outputport	EXTI 源端口 输入值: GPIO_EVENT_PORT_GPIOx　　//源端口选择,x=A,B,C,D,E,F,G
输入 2: gpio_outputpin	源端口引脚 输入值: GPIO_EVENT_PIN_x　　　//引脚选择,x=0,1,2…15

示例代码如下:

```
* 将 PA0 配置为 EXTI 源 */
gpio_exti_source_select(GPIO_PORT_SOURCE_GPIOA, GPIO_PIN_SOURCE_0);
```

4.4.2　EXTI 外部中断响应处理相关函数

1. exti_interrupt_flag_get

exti_interrupt_flag_get 获取某条 EXTI 中断线的中断标志位,参数表见表 4-9。

表 4-9　exti_interrupt_flag_get 函数参数

参　数	描　述
函数原型	FlagStatus exti_interrupt_flag_get(exti_line_enum linex);
功能描述	获取 EXTI 线 x 中断标志位

续表

参　　数	描　　述
输入：linex	EXTI 线 x 输入值： EXTI_x　　　//x＝0,1,2…19
返回	类型：FlagStatus 可能返回值： SET/RESET

示例代码如下：

```
/* 获取 EXTI 线 0 的中断标志位 */
FlagStatus state = exti_interrupt_flag_get(EXTI_0);
```

2. exti_interrupt_flag_clear

exti_interrupt_flag_clear 选择 EXTI 源的输入引脚，参数表见表 4-10。

表 4-10　exti_interrupt_flag_clear 函数参数

参　　数	描　　述
函数原型	void exti_interrupt_flag_clear(exti_line_enum linex);
功能描述	清除 EXTI 线 x 中断标志位
输入：linex	EXTI 线 x 输入值： EXTI_x　　　//x＝0,1,2…19

示例代码如下：

```
/* 清除 EXTI 线 0 中断标志位 */
exti_interrupt_flag_clear(EXTI_0);
```

4.5　中断案例：中断式触摸按键控制 LED

▶ 19min

4.5.1　案例需求

如图 4-6 所示，将开发板上的电容触摸按键 A、B 分别配置为不同的状态获取方式，然后观察并对比两种按键状态获取方法的区别。

4.5.2　案例方法

▶ 35min

以开发板上的触摸按键 B 为例，工作原理如图 4-7 所示。当有人体手指靠近触摸按键（U23）时，人体手指与大地构成的感应电容使输入 U25 的 I 口的电容增加，Q 口会输出低电平，发光二极管 U17 导通的同时，若短接帽 P11 的 PA1 和 OUT_2 短接，则 GD32F103 芯片的 PA1 引脚被输入一个低电平。触摸按键 A、C、D 的工作原理相同。

图 4-6　中断式触摸按键案例需求

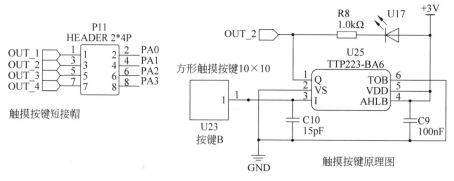

图 4-7　触摸按键工作原理图

触摸按键 A 的查询式的状态获取方法与 3.5 节案例类似,而按键 B 与 PA1 相连,PA1 对应的中断线为 EXTI_1,只需在 NVIC 中使能中断线 EXTI_1 的中断响应,并使用 gpio_exti_source_select 函数为 EXTI_1 选择 PA1 作为外部中断输入源,再将对应的功能代码写入 IRQHandler 函数中。

4.5.3　案例代码

将查询式的按键 A、中断式按键 B\C\D 分别封装为两个模块,查询式按键为 query_key, 中断式按键为 exti_key。

查询式按键 query_key.h 文件中的代码如下:

```
/*!
    \file    第 4 章\4.5 案例\query_key.h
*/
```

```
# ifndef _QUERY_KEY_H
# define _QUERY_KEy_H

# include "gd32f10x. h"
# include < stdio. h>

# define KEY_A_PIN GPIO_PIN_0
# define KEY_A_PORT GPIOA

void query_key_init(void);
bool key_A_pressed(void);

# endif
```

对应的 query_key. c 文件中的代码如下：

```
/ * !
    \file    第 4 章\4.5 案例\query_key.c
* /
# include "query_key. h"
# include "delay. h"

void query_key_init(void){
    rcu_periph_clock_enable(RCU_GPIOA);
    gpio_init(KEY_A_PORT, GPIO_MODE_IPU, GPIO_OSPEED_50MHZ, KEY_A_PIN);
}


/ *
功能:判断按键 A 是否被按下(加了软件消抖)
返回:如果按键 A 被按下,则返回值为 TRUE,否则返回值为 FALSE
* /
bool key_A_pressed(void){
    if(gpio_input_bit_get(KEY_A_PORT, KEY_A_PIN) == RESET){
        //软件消抖
        delay_ms(15);
        if(gpio_input_bit_get(KEY_A_PORT, KEY_A_PIN) == RESET){
            while(gpio_input_bit_get(KEY_A_PORT, KEY_A_PIN) == RESET);
            return TRUE;
        }
    }
    return FALSE;
}
```

中断式按键与查询式按键的初始化、按键状态变化时的处理方式均不同,exti_key. h 文件中的代码如下：

```
/ * !
    \file    第 4 章\4.5 案例\exti_key.h
* /
# ifndef _EXTI_KEY_H
# define _EXTI_KEY_H

# include "gd32f10x. h"
```

```
    void exti_key_init(void);

    #endif
```

对应的 exti_key.c 文件中的代码如下：

```
/*!
    \file    第4章\4.5案例\exti_key.c
*/
#include "exti_key.h"
#include "led.h"

//中断初始化函数
void exti_key_init(void){
    //使用复用功能时钟
    rcu_periph_clock_enable(RCU_AF);
    rcu_periph_clock_enable(RCU_GPIOA);

    //按键 B 中断
    nvic_irq_enable(EXTI1_IRQn, 2U, 2U);                    //使能中断,配置中断优先级
    gpio_exti_source_select(GPIO_PORT_SOURCE_GPIOA, GPIO_PIN_SOURCE_1);
    exti_init(EXTI_1, EXTI_INTERRUPT, EXTI_TRIG_FALLING);   //下降沿触发
    exti_interrupt_flag_clear(EXTI_1);
}

//中断线 1(按键 B)上的中断响应处理函数
void EXTI1_IRQHandler(void){
    LED1_Toggle();
    exti_interrupt_flag_clear(EXTI_1);                      //清除中断标志
}
```

对于中断式按键,CPU 只需在按键状态发生变化时转向中断服务程序执行,因此在
main.c 文件的 while(1)循环中不需要专门写处理中断式按键的代码,所以 main.c 文件中
的代码如下：

```
/*!
    \file    第4章\4.5案例\main.c
*/
#include "led.h"
#include "query_key.h"
#include "delay.h"
#include "exti_key.h"

int main(){
    LED_Init();
    query_key_init();    //查询式按键 A 初始化
    exti_key_init();     //中断式按键 B、C、D 初始化

    while(1){
        delay_ms(3000); //延时函数与 3.8 节实验所用延时函数相同
```

```
        if(key_A_pressed()){
            LED1_Toggle();
        }
    }
}
```

4.5.4　效果分析

将程序下载到开发板后,两个按键的表现不同。

按键 A:按下后 LED1 可能没有反应,但如果按下的时间足够长,则 LED1 的亮灭状态被改变的概率会提高。造成这一现象的原因是 main 函数的 while(1)循环中有 3000ms 的延时,若按键 A 按下的时间段在延时期间,则 CPU 查询函数并没有被执行,因此无法获取按键 A 的状态变化。

按键 B:按键按下的瞬间 LED1 的亮灭状态发生变化,因为与按键 B 相连的 PA1 被配置为下降沿触发的中断,所以按键刚一按下时产生的下降沿会触发 EXTI1_IRQHandler 函数被响应。因为与 PA1 相连的 EXTI_1 被打开,当 PA1 输入的下降沿触发中断时,CPU 会转向执行中断响应函数,因此 main 的 while(1)中的延时函数并不会对按键 B 产生影响。

4.6　小结

本章介绍了中断的一般概念、中断向量控制器 NVIC 的原理及其配置方法,详细介绍了 GD32 外部中断/事件控制器 EXTI 的工作原理框图、GPIO 映像、EXTI 的配置使用步骤。最后,给出了一个中断式按键控制 LED 的案例,将两个按键均设置为下降沿触发的外部中断输入方式,并给出了详细的实现代码。在使用 GD32 的中断时,需要注意中断的线路、中断的触发条件,以及中断响应函数中对中断发生之后的代码实现。

通过本章学习可知 GD32 有非常强大的中断系统,可以按照不同的优先级、触发响应条件等来灵活使用。除此之外,GD32 还有强大的定时器系统,将在第 5 章介绍。

4.7　练习题

(1) 简述中断的概念。

(2) 中断方式相对于轮询方式有什么优点?

(3) 简述嵌套向量中断控制器(NVIC)的主要特性。

(4) 简述抢占式优先级和响应式优先级的区别。

(5) 简述 EXTI 的使用过程。

(6) 通过 Keil MDK 查看 GD32F10x 的库函数,找出 gd32f10x_misc.c 和 gd32f10x_exti.c 文件中所有和 NVIC、EXTI 相关的库函数。

(7) 查看 exti_init 函数的源码,此函数中是如何通过代码更改 EXTI 相关的配置寄存器的相关位的?

4.8 实验:上升沿和双边沿触发的中断

4.8.1 实验目标

在 4.5 节案例的基础上为按键 C、按键 D 分别添加上升沿触发中断、双边沿触发中断的响应函数,然后观察添加之后的实验现象。

4.8.2 实验方法分析

与 4.5 节案例类似,只需在 exti_key 模块中加入按键 C、按键 D 对应的 PA2、PA3 的外部中断配置的代码。

4.8.3 实验代码

分析外部中断处理的特点,若要增加外部中断,则只需在对应模块中开启外部中断线并重写相应的中断响应函数,无须改变 main.c 文件中的代码,即,若要实现本实验目标,则只需对 exti_key.c 文件中的代码进行修改,修改后的代码如下:

```
/*!
    \file    第 4 章\4.8 实验\exti_key.c
*/
# include "exti_key.h"
# include "led.h"

//中断初始化函数
void exti_key_init(void){
    //使用复用功能时钟
    rcu_periph_clock_enable(RCU_AF);
    rcu_periph_clock_enable(RCU_GPIOA);

    //按键 B 中断
    nvic_irq_enable(EXTI1_IRQn, 2U, 2U);                      //使能中断,配置中断优先级
    gpio_exti_source_select(GPIO_PORT_SOURCE_GPIOA, GPIO_PIN_SOURCE_1);
    exti_init(EXTI_1, EXTI_INTERRUPT, EXTI_TRIG_FALLING);    //下降沿触发
    exti_interrupt_flag_clear(EXTI_1);

    //按键 C 中断
    nvic_irq_enable(EXTI2_IRQn, 2U, 2U);
    gpio_exti_source_select(GPIO_PORT_SOURCE_GPIOA, GPIO_PIN_SOURCE_2);
    exti_init(EXTI_2, EXTI_INTERRUPT, EXTI_TRIG_RISING);     //上升沿触发
    exti_interrupt_flag_clear(EXTI_2);

    //按键 D 中断
```

```
    nvic_irq_enable(EXTI3_IRQn, 2U, 2U);
    gpio_exti_source_select(GPIO_PORT_SOURCE_GPIOA, GPIO_PIN_SOURCE_3);
    exti_init(EXTI_3, EXTI_INTERRUPT, EXTI_TRIG_BOTH);    //双边沿触发
    exti_interrupt_flag_clear(EXTI_3);
}


//中断线1(按键B)上的中断响应处理函数
void EXTI1_IRQHandler(void){
    LED1_Toggle();
    exti_interrupt_flag_clear(EXTI_1);                    //清除中断标志
}

//中断线2(按键C)上的中断响应处理函数
void EXTI2_IRQHandler(void){
    LED2_Toggle();
    exti_interrupt_flag_clear(EXTI_2);                    //清除中断标志
}

//中断线3(按键D)上的中断响应处理函数
void EXTI3_IRQHandler(void){
    LED2_Toggle();
    exti_interrupt_flag_clear(EXTI_3);                    //清除中断标志
}
```

4.8.4　实验现象

将按键 C 的上升沿触发中断、按键 D 的双边沿触发中断的程序增加到 4.5 节案例中后,按键 C、D 的表现不一样。

按键 C:按键按下的瞬间 LED2 的亮灭状态没有变化,但松开后 LED2 的亮灭状态发生了变化。因为与按键 C 相连的 PA2 被配置为上升沿触发的中断,所以按键按下后又松开产生的上升沿会触发 EXTI2_IRQHandler 函数被响应。

按键 D:按键按下的瞬间 LED1 的亮灭状态发生变化,松开按键后 LED2 的亮灭状态再次发生变化。因为与按键 D 相连的 PA3 被配置为双边沿触发的中断,所以按键刚一按下时产生的下降沿会触发 EXTI3_IRQHandler 函数被响应,松开时产生的上升沿又一次触发 EXTI3_IRQHandler 函数被响应。

## 第 5 章

定 时 器

本章讲解 GD32F10x 上的另一个重要外设——定时器,包括 ARM 内核中的系统节拍定时器 Systick。定时器是微控制器必备的片上外设,这里的定时器实际上是一个计数器,可以对内部(或外部输入的)脉冲进行计数,不仅具有基本的计数/延时功能,还具有输入捕获、输出比较和 PWM 输出等高级功能。

5.1 理解定时器

人类对时间的计量需求古已有之,最早使用的定时工具应该是沙漏或水漏,如图 5-1 所

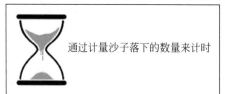

通过计量沙子落下的数量来计时

图 5-1 沙漏

示,但在钟表诞生并发展成熟之后,人们开始尝试使用这种全新的计时工具来改进定时器,达到准确控制时间长短的目的。

定时器是一项了不起的发明,使相当多需要时间计量的工作变得简单了许多。人们甚至将定时器用在了军事方面,制成了定时炸弹、定时雷管

等。不少家用电器安装了定时器来控制开关或工作时间。

16min

5.1.1 可编程定时/计数器

可编程定时/计数器(简称定时器)是微控制器上标配外设和功能模块。定时器在嵌入式系统中至关重要,它为系统提供了时间管理、任务调度、时序控制和低功耗管理等功能,有助于确保系统的可靠性和稳定性。它的主要作用包括:①时间计量和精确性,定时器可以提供系统内部的时间计量单位,通常以时钟周期、毫秒或微秒为单位,使嵌入式系统能在特定时间间隔内执行任务并提供时间精确性;②任务调度和多任务处理,嵌入式系统在执行多个任务时需要借助定时器来调度这些任务,以确保它们按时运行,例如,定时器可以被设置为每隔一定时间触发中断来执行周期性的任务;③延时和超时功能,定时器可用于实现延时和超时功能,通过设置合适的定时器参数,可以使系统在一定时间后执行特定操作或在某个任务无响应时触发超时机制;④脉宽调制(Pulse Width Modulation,PWM)生成,在控

制系统中,定时器常用于生成 PWM 信号来控制电机速度、亮度调节、音频输出等;⑤通信协议的时序控制,在一些通信协议中,定时器被用于确保数据的传输和接收按照规定的时间间隔和时序执行,从而保证通信的稳定性和正确性;⑥低功耗管理,定时器可用于管理嵌入式系统的低功耗模式,通过定时器的定时中断,系统可以在需要时进入休眠或待机状态,以节省能源;⑦软件计时,在一些应用中,没有硬件定时器或需要更高级的时间计量,软件定时器可以通过编程实现这一功能,用于计算时间间隔或执行周期性任务。

那么可编程定时器的工作原理是怎样的呢?定时和计数的本质是相同的,它们都是对一个输入脉冲进行计数,如果输入脉冲的频率一定,则记录一定个数的脉冲,其所需的时间是一定的。例如,假设输入脉冲的频率为 2MHz,则计数 2×10^6 个周期的脉冲信号,耗时 1s;如果每个周期计数加 1,则从 0 开始计数到 $2 \times 10^6 - 1$ 需要 1s 的时间。因此,使用同一个接口芯片,既能进行计数,又能进行计时,统称为计时器/计数器(Timer/Counter,T/C)。在嵌入式微控制器中,常见的计数器逻辑原理如图 5-2 所示。

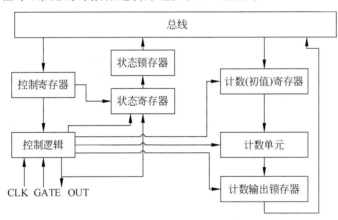

图 5-2 计数器逻辑原理

由图 5-2 可知,计数器的逻辑单元构成主要包括:①控制寄存器,决定计数器的工作模式;②状态锁存器,反应工作状态(可无);③计数(初值)寄存器,计数的初始值;④计数输出锁存器,CPU 从中读出当前计数值;⑤计数单元,执行计数操作。

计数器通过对 CLK 信号进行"减 1 计数"来计时(数)。首先 CPU 把"控制字"写入"控制寄存器",把"计数初始值"写入"计数(初值)寄存器",然后定时/计数器按控制字要求计数。计数从"计数初始值"开始,CLK 信号每出现一次,计数值减 1,当计数值减为 0 时,从 OUT 端输出规定的信号(具体形式与工作模式有关)。当 CLK 信号出现时,计数值是否减 1(是否计数)还会受到"门控信号"GATE 的影响。一般地,仅当 GATE 有效时才减 1。门控信号 GATE 如何影响计数操作,以及输出端 OUT 在各种情况下输出的信号形式,均与定时/计数器的工作模式有关。

CLK 信号是计数输入信号,即计数器对 CLK 出现的脉冲个数进行计数,因此 CLK 信号可以代指外部事件,如产品线上通过一个产品、脉冲电度表发出一个脉冲等。在这种情况下,CLK 信号对应于定时/计数器作为计数器使用。CLK 端也可接入一个固定频率的时钟信号,即对该时钟脉冲计数,从而达到计时的目的。

OUT 信号在计数结束时发生变化,可以将 OUT 信号作为外部设备的控制信号,也可以将 OUT 信号作为向 CPU 申请中断的信号。例如,在生产线上每经过一定数量的产品进行一次规定的操作。

CPU 可以从"输出锁存器"中读出当前计数值。一般情况下,"计数输出锁存器"的值随着计数器的计数值变化,CPU 读取其值之前,应向"控制寄存器"发送一个锁存命令,此时"计数输出锁存器"的值不再跟随计数器的值的变化而变化,CPU 通过指令从"计数输出锁存器"中读得当前计数值的同时又使"计数输出锁存器"的值随计数器的值的变化而变化。

5.1.2　理解 GD32F10x 的时钟树

GD32F10x 系列微控制器拥有一个复杂且灵活的时钟控制单元(Clock Control Unit,CCU),它负责配置和控制芯片内部的时钟源及时钟频率的分频和倍频。合理配置 CCU,可以满足不同应用的时钟需求,并优化功耗和性能。

GD32F10x 的时钟控制单元的任务主要包括外部时钟控制、内部时钟控制、锁相环(Phase-Locked Loop,PLL)控制、系统时钟控制、AHB\APB 总线时钟控制、时钟失效检测。

外部时钟控制包括外部高速时钟源(High-Speed External,HSE)控制、外部低速时钟源控制(Low-Speed External,LSE)。外部高速时钟源控制,可以连接外部晶振,通常用于系统时钟源。外部低速时钟源控制,一般采用 32.768kHz 的晶振,用于低功耗时钟源或实时时钟(Real-Time Clock,RTC)模块。

内部时钟控制包括内部高速时钟源(High-Speed Internal,HSI)控制、内部低速时钟源(Low-Speed Internal,LSI)控制。内部高速时钟源控制一般为 8MHz,在芯片上电后自动启动,可用作系统时钟。内部低速时钟源控制一般为 40kHz,用于低功耗模式或 RTC 模块。

锁相环控制支持内部 PLL 和外部 PLL,用于将高频时钟源倍频或分频来获得需要的系统时钟频率。可以将 HSI 或 HSE 的时钟频率倍频,或者将外部时钟源频率倍频。

系统时钟源可以选择为 HSI、HSE 或 PLL 之一。可以设置不同分频值以获取所需的主频。

AHB、APB 总线时钟控制可以设置不同的时钟分频系数,将系统主频分频得到适合外设的AHB 和 APB 总线时钟频率。

时钟失效检测支持监测外部时钟源的失效,并且在失效后自动切换到备用时钟源,确保系统的稳定运行。

要正确地配置时钟控制单元以满足特定应用的需求,还需要仔细阅读 GD32F10x 系列微控制器的数据手册和 GD 官方提供的代码示例。

综上,GD32F10x 有 5 个时钟源:HSI、HSE、LSI、LSE、PLL,如图 5-3 中带圆圈的编号所示。根据时钟频率可以分成高速时钟源和低速时钟源,其中 HSI、HSE 和 PLL 是高速时钟源,LSI 和 LSE 是低速时钟源。根据来源又可以分成外部时钟源和内部时钟源。外部时钟源就是以从外部接入晶振的方式获取时钟源,其中,HSE 和 ISE 是外部时钟源,其他的时钟源是内部时钟源。GD32 的 5 个时钟源的特点：①高速内部时钟，RC 振荡器，频率为 8MHz，精度不高；②高速外部时钟，可接石英/陶瓷谐振器，或者接外部时钟源，频率范围为 4～16MHz；③低速内部时钟，RC 振荡器，频率为 40kHz，提供低功耗时钟，独立看门狗的时钟源只能是 LSI，同时 LSI 还可以作为 PTC 的时钟源；④低速外部时钟，外接频率为 32.768kHz 的石英晶体，主要是 RTC 的时钟源；⑤锁相环倍频输出，其时钟输入源可选择 HSI/2、HSE 或者 HSE/2，倍频可选择 2～16 倍，但是其输出频率最大不得超过 108MHz。

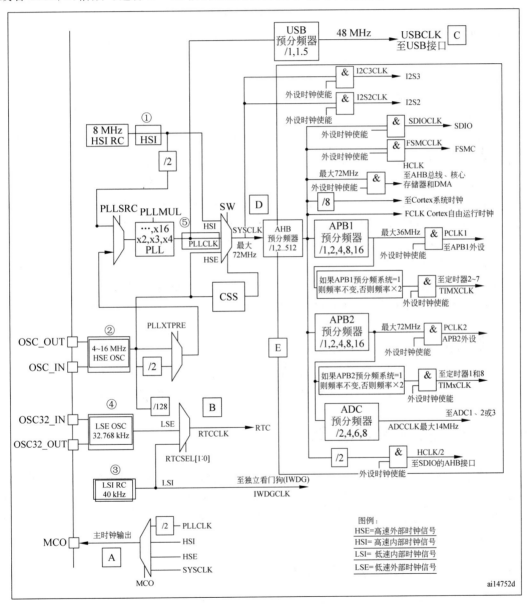

图 5-3 GD32 时钟系统框图

再来分析一下图 5-3 中 A~E 标识的 5 个地方。

A：GD32 可以选择一个时钟信号输出到 MCO 脚(PA8,时钟输出引脚)上,可以选择为 PLL 输出的 2 分频、HSI、HSE 或者系统时钟,这个时钟可以用来给外部其他系统提供时钟源。

B：这里是 RTC 的时钟源,可以选择 LSI、LSE 及 HSE 的 128 分频。

C：此处的 USB 时钟源来自 PLL 时钟源。GD32 有一个全速功能的 USB 模块,其串行接口引擎需要一个 48MHz 的时钟源。该时钟源只能由 PLL 输出端获取,若 PLL 输出 72MHz,则 1.5 分频；若 PLL 输出 48MHz,则 1 分频。也就是说,当需要使用 USB 模块时,PLL 必须使能。

D：GD32 的系统时钟 SYSCLK,提供 GD32 的绝大多数部件工作的时钟源。它的来源可以是 3 个时钟源：HSI 振荡器时钟、HSE 振荡器时钟和 PLL 时钟。系统时钟的最大频率为 108MHz。

E：这里指的是其他的所有外设,这些外设的时钟来源都是 SYSCLK。SYSCLK 通过 AHB 分频器分频后送给各模块使用,包括 AHB 总线、内核、内存和 DMA 使用的 HCLK 时钟(最大为 108MHz)。通过 8 分频后送给 Cortex 的系统定时器时钟 CK_CST,也就是 SysTick 了；直接送给 Cortex 的空闲运行时钟 FCLK；送给 APB1 分频器,APB1 分频器输出一路给 APB1 外设使用(PCLK1,最大频率为 54MHz),另一路给通用定时器使用；送给 APB2 分频器,APB2 分频器输出一路给 APB2 外设使用(PCLK2,最大频率为 108MHz),另一路给定时器使用。

APB1 和 APB2 又有什么区别呢？APB1 上面连接的是低速外设,包括电源接口、备份接口、CAN、USB、I2C1、I2C2、USART2、USART3、UART4、UART5、SPI2、SPI3 等,而 APB2 上面连接的是高速外设,包括 UART1、SPI1、Timer1、ADC1、ADC2、ADC3、所有的普通 I/O 端口(PA~PE)、第二功能 I/O(AFIO)口等。

在上面的时钟输出中,有很多是带使能控制的,例如 AHB 总线时钟、内核时钟、各种 APB1 外设、APB2 外设等。当使用某模块时,记得一定要先使能其相应的时钟。

5.2　系统滴答定时器 SysTick

系统定时器 SysTick 是 Cortex-M3 内核中的一个外设,相关寄存器内嵌在 NVIC 中,所有基于 Cortex-M3 内核的单片机都有这个系统定时器,这使软件(或操作系统)在 Cortex-M3 单片机之间可以十分容易地移植。SysTick 一般用于操作系统的产生时基功能,以维持操作系统的"心跳"。

5.2.1　SysTick 的工作原理

18min

操作系统和所有使用了时基的系统都必须有一个硬件定时器来产生所需要的"滴答"中断,作为整个系统的时基。滴答中断对操作系统尤其重要。例如,操作系统可以为多个任务许以不同数目的时间片,以确保没有一个任务能霸占系统;把每个定时器周期的某个时间范围赐予特定的任务等;操作系统提供的各种定时功能都与这个滴答定时器有关。因此,需要一个定时器来产生周期性的中断,而且最好让用户程序不能随意访问它的寄存器,以维持操作系统"心跳"的节律。因为所有的 Cortex-M3 芯片都带有这个定时器,软件在不同芯片生产厂商的 Cortex-M3 器件间的移植工作就得以简化。该定时器的时钟源可以是内部时钟(FCLK,Cortex-M3 上的自由运行时钟),也可以是外部时钟(Cortex-M3 处理器上的STCLK 信号)。

　　SysTick 定时器是 Cortex-M3 内核的组件,是一个 24 位的倒计数器,即一次最多可以计数 2^{24} 个时钟脉冲。SysTick 是一个倒数计数器,当从某个数倒数到 0 时,将从重装值(Reload)寄存器中取值作为定时器的初始值,同时可以选择在这时产生中断。只要不把它在 SysTick 控制及状态寄存器中的使能位清除,就永不停息,即使在睡眠模式下也能继续工作,其结构框图如图 5-4 所示。

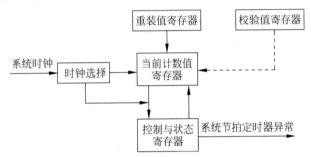

图 5-4　系统节拍定时器原理框图

若对 SysTick 中的计数处理逻辑单独进行理解,则如图 5-5 所示。

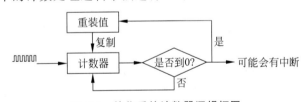

图 5-5　简化后的计数器逻辑框图

　　可见,图 5-5 与图 5-2 类似,本质上都是对时钟源脉冲的计数。为实现对 Systick 的灵活控制,芯片中还配有 4 个相关的寄存器,即控制与状态寄存器(STCTRL)、重装值寄存器(STRELOAD)、当前计数值寄存器(STCURR)、校验值寄存器(STCALIB)。结合这 4 个寄存器和 AHB 时钟脉冲,完整的 SysTick 原理如图 5-6 所示。

　　由图 5-6 可知,SysTick 的时钟源由控制与状态寄存器的第 2 位决定,可以选择 AHB时钟或 8 分频后的 AHB 时钟;时钟脉冲能否进入 SysTick 计数器由控制与状态寄存器的第 0 位决定;SysTick 单次计数是否结束可以由控制与状态寄存器的第 16 位的状态位得知,而单次计数结束后是否发出一个中断又由控制与状态寄存器的第 1 位决定。

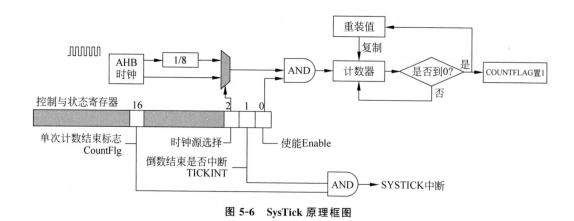

图 5-6 SysTick 原理框图

5.2.2 SysTick 的使用方法

在 GD32F10x 系列微控制器中,SysTick 可以用于产生相对精确的时间延迟和定时器中断。使用 SysTick 产生时间延迟一般分成 3 个步骤:①为 SysTick 选择时钟源;②根据需要延时的时间为重装载计数器设置合适的值;③根据需要在中断处理函数中写入要处理的代码。

为 SysTick 选定了时钟源之后,即可得知 SysTick 的计数寄存器每计数一次所需的时间。GD32F10x 的时钟频率为 108MHz,还可以 8 分频后给 SysTick,这样 SysTick 每秒会计数 108M/8 次,若将 SysTick 的重装载计数器置为(108M/8 − 1),则计数寄存器从(108M/8−1)倒计数到 0 的时间正好是 1s,若配置了控制与状态寄存器的第 1 位,则计数结束会产生一个中断。同理,若要每毫秒产生一个中断,则需要将重装载计数器的值置为(108M/8000−1)。

除 108MHz 的时钟频率的 8 分频,还可以将 SysTick 的时钟源直接设置为 108MHz。在 GD32F10x 的官方库中,可以调用 gd32f10x_misc 中的 systick_clksource_set 函数为 SysTick 配置时钟源,而 SysTick 重装载计数器的设置可以调用 SysTick_Config 函数实现。

SysTick 延时 1ms 或 1μs 的重装载计数值需要根据 SysTick 的时钟源进行设置,如代码中 my_systick_config 函数中所示。在相对应的 my_systick_delay_ms 和 my_systick_delay_us 函数中,只需将函数的输入参数乘以 counts_1ms 或 counts_1us 后设置给 SysTick 的重装载计数寄存器即可实现精准的延时。注意:重装载计数寄存器是 24 位的,在进行赋值时要防止溢出。

5.2.3 SysTick 案例:SysTick 控制 LED 闪烁

41min

1. 案例目标
让开发板上的 LED1、LED2 交替亮灭,实现流水灯的效果。

2. 案例方法
本案例的关键是使用 SysTick 实现相对精准的毫秒级延时函数。由于本案例只需控制

LED1、LED2 的亮灭,所以使用查询方式实现 SysTick 延时。由图 5-6 所示 SysTick 原理框图可知,使用查询方式实现 SysTick 的延时,只需 3 个步骤:①给 SysTick 配置合适的时钟源;②根据时钟源的频率、所要延时的时长给 SysTick 的重装载计数寄存器配置合适的值;③查询 SysTick 状态与控制寄存器的第 1 位标志是否被置位,若被置位,则证明计时到延时函数结束。

实现了 SysTick 的延时功能后,本案例只需对 LED1、LED2 对应的 I/O 端口进行初始化,然后点亮 LED1、熄灭 LED2,延时一段时间后再将 LED1 熄灭、将 LED2 点亮,如此不停地循环便可以实现预期效果。

3. 案例代码

本案例的关键是对 SysTick 的配置并实现以毫秒和微秒为单位的延时函数,将模块命名为 systick_delay,systick_delay.h 文件中的代码如下:

▶ 36min

```
/*!
    \file     第 5 章\5.2案例\systick_delay.h
*/
#ifndef SYSTICK_DELAY_H
#define SYSTICK_DELAY_H

#include <stdint.h>
#include "gd32f10x_misc.h"

void my_systick_config(void);

void my_systick_delay_ms(uint32_t counts);
void my_systick_delay_us(uint32_t counts);

#endif
```

相应地,systick_delay.c 的代码如下:

```
/*!
    \file     第 5 章\5.2案例\systick_delay.c
*/
#include "systick_delay.h"

float counts_1ms = 0;
float counts_1us = 0;

//功能:配置 SysTick 的 CLKSOURCE
void my_systick_config(void){
    systick_clksource_set(SYSTICK_CLKSOURCE_HCLK_DIV8);
    counts_1ms = (float)SystemCoreClock/8000;
    counts_1us = (float)SystemCoreClock/8000000;
}

//功能:延时 counts 个 ms
```

```
void my_systick_delay_ms(uint32_t counts){
    uint32_t ctl;
    SysTick->LOAD = (uint32_t)(counts * counts_1ms);    //重装载计数寄存器赋值
    SysTick->VAL = 0x0000U;                             //当前值计数器寄存器清零
    SysTick->CTRL |= SysTick_CTRL_ENABLE_Msk;
    do{
        ctl = SysTick->CTRL;
    }while((ctl & SysTick_CTRL_ENABLE_Msk) && !(ctl & SysTick_CTRL_COUNTFLAG_Msk));
                                                        //查询SysTick计时是否完成
    SysTick->CTRL &= ~SysTick_CTRL_ENABLE_Msk;
    SysTick->VAL = 0x0000U;
}

//功能:延时counts个us
void my_systick_delay_us(uint32_t counts){
    uint32_t ctl;
    SysTick->LOAD = (uint32_t)(counts * counts_1us);    //重装载计数寄存器赋值
    SysTick->VAL = 0x0000U;                             //当前值计数器寄存器清零
    SysTick->CTRL |= SysTick_CTRL_ENABLE_Msk;           //使能,开始计时
    do{
        ctl = SysTick->CTRL;
    }while((ctl & SysTick_CTRL_ENABLE_Msk) && !(ctl & SysTick_CTRL_COUNTFLAG_Msk));
                                                        //查询SysTick计时是否完成

    SysTick->CTRL &= ~SysTick_CTRL_ENABLE_Msk;
    SysTick->VAL = 0x0000U;
}
```

其中,SysTick是结构体指针变量,其成员包括状态与控制寄存器、重装载寄存器、当前计数值寄存器、校准寄存器,在core_cm3.h文件中被定义,代码如下:

```
typedef struct
{
    __IO uint32_t CTRL; /* SysTick Control and Status Register */
    __IO uint32_t LOAD; /* SysTick Reload Value Register        */
    __IO uint32_t VAL;  /* SysTick Current Value Register       */
    __I  uint32_t CALIB; /* SysTick Calibration Register         */
} SysTick_Type;
```

实现了SysTick的延时功能之后,只需在main.c文件中初始化LED、SysTick之后,在while(1)循环中按照需求进行LED1、LED2的交替亮灭并进行必要的延时,代码如下:

```
/*!
    \file    第5章\5.2案例\main.c
*/
# include "led.h"
```

```
# include "systick_delay.h"

int main(){
    LED_Init();
    my_systick_config();

    while(1){
        LED1_On();
        LED2_Off();
        my_systick_delay_ms(1000);

        LED2_On();
        LED1_Off();
        my_systick_delay_ms(1000);
    }
}
```

4. 效果分析

编译代码并下载到开发板上,板上的 LED1、LED2 每隔 1000ms(1s)交替亮灭一次,实现了流水灯的效果。

但是,若将 main.c 文件中 main 函数调用 my_systick_delay_ms 函数的参数改为20 000,则 LED1、LED2 交替亮灭的时间间隔并不会变为20s,而是变得更快。这是因为,使用 20 000 的参数值调用 my_systick_delay_ms 对 SysTick 的重装载寄存器进行赋值会使该寄存器溢出,使实际的运行效果和预期不符。

5.3 实时时钟

GD32F10x 的 RTC 是一个低功耗、高精度、独立于系统时钟的时钟模块,可以提供年、月、日、时、分、秒等准确时间信息。RTC 模块有自己的电源域,可以在主控芯片进入低功耗模式时继续运行,确保时间信息的准确性。

RTC 模块的特点包括:①低功耗,RTC 模块内部采用低功耗设计,可以在主控芯片进入低功耗模式时继续运行,从而保证时间信息的准确性;②高精度,RTC 模块采用独立的时钟源,其时钟频率可以精确调整,从而保证 RTC 的时间精度;③独立性,RTC 模块具有独立的电源域,可以独立于主控芯片工作,不受主控芯片的影响,从而保证时间信息的准确性;④具有多种中断功能,RTC 模块可以产生多种中断,如秒中断、闹钟中断等,方便用户进行定时、计时等操作。

在使用 RTC 模块时,需要先初始化 RTC 的时钟源、时钟频率等参数,然后设置时间和日期,并启用 RTC 模块。同时,用户还可以设置闹钟、定时器等功能,并通过中断或轮询方式获取时间和日期信息。

5.3.1 RTC 的原理

RTC 模块和时钟配置系统(RCC_BDCR 寄存器)是在后备区域,即在系统复位或从待机模式唤醒后 RTC 的设置和时间维持不变,但是在系统复位后会自动禁止访问后备寄存器和 RTC,以防止对后备区域的意外写操作,所以在要设置时间之前,先要取消备份区域写保护。

备份区域在 V_{DD}(2.0~3.6V)电源被切断后仍然由 VBAT(1.8~3.6V)维持供电,当系统在待机模式下被唤醒、系统复位或电源复位时,BKP 也不会被复位。BKP 的一些存储器,可以存储自定义的数据。V_{DD} 是系统的主电源,供电电压为 2.0~3.6V,VBAT 就是备用电池电源,供电电压为 1.8~3.6V,VBAT 的作用就是当 V_{DD} 断电时,BKB 会切换到 VBAT 供电,这样可以继续维持 BKP 中的数据,如果 V_{DD} 断电,VBAT 也没电,则 BKB 里的数据就会被清零,因为 BKP 也是 RAM 存储器,没有掉电不丢失的能力,所以在使用 RTC 时需要接上备用电池等一些外设。RTC 含 APB 接口,用来和 APB1 总线相连,此单元还包含一组 16 位寄存器,可通过 APB1 总线对其进行读写操作,APB1 接口由 APB1 总线时钟驱动。RTC 框图如图 5-7 所示。

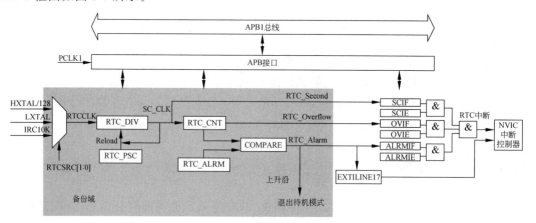

图 5-7　RTC 框图

另一部分(RTC 核心)由一组可编程计数器组成,分成两个主要模块。第 1 个模块是 RTC 的预分频模块,它可编程产生 1s 的 RTC 时间基准 TR_CLK。RTC 的预分频模块包含一个 20 位的可编程分频器(RTC 预分频器)。如果在 RTC_CR 寄存器中设置了相应的允许位,则在每个 TR_CLK 周期中 RTC 产生一个中断(秒中断)。第 2 个模块是一个 32 位的可编程计数器,可被初始化为当前的系统时间,一个 32 位的时钟计数器,按秒计算,可以记录 4 294 967 296s,约合 136 年,作为一般应用足够。

RTC 相关的寄存器主要有中断使能寄存器、控制寄存器、预分频寄存器、分频器寄存器、计数器寄存器、闹钟寄存器。

(1) 中断使能寄存器:中断使能寄存器用于配置 RTC 模块中各种中断的使能状态。如图 5-8 所示,中断使能寄存器的 31~3 位保留,0~2 位分别是 SCIE、ALRMIE、OVIE。其中,

SCIE 为秒中断使能位,当该位为 0 时表示禁用秒中断,当该位为 1 时表示使能秒中断;
ALRMIE 为闹钟中断使能位,当该位为 0 时表示禁用闹钟中断,当该位为 1 时表示使能闹钟中断;OVIE 为溢出中断使能位,当该位为 0 时表示禁用溢出中断,当该位为 1 时表示使能溢出中断。

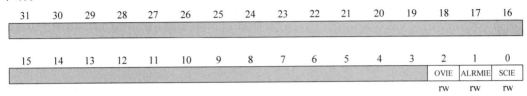

图 5-8　RTC 中断使能寄存器

(2) 控制寄存器:在微控制器系列的 RTC(实时时钟)模块中,RTC_CTL 是一个重要的控制寄存器,用于配置 RTC 模块的基本设置和功能。如图 5-9 所示,控制寄存器的第 31～6 位保留,第 5～0 位分别是 LWOFF、CMF、RSYNF、OVIF、ALRMIF、SCIF,各位的作用及其取值的描述见表 5-1。

31	30	29	28	27	26	25	24	23	22	21	20	19	18	17	16
							保留								

15	14	13	12	11	10	9	8	7	6	5	4	3	2	1	0
				保留						LWOFF	CMF	RSYNF	OVIF	ALRMIF	SCIF
										r	rw	rc_w0	rc_w0	rc_w0	rc_w0

图 5-9　RTC 控制寄存器

RTC 控制寄存器各位描述见表 5-1。

表 5-1　RTC 控制寄存器各位描述

位/位域	名　称	描　述
31:6	保留	必须保持复位值
5	LWOFF	上次对 RTC 寄存器写操作标志 0:上次对 RTC 寄存器写操作没有完成 1:上次对 RTC 寄存器写操作已经完成
4	CMF	配置模式标志 0:退出配置模式 1:进入配置模式
3	RSYNF	寄存器同步标志 0:寄存器没有与 APB1 时钟同步 1:寄存器已经与 APB1 时钟同步
2	OVIF	溢出中断标志 0:没有检测到溢出事件 1:检测到溢出事件 当 RTC_INTEN 寄存器的 OVIE 位被置 1 时,中断发生

续表

位/位域	名　称	描　述
1	ALRMIF	闹钟中断标志 0：没有检测到闹钟事件 1：检测到闹钟事件 当 RTC_INTEN 寄存器的 ALRMIE 位被置 1 时，RTC 全局中断发生，并且当 EXTI17 被使能中断模式时，发生 RTC 闹钟中断
0	SCIF	秒中断标志 0：没有检测到秒事件 1：检测到秒事件 当 RTC_INTEN 寄存器的 SCIE 位被置 1 时，中断发生。当分频器重加载 RTC_PSC 值时，硬件将该位置 1，从而累加 RTC 计数器

（3）预分频寄存器：由两个 32 位寄存器组成，即 RTC_PSCH 和 RTC_PSCL，但它们的有效位分别是 RTC_PSCH [3:0]和 RTC_PSCL [15:0]，一共是 20 位。这两个寄存器用来配置 RTC 时钟的分频数，从而使计数器获得所需的时钟频率。根据以下公式定义：

$$f_{\text{TR\_CLK}} = \frac{f_{\text{RTCCLK}}}{\text{PRL}[19:0] + 1} \tag{5-1}$$

其中，$f_{\text{TR\_CLK}}$ 是计数器时钟频率，f_{RTCCLK} 是输入时钟频率。

例如使用外部 32.768kHz 的晶振作为时钟的输入频率，那么需要将这两个寄存器的值设置为 32 767，以得到 1Hz 的计数频率。RTC_PSCH 只有低四位有效，用来存储 PRL 的 19~16 位，而 PRL 的低 16 位存储在 RTC_PRLL。

（4）分频器寄存器：也由两个寄存器组成，即 RTC_DIVH 和 RTC_DIVL，这两个寄存器的作用就是用来获得比秒更为准确的时钟。例如可以得到 0.1s 或 0.01s 等。该寄存器的值是自减的，用于保存还需要多少时钟周期获得一个秒信号。在一次秒更新后，由硬件重新装载。分频器寄存器和预分频寄存器的数据存储方式类似，有效位也是 20 位，分别存储在 RTC_DIVH[3:0]和 RTC_DIVL[15:0]。

（5）计数器寄存器：RTC_CNT。该寄存器由两个 32 位的寄存器组成，即 RTC_CNTH 和 RTC_CNTL，但有效位只有 32 位（RTC_CNTH[15:0]和 RTC_CNTL[15:0]），用来记录秒值（一般情况下）。注意一点，在修改这个寄存器时要先进入配置模式。

（6）闹钟寄存器：该寄存器也是由两个 32 位的寄存器组成，即 RTC_ALRMH 和 RTC_ALRML。总共也是 32 位有效（RTC_ALRMH [15:0]和 RTC_ALRML [15:0]），用来标记闹钟产生的时间（以秒为单位），如果 RTC_CNT 的值与 RTC_ALR 的值相等，并使能了中断产生一个闹钟中断，则该寄存器的修改也要进入配置模式才能进行。

5.3.2　常用库函数

为了简化 RTC 的配置和操作，GD 在 gd32f10x_rtc 外设库中为 RTC 提供了常用的函数接口。RTC 相关库函数主要包括 RTC 外设时钟初始化、RTC 配置、RTC 状态获取、

RTC 中断处理等, 见表 5-2。

表 5-2　RTC 库函数

库函数名称	库函数描述
rtc_configuration_mode_enter	进入 RTC 配置模式
rtc_configuration_mode_exit	退出 RTC 配置模式
rtc_counter_set	设置 RTC 计数器的值
rtc_prescaler_set	设置 RTC 预分频值
rtc_lwoff_wait	等待最近一次对 RTC 寄存器的写操作完成
rtc_register_sync_wait	等待 RTC 寄存器同步标志位置位
rtc_alarm_config	设置 RTC 闹钟值
rtc_counter_get	获取 RTC 计数器的值
rtc_divider_get	获取 RTC 分频值
rtc_flag_get	获取 RTC 标志位状态
rtc_flag_clear	清除 RTC 标志位状态
rtc_interrupt_flag_get	获取 RTC 中断标志位状态
rtc_interrupt_flag_clear	清除 RTC 中断标志位状态
rtc_interrupt_enable	使能 RTC 中断
rtc_interrupt_disable	除能 RTC 中断

除表 5-2 中的函数外, 使用 RTC 前还需调用 rcu_periph_clock_enable 函数使能相关的外设时钟、调用 pmu_backup_write_enable 函数使能备份域访问允许、调用 rcu_osci_on 函数使能外部低速时钟等。更详细的使用方法见 5.3.3 节介绍和 5.3.4 节应用案例。

5.3.3　RTC 的使用方法

RTC 的计数寄存器存放于备份区, 常被用于实时时钟显示、日历、闹钟、定时任务、时间戳、电源管理等, 这些应用都与实时时间或日期相关。这些与 RTC 相关应用的使用方法相似, 以日历功能为例, 使用 GD32F103 的 RTC 日历的一般步骤包括初始化配置、中断配置、使能 RTC、中断处理等。

初始化配置包括外设时钟使能、备份域访问使能、RTC 时钟源配置与选择等。在使用 RTC 之前, 需要配置系统时钟和 RTC 时钟, 确保系统时钟源正确设置, 并且确保 RTC 时钟已经使能, 代码如下:

```
rcu_periph_clock_enable(RCU_BKPI);          //备份区域的时钟要先使能
rcu_periph_clock_enable(RCU_PMU);           //电源管理时钟使能
pmu_backup_write_enable();                  //使能备份域访问允许
bkp_deinit();                               //备份域复位

rcu_osci_on(RCU_LXTAL);                      //使能外部低速时钟
rcu_osci_stab_wait(RCU_LXTAL);               //等待外部低速时钟稳定
rcu_rtc_clock_config(RCU_RTCSRC_LXTAL);      //时钟源选择
rcu_periph_clock_enable(RCU_RTC);            //使能 RTC 时钟
rtc_register_sync_wait();                    //等待寄存器与 APB1 时钟同步
rtc_lwoff_wait();                            //等待 RTC 的最后一次操作完成
```

RTC 初始化配置还包括为 RTC 配置分频因子、RTC 的时间和日期设置、闹钟设置(可选)等。RTC 预分频因子的设置和时钟源选择有关,若选择 32.768kHz 的外部低速时钟源,则相应的设置预分频因子的代码如下:

```
rtc_prescaler_set(32767);        //设置 RTC 预分频值
rtc_lwoff_wait();                //等待 RTC 的最后一次操作完成
```

由于 GD32F10x 系列不带完整的时间和日历功能,对它的时间和日期设置略显复杂,在设置计数寄存器值之前需要先将当前时间转换为 UNIX 时间戳。UNIX 时间戳(UNIX Epoch)是从 1970 年 1 月 1 日(UTC/GMT 的午夜)开始所经过的秒数,不考虑闰秒,在进行时间和日期设置时使用 rtc_counter_set 库函数将这段时间戳存储在 GD32F10x 的秒计数器中,秒计数器为 32 位的无符号整型变量。世界上所有时区的秒计数器相同,不同时区通过添加偏移来得到当地时间,一小时表示为 UNIX 时间戳格式为 3600s,一天表示为 UNIX 时间戳为 86 400s,如图 5-10 所示。

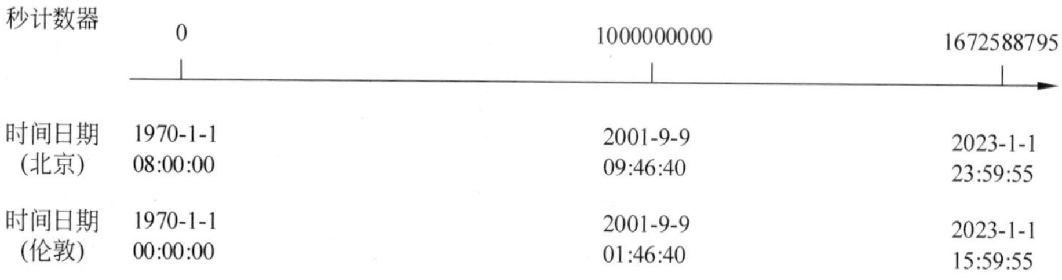

秒计数器	0	1000000000	1672588795
时间日期 (北京)	1970-1-1 08:00:00	2001-9-9 09:46:40	2023-1-1 23:59:55
时间日期 (伦敦)	1970-1-1 00:00:00	2001-9-9 01:46:40	2023-1-1 15:59:55

图 5-10 UNIX 时间戳示意

中断配置是指配置 RTC 相关的中断,例如秒中断、闹钟中断等。这将使 RTC 在特定事件发生时触发中断请求。例如,使能 RTC 秒中断的代码如下:

```
rtc_interrupt_enable(RTC_INT_SECOND);     //使能 RTC 的秒中断
rtc_lwoff_wait();                          //等待 RTC 的最后一次操作完成
nvic_irq_enable(RTC_IRQn, 2, 0);           //配置 RTC 的中断优先级
```

接下来是中断处理程序的编写,在 RTC 中断发生时,根据中断标志来执行相应的处理程序。例如,如果秒中断触发,则可以在中断处理程序中更新显示的时间,代码如下:

```
void RTC_IRQHandler(void){
    if(rtc_flag_get(RTC_FLAG_SECOND) != RESET){ //判断是否为秒中断
        rtc_flag_clear(RTC_FLAG_SECOND);
        RTC_Get(); //自定义的 RTC 计数寄存器值获取与处理函数,详见 5.3.4 节
        printf("Now time is: %d-%d-%d %d:%d:%d\r\n", calender.w_year, calender.w_
month, calender.w_day, calender.hour, calender.min, calender.sec); //通过串口打印时间
    }
}
```

RTC 相关的库函数在文件 gd32f10x_rtc.c 和 gd32f10x_rtc.h 中,BKP 相关的库函数在文件 gd32f10x_bkp.c 和 gd32f10x_bkp.h 中。

5.3.4　RTC 案例——RTC 日历

25min

1. 案例目标

使用 GD32F103 开发板上 GD32F103C8T6 芯片的 RTC 模块,实现两个功能:①将特定的"年-月-日 时:分:秒"转换为时间戳,用来设置 RTC 计数寄存器的值;②使能 RTC 的秒中断,每秒将 RTC 的当前计数寄存器的时间戳转换为"年-月-日 时:分:秒"的格式通过串口传给计算机,在计算机上通过串口助手接收并显示,如图 5-11 所示。

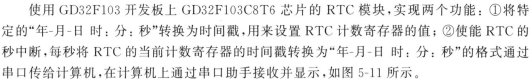

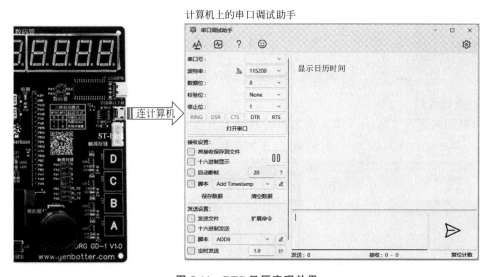

图 5-11　RTC 日历实现效果

2. 案例方法

33min

本案例的一个实现的难点在 UNIX 时间戳与日历时间之间的转换,为使问题简化,假设秒计数器(在本案例中即 RTC 的当前值计数寄存器)是从北京时间的 1970 年 1 月 1 日的 0 时 0 分 0 秒开始计时的。

UNIX 时间戳是从 1970 年 1 月 1 日(UTC/GMT 的午夜)开始所经过的秒数(假设是 timecount 秒)。由于一天的时间转换为秒是 $24 \times 60 \times 60 = 86\,400\text{s}$,所以 timecount 秒包含几部分:①其中能被 86 400 整除的部分是整天的天数,余下的是不够一天的秒数;②其中整天的数量中,又有一部分是可以转换为整年的部分,剩下的是不能转换为整年的余下的天数;③余下的天数中又有一部分是可以记为整月的。整年的天数、二月份的天数又和所在年是否闰年有关。时间戳与日历时间的关系如图 5-12 所示。

想明白时间戳和日历之间的对应关系即可编码实现 UNIX 时间戳和日历时间的互相转换,具体实现方法见本案例的代码实现部分。

本案例的另一个技术难点是将 GD32F10x 单片机中的内容通过串口转 USB 发送给上位计算机,其方法是重定向 fputc 函数,使其调用串口发送字符变量,然后调用 printf 函数即可。若要使用串口,则需要引入 usart 模块(usart 将在第 6 章介绍)。

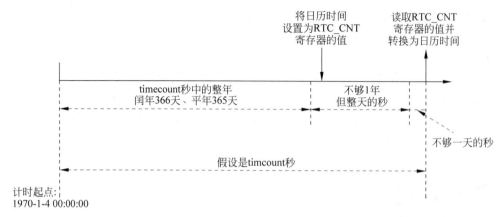

图 5-12　时间戳与日历时间的关系

117min

3. 案例代码

为实现本案例目标,在 5.2.3 节案例的基础上引入 usart、bkp、rtc、rcu、gpio 等,还需要使用 gd32f10x_eval 实现 usart 的初始化,案例工程架构如图 5-13 所示。

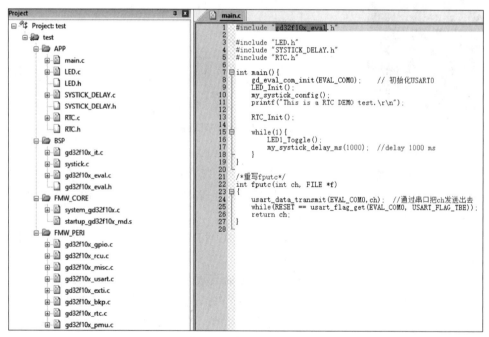

图 5-13　案例工程架构

RTC 模块需要有 RTC 设置、RTC 秒中断响应等功能,其头文件 RTC.h 的代码如下:

```
/*!
    \file    第 5 章\5.3.4 案例\RTC.h
*/
```

```
#ifndef _RTC_H
#define _RTC_H

#include "gd32f10x.h"
#include <stdio.h>

//日期时间结构体
typedef struct{
    //时间
    uint8_t hour;
    uint8_t min;
    uint8_t sec;
    //日期
    uint16_t w_year;
    uint8_t w_month;
    uint8_t w_day;
}_calender_obj;

extern _calender_obj calender;              //日期、时间结构体变量
extern uint8_t const month_table[12];

void RTC_Config(void);                      //RTC 配置
uint8_t RTC_Init(void);                     //RTC 初始化
void RTC_NVIC_Config(void);                 //配置 RTC 中断

uint8_t RTC_Set(uint16_t syear, uint8_t smonth, uint8_t sday, uint8_t shour, uint8_t smin,
uint8_t ssec);                              //将设置时间转换为时间戳,设置 RTC_CNT
uint8_t RTC_Get(void);                      //得到 RTC_CNT 的值并转换为日期时间
uint8_t Is_Leap_Year(uint16_t year);       //判断 year 是否闰年

#endif
```

RTC 模块的 RTC.c 文件的代码如下：

```
/*!
    \file    第 5 章\5.3.4 案例\RTC.c
*/
#include "RTC.h"

_calender_obj calender;
uint8_t const month_table[12] = {31,28,31,30,31,30,31,31,30,31,30,31};   /* 平年月份的天
数 */

uint32_t timecount = 0;

//RTC 配置
void RTC_Config(void){
```

```
        rcu_periph_clock_enable(RCU_BKPI);          //备份区域的时钟要先使能
        rcu_periph_clock_enable(RCU_PMU);           //电源管理时钟使能
        pmu_backup_write_enable();                  //使能备份域访问允许
        bkp_deinit();                               //备份域复位

        rcu_osci_on(RCU_LXTAL);                     //使能外部低速时钟
        rcu_osci_stab_wait(RCU_LXTAL);              //等待外部低速时钟稳定
        rcu_rtc_clock_config(RCU_RTCSRC_LXTAL);     //时钟源选择

        rcu_periph_clock_enable(RCU_RTC);           //使能 RTC 时钟
        rtc_register_sync_wait();                   //等待寄存器与 APB1 时钟同步
        rtc_lwoff_wait();                           //等待 RTC 的最后一次操作完成
        rtc_interrupt_enable(RTC_INT_SECOND);       //使能 RTC 的秒中断
        rtc_lwoff_wait();                           //等待 RTC 的最后一次操作完成

        rtc_prescaler_set(32767);
        rtc_lwoff_wait();                           //等待 RTC 的最后一次操作完成
}

//RTC 初始化
uint8_t RTC_Init(void){
        RTC_Config();
        RTC_Set(2023, 8, 21, 23, 13, 15);
        RTC_NVIC_Config();                          //配置中断的优先级
        return 0;
}

//配置 RTC 的中断优先级
void RTC_NVIC_Config(void){
        nvic_irq_enable(RTC_IRQn, 2, 0);
}

//RTC 的中断服务函数
void RTC_IRQHandler(void){
        if(rtc_flag_get(RTC_FLAG_SECOND) != RESET){ //判断是否为秒中断
            rtc_flag_clear(RTC_FLAG_SECOND);
            RTC_Get();
            printf("Now time is: %d- %d- %d %d: %d: %d\r\n", calender.w_year, calender.w_
month, calender.w_day, calender.hour, calender.min, calender.sec);
        }
}

//将设置时间转换为秒数,并赋给 RTC_CNT
uint8_t RTC_Set(uint16_t syear, uint8_t smonth, uint8_t sday, uint8_t shour, uint8_t smin,
uint8_t ssec){
        uint32_t seccounts = 0;
        uint16_t temp_year = 1970;
        uint8_t temp_month;
        if(syear < 1970 || syear > 2099){ //设置的时间不合理
```

```
        return 1;
    }
    //整年的秒数
    while(temp_year < syear){
        if(Is_Leap_Year(temp_year))seccounts += 31622400;    //闰年,一年的秒数
        else seccounts += 31536000;                          //平年,一年的秒数
        temp_year++;
    }

        //整月的秒数
    smonth--;
    for(temp_month = 0; temp_month < smonth; temp_month++){
        seccounts += (uint32_t)month_table[temp_month] * 86400;
        if(Is_Leap_Year(syear)&&temp_month == 1)seccounts += 86400; /* 如果设置的年份是
闰年,则在二月这个月份要加一天 */
    }

        //日、时、分、秒的处理
    seccounts += (uint32_t)(sday - 1) * 86400; //整日的秒数
    seccounts += (uint32_t)shour * 3600;        //小时
    seccounts += (uint32_t)smin * 60;           //分
    seccounts += ssec;                          //秒

    rtc_lwoff_wait();
    rtc_counter_set(seccounts);
    return 0;
}

//得到 RTC_CNT 的值并转换为日期时间
uint8_t RTC_Get(void){
    timecount = rtc_counter_get();              //读取 RTC_CNT 寄存器的值
    //把 timecount 转换为日期时间,并赋给 calender
    uint32_t temp_days = timecount/86400;
    uint16_t temp_year = 1970;
    uint16_t temp_month;

    //处理天数中的整年
    if(temp_days > 0){
        while(temp_days >= 365){
            if(Is_Leap_Year(temp_year)){        //如果是闰年
                if(temp_days > 365){
                    temp_days -= 366;
                }else{
                    break;
                }
            }else{
                temp_days -= 365;
            }
            temp_year++;
```

```
        }
        calender.w_year = temp_year;

        //对剩下不足一年的数据处理整月
        temp_month = 1;                        //用来临时存放月份
        while(temp_days >= 28){                 //超过了一个月
            if(Is_Leap_Year(calender.w_year) && temp_month == 2){
                if(temp_days >= 29){            //闰年的 2 月是 29 天
                    temp_days -= 29;
                }else{
                    break;
                }
            }else{
                if(temp_days >= month_table[temp_month-1]){/*剩余的天数是否大于 temp_month
这个月整月的天数 */
                    temp_days -= month_table[temp_month-1];
                }else{
                    break;
                }
            }
            temp_month++;
        }
    }

    calender.w_month = temp_month;
    calender.w_day = temp_days + 1;

    //处理剩下的不足一天的秒数,时:分:秒
    uint32_t temp_seconds = timecount % 86400; //不足一天的秒数
    calender.hour = temp_seconds/3600;
    calender.min = (temp_seconds % 3600)/60;
    calender.sec = temp_seconds % 60;

    return 0;
}

//判断 year 是否闰年
uint8_t Is_Leap_Year(uint16_t year){
    if(year % 4 == 0){
        if(year % 100 == 0){
            if(year % 400 == 0)
                return 1;
            else
                return 0;
        }else{
            return 1;
```

```
        }
    }else{
        return 0;
    }
}
```

对于 fputc 的重定向函数在 main. c 文件中实现,在使用串口之前需要调用 gd_eval_com_init 函数对其进行初始化,main. c 文件中的代码如下:

```
/*!
    \file    第 5 章\5.3.4案例\main.c
*/
# include "gd32f10x_eval. h"

# include "LED. h"
# include "SYSTICK_DELAY. h"
# include "RTC. h"

int main(){
    gd_eval_com_init(EVAL_COM0);      //初始化 USART0
    LED_Init();
    my_systick_config();
    printf("This is a RTC DEMO test. \r\n");

    RTC_Init();

    while(1){
        LED1_Toggle();
        my_systick_delay_ms(1000);           //delay 1000ms
    }
}

/*重写 fputc */
int fputc(int ch, FILE * f)
{
    usart_data_transmit(EVAL_COM0,ch); //通过串口把 ch 发送出去
    while(RESET == usart_flag_get(EVAL_COM0, USART_FLAG_TBE)); //等发送完
    return ch;
}
```

4. 效果分析

案例成功运行在开发板后,开发板上的 LED1 会每秒改变一次亮灭状态(保持闪烁),而 RTC 的中断响应函数会在每秒调用 printf 函数通过串口发送一次字符串到上位机,通过上位机的串口调试助手可以查看发送的效果,如图 5-14 所示。

图 5-14 所示的串口调试助手可以直接在 Windows 的应用商城(Microsoft Store)中搜索"串口调试助手"并进行安装,如图 5-15 所示。

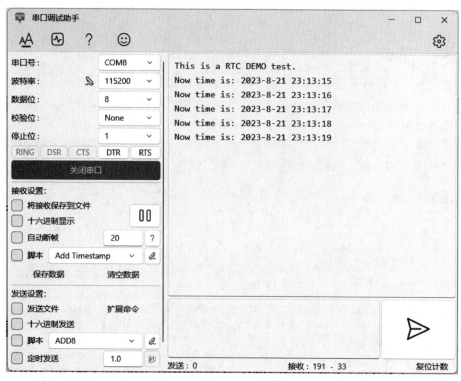

图 5-14　串口助手收到的数据

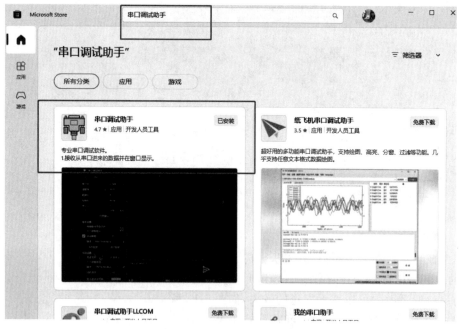

图 5-15　串口调试助手的安装

16min

注意：本案例运行时需要将开发板上的"USB 串口下载"接口连接到计算机。

5.4　看门狗

"看门狗"是一种广泛应用于计算机系统、嵌入式系统和其他电子设备中的安全机制。它的作用类似于现实生活中的看门狗，在没有人看守时，它会定期检查环境是否安全，如果发现异常情况，则采取措施来确保安全。

在计算机和电子系统中，看门狗通常也是一种硬件或软件定时器，用于监测系统的运行状态，并在系统出现异常或停止响应时采取措施，以防止系统陷入无限循环、死锁或其他不可预料的问题。

看门狗的实现原理主要包含两类操作：①定时器计数和重置，看门狗定时器会在一段预定的时间内进行倒计时，系统正常运行时，主程序会周期性地"喂狗"（重置定时器），以防止定时器倒计时到 0；②超时处理，如果系统出现问题，则会导致主程序无法继续正常运行到"喂狗"的位置，定时器没有被及时重置，定时器将在超时后达到 0，这时，看门狗会触发一个特殊的动作，例如系统复位、警报信号或其他恢复机制。需要注意的是，正确设置看门狗的超时时间很重要。如果超时时间设置得太短，则可能会频繁地触发复位，导致系统不稳定；如果设置得太长，则系统可能会在异常情况下持续运行，无法达到看门狗的监测目的。

在 ARM 单片机中，看门狗定时器（Watch Dog Timer，WDT）是一种硬件定时器，用于增加系统的可靠性。它的作用是监控系统的运行状态，防止软件死锁、死循环或其他异常情况导致系统停止响应。GD32F10x 芯片上有两个看门狗定时器外设，即独立看门狗定时器（Free Watchdog Timer，FWDGT）和窗口看门狗定时器（Window Watchdog Timer，WWDGT）。它们使用灵活，并提供了很高的安全水平和精准的时间控制。两个看门狗定时器都用来解决软件故障问题。

5.4.1　独立看门狗

FWDGT 由内部专用的低速时钟（40kHz）驱动，即使主时钟发生故障它仍然有效。这里需要注意独立看门狗的时钟是一个内部 RC 时钟，并不是准确的 40kHz，而是在 30～60kHz 内的一个可变化的时钟，只是在估算时，以 40kHz 的频率来计算，所以 FWDG 的时钟有一些偏差。

FWDGT 适用于那些需要将看门狗作为一个在主程序外能够完全独立工作，并且对时间精度要求较低的场合。当 IWDG 内部的向下计数器的计数值达到 0 时，独立看门狗会产生一个系统复位。使能独立看门狗的寄存器写保护功能可以避免寄存器的值被意外地配置篡改。

GD32F10x 的 FWDGT 有几个特性：①自由运行的 12 位向下递减计数器；②时钟由独立的 RC 振荡器提供，FWDGT 在主时钟故障（如待机和深度睡眠模式下）时仍能工作；

③FWDGT 被激活后,则在计数器计数至 0x000 时产生复位;④FWDGT 硬件控制位,可以用来控制是否在上电时自动启动独立看门狗定时器;⑤可以配置 FWDGT 在调试模式下选择停止还是继续工作。

FWDGT 的功能模块框图如图 5-16 所示,它带有一个 8 级预分频器和一个 12 位的向下递减计数器。

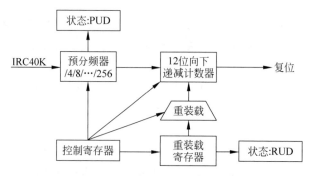

图 5-16　FWDGT 的功能模块框图

若要启用独立看门狗 FWDGT,则需要在控制寄存器(FWDGT_CTL)中写入 0xCCCC,此时计数器开始从其复位值 0xFFF 向下递减计数,当计数器计数到末尾 0x000 时会产生一次系统复位。

无论何时,只要向 FWDGT_CTL 中写入 0xAAAA(喂狗),重装载寄存器(FWDGT_RLD)中的值就会被重新加载到计数器,从而避免产生看门狗复位。也就是说只要按时喂狗,FWDGT 就不会产生复位。如果在选项字节中打开了"硬件看门狗定时器"功能,则在上电时看门狗定时器就会被自动打开。为了避免系统复位,软件应该在计数器达到 0x000 之前重装载计数器。

预分频寄存器(FWDGT_PSC)和 FWDGT_RLD 寄存器都有写保护功能。在将数据写到这些寄存器之前,需要将 0x5555 写到 FWDGT_CTL 中。将其他任何值写到 FWDGT_CTL 中均会再次启动对这些寄存器的写保护。当 FWDGT_PSC 或者 FWDGT_RLD 更新时,FWDGT_STAT 寄存器的相应状态位会被置 1。如果在 DBG 控制寄存器 0(DBG_CTL0)中的 FWDGT_HOLD 位被清零,则即使 Cortex-M3 内核停止(调试模式下)独立看门狗定时器依然工作。如果 FWDGT_HOLD 位被置 1,则独立看门狗定时器将在调试模式下停止工作。

基于此,FWDGT 一般被用来检测和解决由程序引起的故障。例如一个程序正常运行的时间是 50ms,在运行完这段程序之后紧接着进行喂狗,将独立看门狗的定时溢出时间设置为 60ms,比需要监控的程序的正常运行时间 50ms 多一点。如果超过 60ms 还没有喂狗,就说明被监控的程序出故障了,那么就会产生系统复位,让程序重新运行。

FWDGT 的使用可以按如下步骤实现:①使用库函数 rcu_osci_on 开启内部专用低速 40kHz 的时钟 IRC40K;②使用库函数 fwdgt_write_enable 使能 FWDGT 写入,使用库函数 fwdgt_config 设置看门狗定时器的预分频值和重载寄存器的值,这些值决定了看门狗的定时周期;③使用库函数 fwdgt_write_disable 对 FWDGT 进行写保护,使用库函数 fwdgt_enable 使能看门狗定时器,使用库函数 fwdgt_enable 启动看门狗定时器计数;④喂狗操作,在程序的不同关键点(例如循环的开始、中间和结束)使用库函数 fwdgt_counter_reload 执行喂狗操作,这实际上是清除看门狗定时器计数,以避免定时器溢出而导致复位,喂狗之前还需要使用库函数 fwdgt_write_enable 使能 FWDGT 写入;⑤处理程序失去响应情况,如果程序发生故障或失去响应,则看门狗定时器将不会被喂狗并在定时器溢出时触发复位。

由于 IRC40K 频率固定为 40kHz,因此 FWDGT 的时钟源频率由预分频值决定,即它的计数寄存器计数减 1 所需要的时间由预分频值决定。例如,若将预分频值设置为 64,则 FWDGT 的时钟源频率为 40kHz/64＝0.625kHz,周期是 1.6ms,即计数寄存器计数减 1 的时间间隔为 1.6ms,再结合重装载寄存器的值可以计算出 FWDGT 产生一次复位所需时间。

与 FWDGT 相关的库函数,在 gd32f10x_fwdgt 模块中,主要库函数见表 5-3。

表 5-3　FWDGT 库函数

库函数名称	库函数描述
fwdgt_write_enable	使能对寄存器 FWDGT_PSC 和 FWDGT_RLD 的写操作
fwdgt_write_disable	失能对寄存器 FWDGT_PSC 和 FWDGT_RLD 的写操作
fwdgt_enable	使能 FWDGT
fwdgt_prescaler_value_config	配置独立看门狗定时器预分频值
fwdgt_reload_value_config	配置独立看门狗定时器重装载值
fwdgt_counter_reload	按照 FWDGT_RLD 寄存器的值重装载 FWDGT 计数器
fwdgt_config	设置 FWDGT 重装载值、预分频值
fwdgt_flag_get	获取 FWDGT 标志位状态

5.4.2　窗口看门狗

WWDGT 是一种用于监控嵌入式系统的定时器,它可以在一个预定的时间窗口内检测系统的运行状态。与独立看门狗(FWDGT)不同,窗口看门狗允许你设置两个阈值:上限和下限,系统的状态必须保持在这个范围内。如果系统状态超出了这个范围,则窗口看门狗将触发复位。

WWDGT 通常被用来监测由外部干扰或不可预见的逻辑条件造成的应用程序背离正常的运行序列而产生的软件故障。工作原理如图 5-17 所示,如果窗口看门狗定时器使能(将 WWDGT_CTL 寄存器的 WDGTEN 位置 1),则计数值达到 0x3F 时会产生系统复位(CNT[6]位被清零)或在计数值达到窗口寄存器值之前更新计数器也会产生系统复位。这表明递减计数器需要在一个有限的时间窗口中被刷新,因此被称为窗口看门狗。

上电复位之后窗口看门狗定时器总是关闭的。软件可以向 WWDGT_CTL 的 WDGTEN 写 1 以开启窗口看门狗定时器。窗口看门狗定时器打开后,计数器始终递减计数,计数器配置的值应该大于 0x3F,也就是说 CNT[6]位应该被置 1。CNT[5:0]决定了两次重装载之间的最大间隔时间。计数器的递减速度取决于 APB1 时钟和预分频器(WWDGT_CFG 寄存器的 PSC[1:0]位)。配置寄存器(WWDGT_CFG)中的 WIN[6:0]位用来设定窗口值。当计数器的值小于窗口值且大于 0x3F 时,重装载向下计数器可以避免

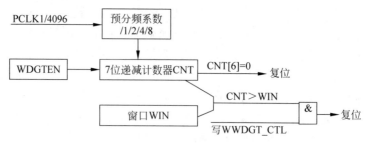

图 5-17　窗口看门狗工作原理

复位,否则在其他时候进行重加载就会引起复位。对 WWDGT_CFG 寄存器的 EWIE 位置 1 可以使能提前唤醒中断(Early Wakeup Interrupt,EWI),当计数值达到 0x40 时该中断产生。同时可以用相应的中断服务程序来触发特定的行为(例如通信或数据记录),以此来分析软件故障的原因及在器件复位时挽救重要数据。此外,在 ISR 中软件可以重装载计数器来管理软件系统检查等。在这种情况下,窗口看门狗定时器将永远不会复位,但是可以用于其他地方。通过将 WWDGT_STAT 寄存器的 EWIF 位写 0 可以清除 EWI 中断。

　　WWDGT 的递减计数和刷新的关系可以通过如图 5-18 所示的时序图说明,T[6:0]就是控制寄存器 WWDGT_CTL 的低七位,W[6:0]即是配置寄存器 WWDGT_CFG 的低七位。T[6:0]就是窗口看门狗的计数器,而 W[6:0]则是窗口看门狗的上窗口,下窗口值是固定的(0x40)。当窗口看门狗的计数器在上窗口值之外被刷新或低于下窗口值时都会产生复位。上窗口值(W[6:0])是由用户自己设定的,根据实际要求来设定窗口值,但要确保窗口值大于 0x40,否则窗口就不存在了。

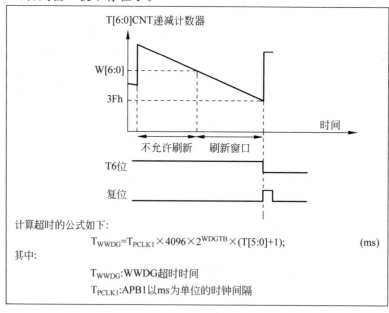

计算超时的公式如下:

$$T_{WWDG} = T_{PCLK1} \times 4096 \times 2^{WDGTB} \times (T[5:0]+1); \qquad (ms)$$

其中:

T_{WWDG}:WWDG超时时间

T_{PCLK1}:APB1以ms为单位的时钟间隔

图 5-18　窗口看门狗时序图

WWDGT 相关的寄存器有 3 个：控制寄存器（WWDGT_CTL）、配置寄存器（WWDGT_CFG）、状态寄存器（WWDGT_STAT）。

如图 5-19 所示，WWDGT_CTL 只有低 8 位有效，CNT[6:0]用来存储看门狗的计数器值，随时更新，每隔 PCLK1 周期减 1。当该计数器的值从 0x40 变为 0x3F 时，将产生看门狗复位。WDGTEN 位则是看门狗的激活位，该位由软件置 1，以启动看门狗，并且一定需要注意的是该位一旦设置，就只能在硬件复位后才能清 0。

31	30	29	28	27	26	25	24	23	22	21	20	19	18	17	16
保留															

15	14	13	12	11	10	9	8	7	6	5	4	3	2	1	0
保留								WDGTEN	CNT[6:0]						
								rs	rw						

位/位域	名称	说明
31:8	保留	必须保持复位值。
7	WDGTEN	开启窗口看门狗定时器，硬件复位的时候清0，写0无效。 0:关闭窗口看门狗定时器 1:开启窗口看门狗定时器
6:0	CNT[6:0]	看门狗定时器计数器的值。当计数值从0x40降到0x3F时，产生看门狗定时器复位。 当计数器值高于窗口值的时候，写计数器可以产生看门狗定时器系统复位。

图 5-19 WWDGT_CTL

如图 5-20 所示的配置寄存器（WWDGT_CFG），EWIE 用于提前唤醒中断，也就是在快要产生复位的前一段时间来提醒程序，需要进行喂狗了，否则将复位！一般用该位设置中

31	30	29	28	27	26	25	24	23	22	21	20	19	18	17	16
保留															

15	14	13	12	11	10	9	8	7	6	5	4	3	2	1	0
保留						EWIE	PSC[1:0]		WIN[6:0]						
						rs	rw		rw						

位/位域	名称	说明
31:10	保留	必须保持复位值。
9	EWIE	提前唤醒中断使能。如果该位被置1，则计数值达到0x40时会触发中断。该位由硬件复位清0，或通过RCU模块的WWDGTRST位进行软件复位。写0没有任何作用。
8:7	PSC[1:0]	预分频器，看门狗定时器计数器的时间基准 00:PCLK1/4096/1 01:PCLK1/4096/2 10:PCLK1/4096/4 11:PCLK1/4096/8
6:0	WIN[6:0]	窗口值，当看门狗定时器计数器的值大于窗口值时，写看门狗定时器计数器(WWDGT_CTL的CNT)位会产生系统复位。

图 5-20 WWDGT_CFG

断,当窗口看门狗的计数器值减到 0x40 时,如果该位设置,并开启了中断,则会产生中断,可以在中断里面向 WWDGT_CTL 重新写入计数器的值,以此来达到喂狗的目的。注意:这里在进入中断后,要在不大于 $113\mu s$ 的时间(PCLK1 为 36MHz 的条件下)内重新写 WWDGT_CTL,否则看门狗将产生复位。

图 5-21 所示为状态寄存器(WWDGT_STAT),该寄存器用来记录当前是否有提前唤醒的标志。该寄存器仅有位 0 有效,其他都是保留位。当计数器值达到 40h 时,此位由硬件置 1。它必须通过软件写 0 来清除(中断服务程序中),写 1 无效。若中断未被使能,则此位也会被置 1。

31	30	29	28	27	26	25	24	23	22	21	20	19	18	17	16
保留															

15	14	13	12	11	10	9	8	7	6	5	4	3	2	1	0
保留															EWIF
															rw

位/位域	名称	说明
31:1	保留	必须保持复位值。
0	EWIF	提前唤醒中断标志位。当计数值达到0x40,即使中断没有被使能(WWDGT_CFG中的EWIW位为0)该位也会被硬件置1。这个位可以通过0清零,写1无效。

图 5-21 WWDGT_STAT

与 WWDGT 相关的库函数,在 gd32f10x_wwdgt 模块中,主要库函数见表 5-4。

表 5-4 WWDGT 库函数

库函数名称	库函数说明
wwdgt_deinit	将 WWDGT 寄存器重设为默认值
wwdgt_enable	使能 WWDGT
wwdgt_counter_update	设置 WWDGT 计数器更新值
wwdgt_config	设置 WWDGT 计数器值、窗口值和预分频值
wwdgt_interrupt_enable	使能 WWDGT 提前唤醒中断
wwdgt_flag_get	检查 WWDGT 提前唤醒中断标志位是否置位
wwdgt_flag_clear	清除 WWDGT 提前唤醒中断标志位状态

GD32 的独立看门狗、窗口看门狗的目标都是为了防止单片机进入死循环,如果由于代码执行时(或者外部触发)导致无法喂狗就会产生复位,喂狗的具体时间可以设定。

独立看门狗和窗口看门狗有几点不同:①计数所用的时钟源不同,独立看门狗由内部专门的 40kHz 低速时钟驱动,窗口看门狗使用 PCLK1 的时钟,窗口看门狗在使用之前需要先使能时钟,而独立看门狗不需要使能时钟操作;②独立看门狗超时直接复位,没有中断,窗口看门狗有中断,超时可以在中断做复位前的函数操作或重新喂狗;③独立看门狗一般用于避免程序跑飞或死循环,窗口看门狗用于避免程序不按预定逻辑执行,例如先于理想环境完成,或后于极限时间而超时;④计数方式不同,当独立看门狗是 12 位递减的,而窗口看门狗的寄存器低 8 位有效,是 6 位递减的;⑤超时复位时间范围不同,当独立看门狗计数器值(tr)＜IWDG 重装载值时进行喂狗,窗口看门狗的计数器值(tr)在 0x40 和窗口值(wr)之间时进行喂狗。

5.4.3　看门狗案例——独立看门狗使用示例

1. 案例目标

测试独立看门狗的功能,使能独立看门狗并且在程序中不喂狗,查看程序是否会复位。

2. 案例方法

为案例工程添加看门狗(WDG)模块,该模块实现独立看门狗的时钟使能、时钟源配置、重装载值配置、使能看门狗、喂狗等功能。在主程序模块 main 的初始位置,使用 5.3.4 节案例中串口打印的方法将一个特定的字符串上传到上位机标识程序开始运行,在接下来的 while(1)循环中不喂狗,查看独立看门狗定时器超时系统复位的现象。

3. 案例代码

为实现本案例目标,案例工程中需要引入 usart、rcu、fwdgt 等,还需要使用 gd32f10x_eval 实现 usart 的初始化,案例工程架构如图 5-22 所示。

图 5-22　案例工程架构

WDG 模块需要有独立看门狗初始化和喂狗两个函数接口,WDG.h 文件中的代码如下:

```
/*!
   \file    第 5 章\5.4.3 案例\WDG.h
*/
```

```
# ifndef _WDG_H
# define _WDG_H

# include "gd32f10x.h"

void fwdg_init(void);          //初始化独立看门狗
void fwdg_reload(void);        //独立看门狗的喂狗函数

# endif
```

相应地,WDG.c 文件中的代码如下:

```
/*!
    \file    第 5 章\5.4.3 案例\WDG.c
*/
# include "WDG.h"

//初始化独立看门狗
void fwdg_init(void){
    //开启时钟源(IRC40K),并等待其稳定以供看门狗使用
    rcu_osci_on(RCU_IRC40K); //开启 IRC40k
    while(SUCCESS != rcu_osci_stab_wait(RCU_IRC40K)); //等待 IRC40k 稳定下来
    fwdgt_write_enable();
    fwdgt_config(1000, FWDGT_PSC_DIV64); //设置重装载、预分频值
    fwdgt_write_disable();
    fwdgt_enable();    //使能看门狗
}

//独立看门狗的喂狗函数
void fwdg_reload(void){
    fwdgt_write_enable();
    fwdgt_counter_reload();
}
```

主程序文件 main.c 中的代码如下:

```
/*!
    \file    第 5 章\5.4.3 案例\main.c
*/
# include "gd32f10x_eval.h"
# include < stdio.h >
# include "WDG.h"

int main(){
    gd_eval_com_init(EVAL_COM0);
    printf("This is a FWDG DEMO test.\r\n"); //若系统复位,则本行会被再次执行

    //对独立看门狗进行初始化
    fwdg_init();
```

```
    while(1){
        fwdg_reload(); //喂狗,若将本行注释,不能及时喂狗,则会使程序复位重新执行
    }
}

/ * 重写 fputc * /
int fputc(int ch, FILE * f)
{
    usart_data_transmit(EVAL_COM0,ch); //通过串口把 ch 发送出去
    while(RESET == usart_flag_get(EVAL_COM0, USART_FLAG_TBE));
    return ch;
}
```

4. 效果分析

案例成功运行在开发板后,若在 main 函数的 while(1)循环中不停地调用 WDG 中的 fwdg_reload 函数不停地喂狗,则系统不会复位,若将喂狗代码注释掉,则每当独立看门狗定时器超时都会导致程序复位并会再次向上位机发送一串 This is a FWDGT DEMO test 的字符串,如图 5-23 所示。

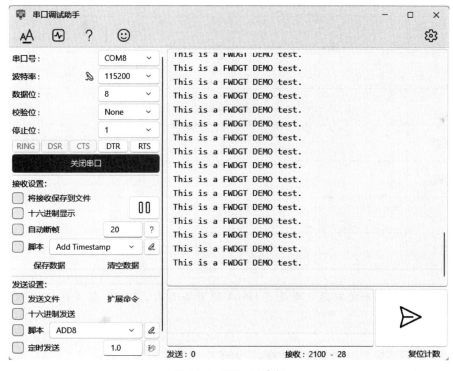

图 5-23 FWDGT 案例

注意:本案例运行时需要将开发板上的 Micro-USB 接口连接到计算机。

15min

5.5　定时器

除了节拍定时器 SysTick、实时时钟、看门狗之外,GD32 定时器还包括基本定时器、通用定时器和高级定时器,它们各自具有不同的功能和用途,见表 5-5。

表 5-5　GD32F10x 的定时器

定时器	定时器 0/7	定时器 1/2/3/4	定时器 8/11	定时器 9/10/12/13	定时器 5/6
类型	高级	通用(L0)	通用(L1)	通用(L2)	基本
预分频器	16 位	16 位	16 位	16 位	16 位
计数器	16 位	16 位	16 位	16 位	16 位
计数模式	向上, 向下, 中央对齐	向上, 向下, 中央对齐	向上, 向下, 中央对齐	向上, 向下, 中央对齐	只有向上
可重复性	√	×	×	×	×
捕获/比较通道数	4	4	2	1	0
互补和死区时间	√	×	×	×	×
中止输入	√	×	×	×	×
单脉冲	√	√	√	×	×
正交译码器	√	√	×	×	×
主-从管理	√	√	√	×	×
DMA	√	√	×	×	√
Debug 模式	√	√	√	√	√

注意:定时器 5 和定时器 6 中没有 DMA 配置寄存器,只有更新事件可以产生 DMA 请求。

通用定时器是最常见的定时器类型,适用于广泛的定时和计数应用。它们可以用于生成精确的时间延迟,生成各种类型的 PWM 波形(如正常 PWM、互补 PWM 等),以及执行输入捕获和输出比较等操作。在控制、通信和测量等领域中经常使用通用定时器。

基本定时器通常用于较简单的定时任务,它们可能没有像通用定时器那样复杂的功能,但在某些场景下仍然非常有用,基本定时器一般适用于计时、轮询式的简单任务等应用。通用定时器可能没有通用定时器那么多的高级功能,但对于一些不需要复杂功能的应用来讲,基本定时器是一个简单有效的选择。

高级定时器具有更高级的功能和特性,通常用于复杂的计时和控制应用,如编码器接口、模拟看门狗(窗口看门狗)等,这些定时器在某些特定应用场景下提供了更大的灵活性和精确性。

在选择定时器类型时,应该根据具体的应用需求来决定使用哪种类型的定时器。每种定时器类型都有其优势和适用范围,因此了解它们的功能和特性对于满足应用需求非常重要。

5.5.1 基本定时器

基本定时器 TIM5 和 TIM6 各包含一个 16 位自动装载计数器,由各自的可编程预分频器驱动。它们可以作为通用定时器提供时间基准,特别地可以为 DAC 提供时钟。实际上,它们在芯片内部直接被连接到 DAC 并通过触发输出直接驱动 DAC。这两个定时器是互相独立的,并不共享资源。

功能结构如图 5-24 所示,主要功能包括:16 位自动重装载累加计数器;16 位可编程(可实时修改)预分频器,用于对输入的时钟按系数为 1~65536 的任意数值分频,可以在运行时改变预分频值;触发 DAC 的同步电路;在更新事件(计数器溢出)时产生中断/DMA请求。

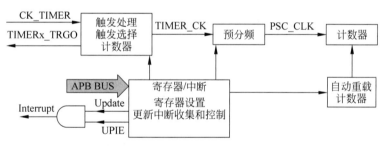

图 5-24 基本定时器功能结构

基本定时器可以由内部时钟源(CK_TIMER)驱动。基本定时器仅有一个时钟源 CK_TIMER,用来驱动计数器预分频器。当 CEN 置位,CK_TIMER 经过预分频器(预分频值由预分频寄存器 TIMERx_PSC 确定)产生 PSC_CLK。

基本定时器只有向上计数模式,在这种模式下计数器的计数方向是向上计数。计数器从 0 开始向上连续计数到自动加载值(定义在计数器自动重载寄存器 TIMERx_CAR 中),一旦计数器计数到自动加载值便会重新从 0 开始向上计数并产生上溢事件。当通过软件时间产生寄存器 TIMERx SWEVG 的更新事件产生 UPG 位置 1 设置更新事件时,计数值会被清零,并产生更新事件。如果第 0 个控制寄存器 TIMERx_CTLO 的禁止更新位 UPDIS被置 1,则禁止更新事件。当发生更新事件时,所有影子寄存器(计数器自动重载寄存器,预分频寄存器)都将被更新。

基本定时器相关的寄存器包括控制寄存器 0(TIMERx_CTL0)、控制寄存器 1(TIMERx_CTL1)、中断使能寄存器(TIMERx_DMAINTEN)、中断标志寄存器(TIMERx_INTF)、软件事件产生寄存器(TIMERx_SWEVG)、计数器寄存器(TIMERx_CNT)、预分频寄存器(TIMERx_PSC)、计数器自动重载寄存器(TIMERx_CAR)。

5.5.2　通用定时器

通用定时器的核心是一个通过可编程预分频器驱动的 16 位自动装载计数器,适用于多种场合,包括测量输入信号的脉冲长度(输入捕获)或者产生输出波形(输出比较和 PWM)。使用定时器预分频器和 RCC 时钟控制器预分频器,脉冲长度和波形周期可以在几微秒到几毫秒间调整。每个定时器都是完全独立的,没有互相共享任何资源,它们可以一起同步操作。

通用定时器包含七类模块。①具有自动装载功能的 16 位递增/递减计数器,内部时钟 CK_CNT 的来源 TIMxCLT 来自 APB1 预分频器的输出。②16 位可编程(可以实时修改)预分频器,计数器时钟频率的分频系数为 1～65536 的任意数值。③4 个独立通道(输入捕获、输出比较、PWM 生成、单脉冲模式输出)。④使用外部信号控制定时器和定时器互连的同步电路。⑤在 4 类事件发生时会产生中断/DMA 请求:更新,即计数器向上溢出/向下溢出,计数器初始化(通过软件或者内部/外部触发);触发事件(计数器启动、停止、初始化或者由内部/外部触发计数);输入捕获;输出比较。⑥支持针对定位的增量(正交)编码器和霍尔传感器电路。⑦触发输入作为外部时钟或者按周期的电流管理。

在 GD32F10x 中,通用定时器分为 L0、L1、L2 三类,它们在捕获\比较通道数、单脉冲模式支持、正交译码器支持、从设备控制器支持、内部连接支持、DMA 支持方面有区别,其中 L0 的功能最全。本节以 L0 为例介绍通用定时器的原理与应用。

通用定时器 L0(定时器 1/2/3/4)是四通道定时器,支持输入捕获,输出比较,产生 PWM 信号控制电机和电源管理,它们的计数器是 16 位无符号计数器。通用定时器 L0 是可编程的,可以被用来计数,其外部事件可以驱动其他定时器。定时器和定时器之间是相互独立的,但是它们可以被同步在一起以形成一个更大的定时器。

1. 原理框图

通用定时器 L0 的原理框图如图 5-25 所示,通用定时器 L0 可以由内部时钟源 CK_TIMER 或者由智能模式控制器(Smart Mode Controller,SMC)控制的复用时钟源驱动。智能模式控制器根据从模式配置寄存器 TIMERx_SMCFG 寄存器位[2:0]的值选择 L0 的时钟源,可供选择的时钟源包括内部时钟源 CK_TIMER、外部时钟 TIMERx_ETI、内部触发信号 IT0～IT3 等,计数器预分频器还可以选择在时钟信号的上升沿或下降沿计数。

在图 5-25 中,时钟信号和计数器之间还有一个预分频器,预分频器可以将定时器的时钟(TIMER_CK)频率按 1～65536 的任意值分频,分频后的时钟 PSC_CLK 驱动计数器计数。分频系数受预分频寄存器 TIMERx_PSC 控制,这个控制寄存器带有缓冲器,能够在运行时被改变。新的预分频器的参数在下一次更新事件到来时被采用。

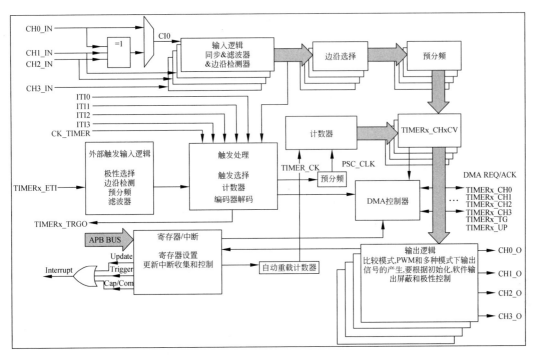

图 5-25　通用定时器 L0 的原理框图

2. 计数模式

通用定时器 L0 的计数器在计数时可以使用向上计数模式、向下计数模式、中央对齐计数模式中的一种。

若设置位向上计数模式,则计数器从 0 开始向上连续计数到自动加载值(定义在计数器自动重载寄存器 TIMERx_CAR 中),一旦计数器计数到自动加载值便会重新从 0 开始向上计数并产生上溢事件。在向上计数模式中,控制寄存器 TIMERx_CTL0 中的计数方向控制位 DIR 应该被设置成 0。当通过软件事件产生寄存器 TIMERx_SWEVG 寄存器的 UPG 位置 1 设置更新事件时,计数值会被清零,并产生更新事件。如果 TIMERx_CTL0 寄存器的 UPDIS 被置 1,则禁止更新事件。

在通用定时器的向下计数模式下,计数器的计数方向是向下计数的。计数器从自动加载值(定义在计数器自动重载寄存器 TIMERx_CAR 寄存器中)向下连续计数到 0。一旦计数器计数到 0,计数器会重新从自动加载值开始计数。在向下计数模式中,TIMERx_CTL0 寄存器中的计数方向控制位 DIR 应该被设置成 1。当通过 TIMERx_SWEVG 寄存器的 UPG 位置 1 设置更新事件时,计数值会被初始化为自动加载值,并产生更新事件。如果 TIMERx_CTL0 寄存器的 UPDIS 被置 1,则禁止更新事件。

在中央对齐计数模式下,计数器交替地从 0 开始向上计数到自动加载值,然后向下计数到 0。在向上计数模式中,定时器模块在计数器计数到"自动加载值减 1"产生一个上溢事件;在向下计数模式中,定时器模块在计数器计数到 1 时产生一个下溢事件。在中央对齐计数模式中,TIMERx_CTL0 寄存器中的计数方向控制位 DIR 只读,指示了当前的计数方向。将 TIMERx_SWEVG 寄存器的 UPG 位置 1 可以将计数值初始化为 0,并产生一个更新事件,而无须考虑计数器在中央模式下是向上计数还是向下计数的。当产生上溢或者下溢事件时,TIMERx_INTF 寄存器中的 UPIF 位都会被置 1,然而 CHxIF 位置 1 与 TIMERx_CTL0 寄存器中计数器对其模式选择的值有关。

3. 输入捕获与输出比较

通用定时器的另一个重要功能是输入捕获和输出比较,输入捕获通道用于测量与时间相关的事件,而输出比较通道用于生成与时间相关的控制信号。

通用定时器 L0 拥有 4 个独立的通道,用于捕获输入或比较输出是否匹配。每个通道都围绕一个通道捕获比较寄存器建立,包括一个输入级、通道控制器和输出级。输入捕获通道可以用来测量外部事件的时间间隔或脉冲宽度,它的主要用途有:①测量脉冲宽度,例如测量来自传感器或编码器的脉冲宽度;②计算时间间隔,例如测量两个信号边沿之间的时间差;③频率测量,通过测量两个连续事件之间的时间间隔可以计算信号的频率;④捕获触发事件,通过配置输入捕获通道以在特定条件下触发事件,例如在信号上升沿或下降沿时触发。

输出比较通道可以生成与定时器计数器值相关的输出信号,主要用途包括:①产生脉冲信号,通过配置输出比较通道以在计数器达到特定值时产生脉冲信号,这可用于生成 PWM 信号,以及用于控制电机速度、LED 亮度等;②控制输出电平,可以通过配置输出比较通道以在计数器达到特定值时切换输出电平。例如,当计数器等于某个值时,将某个引脚拉高或拉低;③产生定时中断,可以配置输出比较通道以在计数器达到特定值时触发中断,从而执行特定的操作。

总之,输入捕获通道用于测量时间相关事件,而输出比较通道用于生成与时间相关的控制信号。这些功能在各种应用中都非常有用,例如在嵌入式系统中用于测量和控制任务的时间间隔。不同的微控制器具有不同的定时器和通道配置选项,因此在实际使用时,需要查阅特定微控制器的文档以了解如何配置和使用这些功能。

4. 输出 PWM 功能

通用定时器还可以用来生成 PWM 信号,PWM 信号的主要应用包括:①电机控制,如直流电机、步进电机和伺服电机等,通过调整 PWM 的占空比,可以控制电机的转速和方向,在机器人、无人机、工业自动化等应用中很常见;②LED 亮度调节,PWM 可以用来控制 LED 的亮度,通过调整 PWM 的占空比,可以实现 LED 的平滑亮度调节,而不需要通过改变电流来调整 LED 的亮度,例如常见的呼吸灯;③音频生成,PWM 也可用于音频合成,通过控制 PWM 的频率和占空比,可以生成模拟音频信号,这在嵌入式音频应用中很有用;④温度控制,在一些温度控制应用中,PWM 可用于控制加热元件(如电热丝)的功率,从而精确地控制温度;⑤电源管理,PWM 也在电源管理中被广泛使用,用于产生稳定的输出电压或电流,以供应其他电子组件;⑥通信,在通信系统中,PWM 可以用于产生调制信号,例如脉冲编码调制(PCM)或脉冲位置调制(PPM)

信号,用于数据传输;⑦遥控器,PWM信号经常用于遥控器和遥控接收器之间的通信,例如无人机、遥控车辆等;⑧航空航天,在航空航天领域,PWM信号可用于控制航空器的舵面和发动机。

在 PWM 输出模式下,通道根据 TIMERx_CAR 寄存器和 TIMERx_CHxCV 寄存器的值,输出 PWM 波形。根据计数模式,可以分为两种 PWM 波:边沿对齐 PWM(Edge-Aligned PWM,EAPWM)和中央对齐 PWM(Center-Aligned PWM,CAPWM)。EAPWM 的周期由计数器自动重载寄存器 TIMERx_CAR 的值决定,占空比由通道 x 捕获/比较寄存器 TIMERx_CHxCV(x=0,1,2,3)的值决定。CAPWM 的周期由 2 倍自动重载寄存器 TIMERx_CAR 的值决定,占空比由 2 倍通道 x 捕获/比较寄存器 TIMERx_CHxCV(x=0, 1,2,3)的值决定。

5.5.3　高级定时器

GD32F103 中的 TIMER0 和 TIMER7 属于高级定时器,不同于通用定时器的灵活、适用不同类型的定时任务,高级定时器更专注于特定应用领域,提供一些更高级的特性,例如编码器接口、模拟看门狗等。

高级定时器(TIMER0/7)是四通道定时器,支持输入捕获和输出比较。可以产生 PWM 信号以控制电机和进行电源管理。高级定时器含有一个 16 位无符号计数器。高级定时器是可编程的,可以被用来计数,其外部事件可以驱动其他定时器。高级定时器包含一个死区时间插入模块,非常适合电机控制。不同的高级定时器之间是相互独立的,但是它们可以被同步在一起而形成一个更大的定时器,这些定时器的计数器一致地增加。

高级定时器的内部结构比基本定时器、通用定时器更复杂,如图 5-26 所示。与通用定时器相比,高级定时器多了中断控制和死区生成(Dead Time Generation,DTG)两个结构,因而具有死区时间的控制功能。通常,大功率电机、变频器等,末端都由大功率管、IGBT 等元件组成的 H 桥或三相桥。每个桥的上半桥、下半桥不能同时导通,但高速的 PWM 驱动信号在达到功率元件的控制极时,往往会由于各种各样的原因产生延迟的效果,从而会造成某个半桥元件在应该关断时没有关断,造成功率元件烧毁。死区就是在上半桥关断后,延迟一段时间再打开下半桥;或在下半桥关断后,延迟一段时间再打开上半桥,从而避免功率元件烧毁。这段延迟时间就是死区(也就是上、下半桥的元件都是关断的)。死区时间控制在通常的低端单片机所配备的 PWM 中是没有的。PWM 的上下桥臂的三极管是不能同时导通的,如果同时导通就会使电源两端短路,因此高级定时器通常用于电机控制。

高级定时器的主要功能除了通用定时器功能外,还包括:①具有自动装载的 16 位递增/递减计数器,其内部时钟 CK_CNT 的来源 TIMxCLT 来自 APB2 预分频器的输出;②死区时间可编程的互补输出;③刹车输入信号可以将高级定时器输出信号置于复位状态或已知状态。

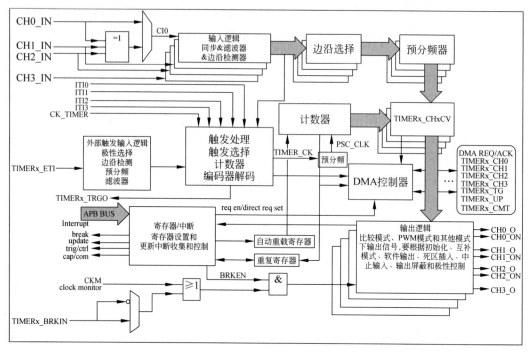

图 5-26　高级定时器结构框图

5.5.4　定时器使用

1. 标准库函数

在 GD32 的标准外设库中,与定时器相关的结构体、宏、库函数声明存放在 gd32f10x_timer.h 文件中,库函数实现的源码存放在 gd32f10x_timer.c 文件中。

与定时器相关的库函数主要由两部分构成:①定时器的初始化;②定时器中断服务函数。常用的库函数见表 5-6。

表 5-6　GD32F10x 定时器库函数

函　数　名	功　　能
timer_deinit	复位外设 TIMERx
timer_struct_para_init	初始化外设 TIMER 结构体参数
timer_init	初始化外设 TIMERx
timer_enable	使能外设 TIMERx
timer_disable	除能外设 TIMERx
timer_auto_reload_shadow_enable	TIMERx 自动重载影子使能
timer_auto_reload_shadow_disable	TIMERx 自动重载影子除能
timer_update_event_enable	TIMERx 更新使能
timer_update_event_disable	TIMERx 更新除能
timer_counter_alignment	设置外设 TIMERx 的对齐模式

续表

函　数　名	功　　能
timer_counter_up_direction	设置外设 TIMERx 向上计数
timer_counter_down_direction	设置外设 TIMERx 向下计数
timer_prescaler_config	配置外设 TIMERx 预分频器
timer_repetition_value_config	配置外设 TIMERx 的重复计数器
timer_autoreload_value_config	配置外设 TIMERx 的自动重载寄存器
timer_counter_value_config	配置外设 TIMERx 的计数器值
timer_counter_read	读取外设 TIMERx 的计数器值
timer_prescaler_read	读取外设 TIMERx 的预分频器值
timer_single_pulse_mode_config	配置外设 TIMERx 的单脉冲模式
timer_update_source_config	配置外设 TIMERx 的更新源
timer_dma_enable	外设 TIMERx 的 DMA 使能
timer_dma_disable	外设 TIMERx 的 DMA 除能
timer_channel_dma_request_source_select	外设 TIMERx 的通道 DMA 请求源选择
timer_dma_transfer_config	配置外设 TIMERx 的 DMA 模式
timer_event_software_generate	软件产生事件
timer_break_struct_para_init	初始化外设 TIMER 中止功能结构体参数
timer_break_config	配置中止功能
timer_break_enable	使能 TIMERx 的中止功能
timer_break_disable	除能 TIMERx 的中止功能
timer_automatic_output_enable	自动输出使能
timer_automatic_output_disable	自动输出除能
timer_primary_output_config	所有的通道输出使能
timer_channel_control_shadow_config	通道换相控制影子配置
timer_channel_control_shadow_update_config	通道换相控制影子寄存器更新控制
timer_channel_output_struct_para_init	初始化外设 TIMER 通道输出结构体参数
timer_channel_output_config	外设 TIMERx 的通道输出配置
timer_channel_output_mode_config	配置外设 TIMERx 通道输出比较模式
timer_channel_output_pulse_value_config	配置外设 TIMERx 的通道输出比较值
timer_channel_output_shadow_config	配置 TIMERx 通道输出比较影子寄存器功能
timer_channel_output_fast_config	配置 TIMERx 通道输出比较快速功能
timer_channel_output_clear_config	配置 TIMERx 的通道输出比较清零功能
timer_channel_output_polarity_config	通道输出极性配置
timer_channel_complementary_output_polarity_config	互补通道输出极性配置
timer_channel_output_state_config	配置通道状态
timer_channel_complementary_output_state_config	配置互补通道输出状态
timer_channel_input_struct_para_init	初始化外设 TIMER 通道输入结构体参数
timer_input_capture_config	配置 TIMERx 输入捕获参数
timer_channel_input_capture_prescaler_config	配置 TIMERx 通道输入捕获预分频值
timer_channel_capture_value_register_read	读取通道捕获值

续表

函 数 名	功 能
timer_input_pwm_capture_config	配置 TIMERx 捕获 PWM 输入参数
timer_hall_mode_config	配置 TIMERx 的 HALL 接口功能
timer_input_trigger_source_select	TIMERx 的输入触发源选择
timer_master_output_trigger_source_select	选择 TIMERx 主模式输出触发
timer_slave_mode_select	TIMERx 从模式配置
timer_master_slave_mode_config	TIMERx 主从模式配置
timer_external_trigger_config	配置 TIMERx 外部触发输入
timer_quadrature_decoder_mode_config	将 TIMERx 配置为编码器模式
timer_internal_clock_config	将 TIMERx 配置为内部时钟模式
timer_internal_trigger_as_external_clock_config	将 TIMERx 的内部触发配置为时钟源
timer_external_trigger_as_external_clock_config	将 TIMERx 的外部触发配置为时钟源
timer_external_clock_mode0_config	配置 TIMERx 外部时钟模式 0,ETI 作为时钟源
timer_external_clock_mode1_config	配置 TIMERx 外部时钟模式 1
timer_external_clock_mode1_disable	TIMERx 外部时钟模式 1 禁能
timer_interrupt_enable	外设 TIMERx 中断使能
timer_interrupt_disable	外设 TIMERx 中断除能
timer_interrupt_flag_get	获取外设 TIMERx 中断标志
timer_interrupt_flag_clear	清除外设 TIMERx 的中断标志
timer_flag_get	获取外设 TIMERx 的状态标志
timer_flag_clear	清除外设 TIMERx 状态标志

2. 一般使用步骤

在使用定时器之前需要先进行配置,而配置定时器的过程就是对定时器相关的寄存器值进行设置的过程,这可以通过调用标准库函数实现,一般可以分 6 个步骤完成。

这里以通用定时器(L0)TIMER2 为例来说明定时器的使用方法。

(1) 时钟使能,代码如下:

```
rcu_periph_clock_enable(RCU_TIMER2);//时钟使能
```

(2) 初始化定时器参数,设置自动重装值、分频系数、计数方式等。在库函数中,定时器的初始化参数是通过初始化函数 TIM_TimeBaseInit 实现的,代码如下:

```
timer_init(uint32_t timer_periph, timer_parameter_struct * initpara);
```

第 1 个参数用来确定定时器,这个比较容易理解。第 2 个参数是定时器初始化参数结构体指针,结构体类型为 timer_parameter_struct,定义如下:

```
typedef struct
{
    uint16_t prescaler;              /* !< prescaler value */
    uint16_t alignedmode;            /* !< aligned mode */
```

```
    uint16_t counterdirection;        /* !< counter direction */
    uint32_t period;                  /* !< period value */
    uint16_t clockdivision;           /* !< clock division value */
    uint8_t repetitioncounter;        /* !< the counter repetition value */
}timer_parameter_struct;
```

这个结构体一共有 6 个成员变量,每个成员变量用于存储不同类型的数据。第 1 个成员 prescaler(uint16_t 类型)用于存储一个 16 位无符号整数,表示定时器的预分频器值。第 2 个成员 alignedmode(uint16_t 类型)用于存储一个 16 位无符号整数,表示定时器的对齐模式。第 3 个成员 counterdirection(uint16_t 类型)用于存储一个 16 位无符号整数,表示定时器的计数方向。第 4 个成员 period(uint32_t 类型)用于存储一个 32 位无符号整数,表示定时器的周期值。第 5 个成员 clockdivision(uint16_t 类型)用于存储一个 16 位无符号整数,表示时钟分频值。第 6 个成员 repetitioncounter(uint8_t 类型)用于存储一个 8 位无符号整数,表示计数器的重复次数。

(3) 将 TIMER2 设置为允许更新中断。在库函数里面定时器中断使能是通过 TIM_ITConfig 函数实现的,代码如下:

```
void timer_interrupt_enable(uint32_t timer_periph, uint32_t interrupt)
```

第 1 个参数用于选择定时器号。第 2 个参数非常关键,用来指明使能的定时器中断的中断源,定时器中断的类型有很多种,包括:①更新中断 TIMER_INT_UP,TIMERx(x=0~13);②通道 0 比较/捕获中断 TIMER_INT_CH0,TIMERx(x=0~4,7~13);③通道 1 比较/捕获中断 TIMER_INT_CH1,TIMERx(x=0~4,7,8,11);④通道 2 比较/捕获中断 TIMER_INT_CH2,TIMERx(x=0~4,7);⑤通道 3 比较/捕获中断 TIMER_INT_CH3,TIMERx(x=0~4,7);⑥换相更新中断 TIMER_INT_CMT,TIMERx(x=0,7);⑦触发中断 TIMER_INT_TRG,TIMERx(x=0~4,7,8,11);⑧中止中断 TIMER_INT_BRK,TIMERx(x=0,7)。

(4) 中断优先级设置。在定时器中断使能之后,因为要产生中断,所以必不可少地要设置 NVIC 相关寄存器,设置中断优先级。与之前 nvic_irq_enable 函数实现中断优先级的方法相同。

(5) 使能 TIMER2。在配置完后要开启定时器,在固件库中,可通过 timer_enable 函数实现,代码如下:

```
void timer_enable(uint32_t timer_periph);
```

(6) 编写中断服务函数。在最后,还要编写定时器中断服务函数 TIMERx_IRQHandler,通过该函数来处理定时器产生的相关中断。在中断产生后,在中断响应函数中根据中断类型执行相关的操作。在固件库中,获取中断标志的函数如下:

```
FlagStatus timer_interrupt_flag_get(uint32_t timer_periph, uint32_t interrupt);
```

例如,判断 TIMER2 是否发生更新(溢出)中断,方法如下:

```
if(timer_interrupt_flag_get (TIM3, TIMER_INT_FLAG_UP) == SET){}
```

在固件库中清除中断标志位的函数如下：

```
void timer_interrupt_flag_clear(uint32_t timer_periph, uint32_t interrupt);
```

该函数的作用是清除定时器 TIMErx 的中断 interrupt 标志位。在 TIMER2 的溢出中断发生后,要清除中断标志位,方法如下：

```
timer_interrupt_flag_clear(TIMER2, TIMER_INT_FLAG_UP);
```

通过以上 6 个步骤,就可以使用通用定时器的更新中断实现间隔一段时间对某种状态或者事件进行处理。

5.6 小结

本章主要内容为 GD32F10x 系列芯片的定时器。在一般可编程定时器(计数器)原理的基础上,介绍了 GD32 的系统节拍定时器、实时时钟、看门狗、定时器 TIMER0～TIMER13。

本章给出了 3 个应用案例：SysTick 控制 LED 闪烁、RTC 日历、独立看门狗演示。实验部分使用 PWM 控制 LED 实现呼吸灯的效果,当需要使用可编程微控制器输出一个信号来控制模拟元件时,PWM 就会被派上用场,最常见的是使用 PWM 信号对直流电机的控制。

5.7 练习题

(1) 简述可编程计数器的工作原理。
(2) GD32F10x 系列芯片的时钟源有哪些?
(3) 简述 GD32 系统节拍定时器 SysTick 的原理。
(4) 简述系统节拍定时器 SysTick 的使用流程。
(5) 简述独立看门狗、窗口看门狗的异同点,并说明它们分别适用于什么情况。
(6) 简述 GD32 定时器的一般操作步骤是怎样的。
(7) 在嵌入式开发中,PWM 常用来做什么控制?

5.8 实验：PWM 实现呼吸灯效果

5.8.1 实验目标

19min

使用通用定时器产生 PWM 脉冲,通过调整占空比实现下面的目标：控制 GD32F103 开发板上的 LED1 亮度从暗到亮,再从亮到暗,依次循环,实现呼吸灯效果;用数字示波器查看 PWM 的波形图。

49min

5.8.2 实验方法分析

PWM 是利用微处理器的数字输出来对模拟电路进行控制的一种非常有效的技术。通俗地讲,就是在一个周期内,控制高电平持续多长时间、低电平持续多长时间(ARM 单片机的 I/O 端口对应的两种输出状态:1 和 0)。也就是说通过调节 ARM 单片机的 I/O 端口上高低电平持续时间的变化来调节输出信号、能量等的变化。

一段典型的 PWM 波形如图 5-27 所示,它的周期为 10ms,即 100Hz。采用 PWM 的方式,在固定的频率(100Hz,人眼不能分辨)下,采用占空比的方式可以实现对 LED 亮度变化进行控制。如果占空比为 0,则 LED 不亮;如果占空比为 1,则 LED 最亮。所以将占空比从 0 到 1,再从 1 到 0 不断地变化,就可以实现 LED 从灭变到最亮,再从最亮变到灭,实现呼吸灯的特效。如果 LED 的另一端接电源,则相反,即当占空比为 0 时,LED 最亮。

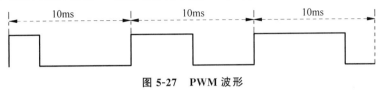

图 5-27 PWM 波形

根据开发板原理图,LED1 连接的 I/O 端口为 PB1,通过查阅 GD 官方的 GD32F103 数据手册可知,与 PB1 连接的定时器通道为 TIMER2_CH2,因此要使 LED1 实现呼吸灯效果,需要使用 TIMER2 的 CH2 通道通过 PB1 输出 PWM 信号。

5.8.3 实验代码

在 GD32F10x 的 Keil 模板工程的基础上新建"PWM 实现呼吸灯"工程,新建 PWM 输出的模块 pwm_pulse.h 和 pwm_pulse.c 文件,还需要在 FMW_PERI 中添加与定时器相关的标准外设库 gd32f10x_timer.c,工程框架如图 5-28 所示。

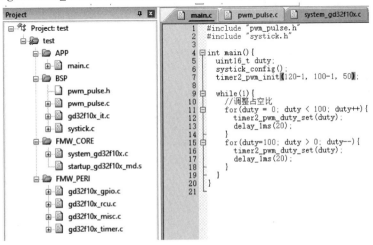

图 5-28 PWM 呼吸灯工程框架

在 pwm_pulse.h 文件中添加两个函数,代码如下:

```
/*!
    \file     第 5 章\5.8 实验\pwm_pulse.h
*/
#ifndef PWM_PULSE_H
#define PWM_PULSE_H

#include "gd32f10x.h"

//初始化 timer2 的 PWM 输出参数
void timer2_pwm_init(uint16_t psr, uint16_t arr, uint16_t pulse);
void timer2_pwm_duty_set(uint16_t duty);     //调整 PWM 的占空比

#endif
```

在 pwm_pulse.c 文件中添加上面两个函数的实现,代码如下:

```
/*!
    \file     第 5 章\5.8 实验\pwm_pulse.c
*/
#include "pwm_pulse.h"

//功能:初始化 timer2 的 PWM 输出参数
//psr: 预分频
//arr: 自动重装载
//pulse: 捕获/比较
void timer2_pwm_init(uint16_t psr, uint16_t arr, uint16_t pulse){
    timer_parameter_struct timer_init_struct;
    timer_oc_parameter_struct timer_oc_init_struct;

    //时钟源和 I/O 端口 pb0 的初始化
    rcu_periph_clock_enable(RCU_TIMER2);                  //开启定时器的时钟
    rcu_periph_clock_enable(RCU_GPIOB);
    rcu_periph_clock_enable(RCU_AF);

    gpio_init(GPIOB, GPIO_MODE_AF_PP, GPIO_OSPEED_50MHZ, GPIO_PIN_0);

    //初始化 timer2
    timer_deinit(TIMER2);
    timer_init_struct.prescaler = psr;
    timer_init_struct.period = arr;                       //自动装载值
    timer_init_struct.alignedmode = TIMER_COUNTER_EDGE;    //边沿对齐
    timer_init_struct.counterdirection = TIMER_COUNTER_UP; //计数方向
    timer_init(TIMER2, &timer_init_struct);

    //PWM 的初始化
    timer_oc_init_struct.outputstate = TIMER_CCX_ENABLE;   //使能通道
```

```
        timer_channel_output_config(TIMER2, TIMER_CH_2, &timer_oc_init_struct);

        timer_channel_output_mode_config(TIMER2,TIMER_CH_2, TIMER_OC_MODE_PWM0);

        //使能 timer2
        timer_enable(TIMER2);
    }


    //功能:调整 PWM 的占空比
    //duty: 捕获/比较
    void timer2_pwm_duty_set(uint16_t duty){
        timer_channel_output_pulse_value_config(TIMER2, TIMER_CH_2, duty);
    }
```

在 main 函数中,首先调用 PWM 的初始化函数,在随后的 while 循环中,调用 timer2_pwm_duty_set 以改变 PWM 输出的占空比,PWM 的占空比会从 0 逐渐变到 1,再从 1 逐渐变为 0,对应着 LED 从亮到暗,再从暗到亮,模拟呼吸灯的状态,代码如下:

```
/*!
    \file    第 5 章\5.8 实验\main.c
*/
#include "pwm_pulse.h"
#include "systick.h"

int main(){
    uint16_t duty;
    systick_config();
    timer2_pwm_init(120 - 1, 100 - 1, 50);

    while(1){
        //调整占空比
        for(duty = 0; duty < 100; duty++){
            timer2_pwm_duty_set(duty);
            delay_1ms(20);
        }
        for(duty = 100; duty > 0; duty-- ){
            timer2_pwm_duty_set(duty);
            delay_1ms(20);
        }
    }
}
```

5.8.4 实验现象

将程序下载到开发板后,LED1 缓慢地由暗到亮再由亮到灭变化,实现了呼吸灯的效果。若使用示波器观察 PB0 上输出的信号,则可以发现占空比会随时间发生变化,占空比从 0 变到 1 或从 1 变到 0 的时间大约为 2s,结果如图 5-29 所示。

占空比较低   占空比较高

图 5-29   PB0 输出波形

通用同步/异步

串行通信 USART

本章讲解 ARM 单片机上的重要外设,通用同步/异步串行通信(Universal Synchronous/Asynchronous Receiver/Transmitter,USART)。串行通信以其结构简单和低成本为优势,成为设备间最常用的通信方式之一。GD32F10x 的 USART 功能强大,不仅支持最基本的通用串口同步、异步通信,还具有局域互联网、红外通信、SmartCard 功能等。

本章介绍最基本、最常用的全双工、异步通信方式(Universal Asynchronous Receiver/Transmitter,UART)。

6.1 串行通信原理概述

串口通信的概念非常简单,串口按位(bit)发送和接收字节。串行通信方式可以在使用一根线发送数据的同时用另一根线接收数据,这种通信方式很简单并且易于实现远距离通信。例如 IEEE488 定义并行通行状态时,规定设备线总长不得超过 20m,并且任意两个设备间的长度不得超过 2m,而对于串口而言,长度可达 1200m。典型地,串口用于 ASCII 码字符的传输。本节概要地介绍串行通信的基本原理。

6.1.1 串行通信的硬件连接

相同工作电平标准的单片机之间很容易建立串行通信的连接。如图 6-1 所示,两台单片机之间只需将发送端(TxD)和接收端(RxD)交叉连接,再将参考零电位引脚相连接,便可以构成异步串行通信的硬件条件。

最经典的异步串行通信硬件标准是 RS-232 标准,单片机串行口不能直接连接 RS-232 接口,必须进行信号标准转换才能进行通信。因为两者所遵循的电平标准是有差异的。单片机引脚信号符合 TTL 电平,两种电平标准的比较见表 6-1。通常先使用 MAX232 系列芯片实现二者的信号转换,然后实现串行通信。

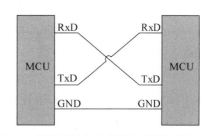

图 6-1 两台单片机之间的串行通信连接电路

表 6-1 TTL 电平标准与 RS-232 电平标准比较

通 信 标 准	电 平 标 准
5V TTL	逻辑 1：2.4～5V 逻辑 0：0～0.5V
RS-232	逻辑 1：−15～−3V 逻辑 0：+3～+15V

当前,大多数主流 PC 计算机已经没有 RS-232 接口,那如何实现单片机与 PC 的串行通信呢? 可以利用 PC 常见的 USB 接口,把 USB 接口转换成 TTL 电平标准的串口,并且 PC 端要安装驱动程序,这样才能与单片机进行通信。转换电路原理图如图 6-2 所示。这也是很多种类的单片机利用 PC 的 USB 接口进行程序下载的电路。

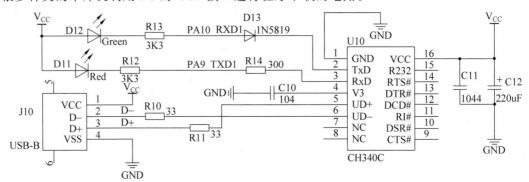

图 6-2 USB 转串口后与单片机通信转换电路原理图

6.1.2 异步串行通信的数据帧

异步串行通信因收发双方不需要统一的时钟信号,节约了资源,因此最为常用。异步串行通信是以字符帧为单位进行发送和接收的。每两个相邻的字符帧之间的时间间隔是任意的。每一字符帧由起始位、数据位、奇偶校验位和停止位组成,字符帧的结构如图 6-3 和图 6-4 所示。

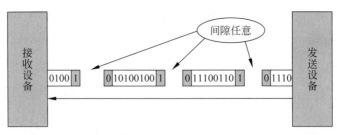

图 6-3 收发双方串行数据帧交互示意

这里有必要掌握几个重要的通信参数。

(1) 起始位:起始位通常用 0 表示,位于字符数据帧开头。

(2) 数据位:数据位通常被约定为 5、6、7 或 8 位,先发送低位,后发送高位,所以紧跟在

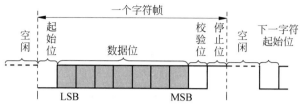

图 6-4　异步串行通信的数据帧示意图

起始位之后的是最低有效位(Least Significant Bit,LSB),最高有效位(Most Significant Bit,MSB)是一个数据中最后发送的位。

(3)奇偶校验位:奇偶校验位是可选的,用来检验数据传输过程中的正误,位于数据位之后,只占 1 位。校验方法有奇校验(odd)、偶检验(even)、0 检验(space)、1 检验(mark)及无校验(noparity)。

奇校验要求有效数据和校验位中 1 的个数为奇数,例如一个 8 位长的数据为 1010 0010。此时,总共有 3 个 1,为了满足奇校验要求,校验位为 0。

偶校验要求有效数据和校验位中 1 的个数为偶数,例如一个 8 位长的数据为 1010 0010。此时,总共有 3 个 1,为了满足偶校验要求,校验位为 1。

0 校验的要求是不管有效数据中有多少个 1,校验位总是为 0,而 1 校验的校验位总是为 1。这两种校验方式较少使用。

(1)停止位:停止位通常用 1 表示,便于接收端辨识下一帧数据的起始位。停止位的时长是可选的,可由通信双方约定为 1、1.5 或两个数据位时长。

(2)波特率:异步通信双方由于没有统一的时钟信号,所以通信双方要约定好每位所占的时间长度,以便接收方对信号进行解码。波特率的单位是 bps 或 b/s(比特每秒)。常用的波特率值有 2 400、9 600、19 200、115 200。

6.2　GD32F10x 的串口工作原理

▶ 19min

GD32 的串口通信接口有两种,分别为 UART、USART,而对于大容量 GD32F10x 系列芯片,均有 3 个 USART 和 2 个 UART。本节从结构框图、相关标准库函数的使用方法、串口收发数据的一般流程共 3 方面介绍 GD32F10x 的 USART。

6.2.1　USART 的结构框图

USART 模块的内部结构框图如图 6-5 所示。USART 的框图可以分成四部分,分别是波特率控制、中断控制、收发控制及数据存储转移。架构图看起来虽然复杂,但是对于 MCU 应用开发人员,尤其是使用库函数开发的人来讲,只需懂得编程操作过程与结构框图大致的相关性即可。

需要通过功能引脚和 USART 内部进行交互或控制,USART 功能引脚包括:①Tx,发

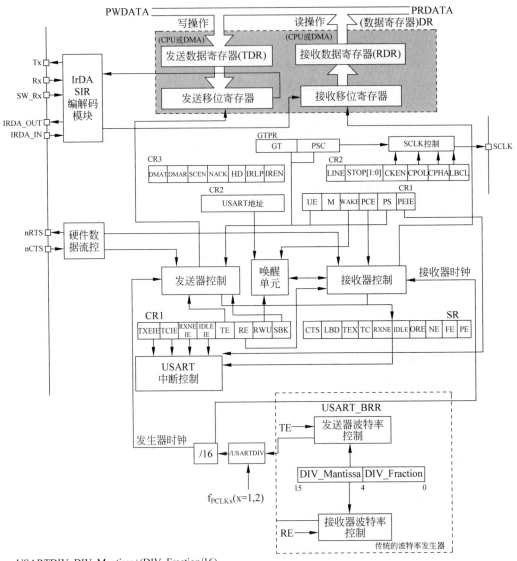

USARTDIV=DIV_Mantissa+(DIV_Fraction/16)

图 6-5 USART 模块的内部结构框图

送数据输出引脚,应配置为推挽复用模式;②Rx,接收数据输入引脚,应配置为浮空输入模式;③SW_Rx,数据接收内部引脚,只用于单线和智能卡模式;④nRTS 和 nCTS 引脚,只用于硬件数据流控制;⑤SCLK,发送器时钟输出引脚,只用于同步模式。

USART 通信相关的各种属性由相关寄存器的对应位上的值决定,与 USART 相关的寄存器包括状态寄存器 USART_STAT、数据寄存器 USART_DATA、波特率寄存器 USART_BAUD、控制寄存器 0~2 USART_CTL0～ USART_CTL2、保护时间和预分频器寄存器 USART_GP。

相较于 6.1.2 节介绍的串口通信数据帧,由于 USART 是同步通信,所以会多一个时钟信号来控制收发双方的收发时机。USART 数据帧开始于起始位,结束于停止位,如图 6-6 所示。USART_CTL0 寄存器中 WL 位可以设置数据长度。将 USART_CTL0 寄存器中 PCEN(校验控制使能位)置位,最后一个数据位可以用作校验位。若 WL 位为 0,则第 7 位为校验位。若 WL 位置 1,则第 8 位为校验位。USART_CTL0 寄存器中 PM 位用于选择校验位的计算方法。

如图 6-6 所示,停止位长度可以由 USART_CTL1 寄存器中 STB[1:0]位域配置。在一个空闲帧中,所有位都为 1。数据帧长度与正常 USART 数据帧长度相同。紧随停止位后多个低电平为中断帧。USART 数据帧的传输速度由 UCLK 时钟频率和波特率发生器的配置共同决定。

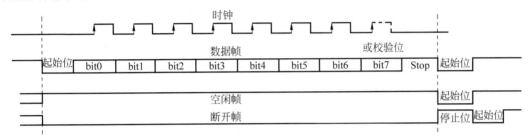

图 6-6　USART 字符帧(8 数据位和 1 停止位)

波特率分频系数是一个 16 位的数字,包含 12 位整数部分和 4 位小数部分。波特率发生器使用这两部分组合所得的数值来确定波特率。由于具有小数部分的波特率分频系数,所以 USART 能够产生所有标准波特率。波特率分频系数(USARTDIV)与系统时钟(UCLK)的关系为 USARTDIV=UCLK/(16×波特率)。

USART 发送器负责发送、接收器负责接收。如果 USART_CTL0 寄存器的发送使能位(TEN)被置位,则当发送数据缓冲区不为空时,发送器将会通过 TX 引脚发送数据帧。时钟脉冲通过 CK 引脚输出。TEN 置位后发送器会发出一个空闲帧。TEN 位在数据发送过程中是不可以被复位的。

系统上电后,TBE 默认为高电平。在 USART_STAT 寄存器中 TBE 置位时,数据可以在不覆盖前一个数据的情况下写入 USART_DATA 寄存器。当数据写入 USART_DATA 寄存器时,TBE 位将被清零。在数据由 USART_DATA 移入移位寄存器后,该位由硬件置1。如果数据在一个发送过程正在进行时被写入 USART_DATA 寄存器,则它将首先被存入发送缓冲区,在当前发送过程完成时传输到发送移位寄存器中。如果数据在写入 USART_DATA 寄存器时,没有发送过程正在进行,则 TBE 位将被清零,然后迅速置位,原因是数据将立刻被传输到发送移位寄存器。

假如一帧数据已经发送出去,并且 TBE 位已经置位,那么 USART_STAT 寄存器中 TC 位将被置 1。如果 USART_CTL0 寄存器中的中断使能位(TCIE)为 1,则将会产生中断。

综上,USART 的发送步骤如图 6-7 所示,软件操作可以分成以下几个步骤:①在

USART_CTL0 寄存器中置位 UEN 位,使能 USART;②通过 USART_CTL0 寄存器的 WL 设置字长;③在 USART_CTL1 寄存器中写 STB[1:0]位设置停止位的长度;④如果选择了多级缓存通信方式,则应该在 USART_CTL2 寄存器中使能 DMA(DENT 位);⑤在 USART_BAUD 寄存器中设置波特率;⑥在 USART_CTL0 寄存器中设置 TEN 位;⑦等待 TBE 置位;⑧向 USART_DATA 寄存器写数据;⑨若 DMA 未使能,则每发送一字节都需重复步骤 7、8;⑩等待 TC=1,发送完成。

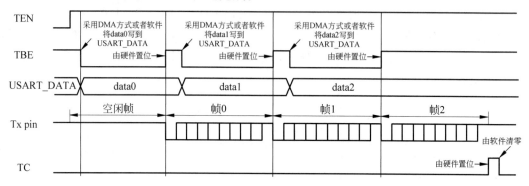

图 6-7 USART 的发送步骤

对于 USART 接收器,上电后的使能按以下步骤进行:①在 USART_CTL0 寄存器中置位 UEN 位,使能 USART;②写 USART_CTL0 寄存器的 WL 去设置字长;③在 USART_CTL1 寄存器中写 STB[1:0]位设置停止位的长度;④如果选择了多级缓存通信方式,则应该在 USART_CTL2 寄存器中使能 DMA(DENR 位);⑤在 USART_BAUD 寄存器中设置波特率;⑥在 USART_CTL0 中设置 REN 位。

接收器在使能后若检测到一个有效的起始脉冲便开始接收码流。在接收一个数据帧的过程中会检测噪声错误、奇偶校验错误、帧错误和过载错误。当接收到一个数据帧时,USART_STAT 寄存器中的 RBNE 置位,如果设置了 USART_CTL0 寄存器中相应的中断使能位 RBNEIE,则将会产生中断。在 USART_STAT 寄存器中可以观察接收状态标志。

软件可以通过读 USART_DATA 寄存器或者 DMA 方式获取接收的数据。不管是直接读寄存器还是通过 DMA 获取数据,只要是对 USART_DATA 寄存器的一个读操作都可以清除 RBNE 位。在接收过程中,需使能 REN 位,不然当前的数据帧将会丢失。在默认情况下,接收器通过获取 3 个采样点的值来估计该位的值。在 16 倍过采样模式中,选择第 7、第 8、第 9 个采样点,如图 6-8 所示。如果在 3 个采样点中有两个或 3 个为 0,则该数据位被视为 0,否则为 1。如果 3 个采样点中有一个采样点的值与其他两个采样点的值不同,则不管是起始位、数据位、奇偶校验位还是停止位都将产生噪声错误(NERR)。如果使能 DMA,并置位 USART_CTL2 寄存器中 ERRIE,则将会产生中断。

通过置位 USART_CTL0 寄存器中的 PCEN 位使能奇偶校验功能,接收器在接收一个数据帧时计算预期奇偶校验值,并将其与接收的奇偶校验位进行比较。如果不相等,则 USART_STAT 寄存器中 PERR 被置位。如果设置了 USART_CTL0 寄存器中的

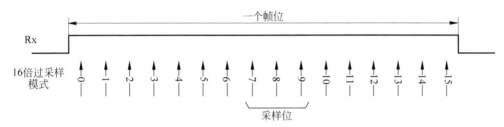

图 6-8　以过采样方式接收一个数据位

PERRIE 位,则将产生中断。如果在停止位传输过程中 Rx 引脚为 0,则将产生帧错误,USART_STAT 寄存器中 FERR 置位。如果使能 DMA 并置位 USART_CTL2 寄存器中 ERRIE 位,则将产生中断。

　　当接收到一帧数据时,如果 RBNE 位还没有被清零,则随后的数据帧将不会存储在数据接收缓冲区中。USART_STAT 寄存器中的溢出错误标志位 ORERR 将置位。如果使能 DMA 并置位 USART_CTL2 寄存器中 ERRIE 位或者置位 RBNEIE,则将产生中断。

　　若在接收过程中产生了噪声错误(NERR)、校验错误(PERR)、帧错误(FERR)或溢出错误(ORERR),则 NERR、PERR、FERR 或 ORERR 将和 RBNE 同时置位。如果没有使能 DMA,当 RBNE 中断发生时,则软件需检查是否有噪声错误、校验错误、帧错误或溢出错误产生。

6.2.2　利用库函数设置和使用串口

　　USART 用到的库函数定义主要分布在 gd32f10x_usart.h 和 gd32f10x_usart.c 文件中。串口设置一般可以总结为以下几个步骤:①串口时钟使能及对应 GPIO 时钟使能;②串口复位;③串口参数初始化;④开启中断并且初始化 NVIC(当需要开启中断时才需要这个步骤);⑤使能串口;⑥编写中断处理函数。

　　在 GD32F10x 单片机中,USART 的 Rx 和 Tx 都和对应的 I/O 端口对应,具体对应关系需要查阅对应芯片的数据手册。以 USART0 为例,Tx 对应 PA9、Rx 对应 PA10,因此时钟使能需要使能 USART0 和 GPIOA,代码如下:

```
rcu_periph_clock_enable(RCU_GPIOA);
rcu_periph_clock_enable(RCU_USART0);
```

　　当外设出现异常时可以通过复位设置实现该外设的复位,然后重新配置这个外设以达到让其重新工作的目的。一般在系统刚开始配置外设时会先执行复位该外设的操作。复位操作是在函数 usart_deinit(uint32_t usart_periph)中完成的。例如要复位 USART0,代码如下:

```
usart_deinit(USART0);
```

　　还要对 USART 对应的 I/O 端口工作模式进行配置,发送引脚 Tx 要设置为复用推挽输出模式,接收引脚 Rx 要设置为浮空输入模式,代码如下:

```
gpio_init(GPIOA, GPIO_MODE_AF_PP, GPIO_OSPEED_50MHZ, GPIO_PIN_9);
gpio_init(GPIOA, GPIO_MODE_IN_FLOATING, GPIO_OSPEED_50MHZ, GPIO_PIN_10);
```

串口初始化是对串口通信参数的设置,主要包括波特率、奇偶校验、数据帧长度、停止位、收发和接收的使能等,每个参数配置都有对应的库函数可以使用。以 USART0 为例,代码如下:

```
usart_baudrate_set(USART0, baudval);                       //波特率
usart_parity_config(USART0, USART_PM_NONE);                //无奇偶校验
usart_word_length_set(USART0, USART_WL_8位);               //位长度
usart_stop_bit_set(USART0, USART_STB_1BIT);                //停止位
usart_transmit_config(USART0, USART_TRANSMIT_ENABLE);      //使能发送
usart_receive_config(USART0, USART_RECEIVE_ENABLE);        //使能接收
```

使能串口只需调用 usart_enable 函数,代码如下:

```
usart_enable(USART0)
```

若要使用中断式的串口收发,则要重写串口的中断处理函数 USART0_IRQHandler。在中断处理函数中,首先要使用函数 usart_interrupt_flag_get 判断该中断的类型,然后根据中断类型进行相应处理,代码如下:

```
//第 6 章,中断式 USART 收发代码
void USART0_IRQHandler(void)
{
    //读数据缓冲区非空 USART_INT_FLAG_RBNE 引起的中断
    if(RESET != usart_interrupt_flag_get(USART0, USART_INT_FLAG_RBNE)){
        /* 从数据接收寄存器读一字节 */
        rx_buffer[rx_counter++] = (uint8_t)usart_data_receive(USART0);
        if(rx_counter >= nbr_data_to_read)
        {
            /* 使能 USART0 接收中断 */
            usart_interrupt_disable(USART0, USART_INT_RBNE);
        }
    }
    //发送缓冲区空 USART_INT_FLAG_TBE 中断
    if(RESET != usart_interrupt_flag_get(USART0, USART_INT_FLAG_TBE)){
        /* 写一字节进入数据发送寄存器 */
        usart_data_transmit(USART0, tx_buffer[tx_counter++]);
        if(tx_counter >= nbr_data_to_send)
        {
            /* 使能 USART0 发送中断 */
            usart_interrupt_disable(USART0, USART_INT_TBE);
        }
    }
}
```

45min

6.3 UART 案例:以串口查询方式发送数据

串口通信的主要方式包括查询、中断、DMA,本案例演示如何使用查询方式进行串口数据的发送。

6.3.1　案例目标

开发板上的 GD32F103C8T6 通过 USART0 每隔 1s 以查询方式发送一串字符串,如图 6-9 所示。

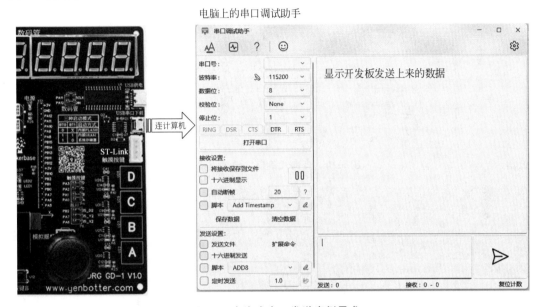

图 6-9　查询式串口发送案例需求

6.3.2　案例方法

本案例的实现较简单,根据 6.2.2 节中介绍的串口配置和使用方法初始化串口后,每隔 1s 调用一次串口发送命令并通过 USART0 向外发送数据即可。

但是,若设定串口发送数据帧的长度为 8 位,则每调用一次 usart_data_transmit 函数只能发送一个 8 位无符号整型数据,所以如果要发送更多数据,则需要多次调用 usart_data_transmit 函数分批发送。例如,本案例要发送一个字符串,需要将字符串中的字符以 ASCII 码的形式逐字节发出。因此,本案例的串口通信模块不仅需要有串口初始化函数、单字节发送函数,还需要有一个字符串发送函数,在字符串发送函数中需要调用字节发送函数。

6.3.3　案例代码

在 GD32F10x 的 Keil 模板工程的基础上新建"串口发送"工程,在 BSP 中新建用于串口通信的模块 usart_comm.h 和 usart_comm.c 文件,还需要在 FMW_PERI 中添加与串口通信相关的标准外设库 gd32f10x_usart.c 文件,工程框架如图 6-10 所示。

其中,在 usart_comm.h 文件中声明与串口通信相关的函数,代码如下:

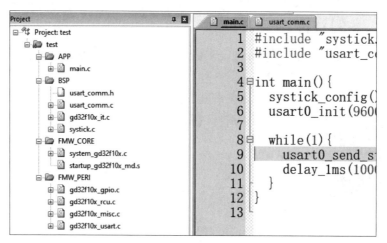

图 6-10　查询式串口发送工程框架

```
/*!
    \file    第6章\6.3案例\usart_comm.h
*/
#ifndef USART_COMM_H
#define USART_COMM_H
/**
@brief: 串口处理的模块, usart_comm.h
*/
#include "gd32f10x.h"

void usart0_init(uint32_t baudval);
void usart0_send_byte(uint8_t ch);
void usart0_send_string(uint8_t * ch);

#endif
```

对应的 usart_comm.c 文件中的代码如下:

```
/*!
    \file    第6章\6.3案例\usart_comm.c
*/
#include "usart_comm.h"

/**
 * @brief: usart0 的初始化
 * @param baudval: 波特率
 * @retval NONE
 */
void usart0_init(uint32_t baudval){
    /* 初始化时钟和对应的 I/O 端口 */
    rcu_periph_clock_enable(RCU_GPIOA);
    rcu_periph_clock_enable(RCU_USART0);
```

```
    gpio_init(GPIOA, GPIO_MODE_AF_PP, GPIO_OSPEED_50MHZ, GPIO_PIN_9);
    gpio_init(GPIOA, GPIO_MODE_IN_FLOATING, GPIO_OSPEED_50MHZ, GPIO_PIN_10);

    //配置 usart0 的工作参数
    usart_deinit(USART0);
    usart_baudrate_set(USART0, baudval);                        //波特率
    usart_parity_config(USART0, USART_PM_NONE);                 //无奇偶校验
    usart_word_length_set(USART0, USART_WL_8 位);               //位长度
    usart_stop_bit_set(USART0, USART_STB_1BIT);                 //停止位
    usart_transmit_config(USART0, USART_TRANSMIT_ENABLE);       //使能发送
    usart_receive_config(USART0, USART_RECEIVE_ENABLE);         //使能接收

    usart_enable(USART0);
}


/**
 * @brief: usart0 发送一字节
 * @param ch:待发送字节
 * @retval NONE
 */
void usart0_send_byte(uint8_t ch){
    usart_data_transmit(USART0, ch);

    while(usart_flag_get(USART0, USART_FLAG_TBE) == RESET);
}

/**
 * @brief: usart0 发送字符串
 * @param ch:待发送字符串指针
 * @retval NONE
 */
void usart0_send_string(uint8_t * ch){
    uint32_t k = 0;
    while( * (ch + k) != '\0'){
        usart0_send_byte( * (ch + k));
        k++;
    }
}
```

在 main 函数中,只需调用 usart_comm 的 usart0_init 函数对 USART0 进行初始化,然后在 while(1)循环中每隔 1s 发送一次字符串,代码如下:

```
/*!
    \file     第 6 章\6.3 案例\main.c
*/
# include "systick.h"
# include "usart_comm.h"
```

```
int main(){
    systick_config();
    usart0_init(9600);

    while(1){
        //自动填充字符串结束符'\0'
        usart0_send_string((uint8_t *)"hello, this is usart0.\n");
        delay_1ms(1000); //等待1s
    }
}
```

6.3.4　效果分析

本案例实现了开发板通过 USART0 持续向外发送字符串"hello，this is usart0."的功能。本书所配套开发板的 USART0 通过 CH340 和 Micro-USB 口相连，因此开发板实际上由 USART0 发出的信号被转换为 USB 电平，这样就可以直接和上位 PC 的 USB 口相连，上位 PC 通过串口调试助手可以观察开发板发过来的字符串，如图 6-11 所示。

图 6-11　查询式串口发送案例效果

6.4　小结

本章主要内容为 GD32F10x 系列芯片的串口通信，介绍了串行通信的一般原理、GD32F10x 的 USART 模组原理、以查询方式进行串口数据收发的方法。

本章最后给出了一个以查询方式进行串口数据发送的项目实例，程序控制开发板上的 GD32F103C8T6 通过 USART0 每隔 1s 以查询方式发送一串字符串，在上位机(PC)上可以使用串口调试助手查看数据发送的结果。

67min

13min

6.5　练习题

(1) 简述串口通信的硬件原理。

(2) 简述串口通信协议中校验位的作用。

(3) 在进行串口通信时设置波特率的意义是什么?

(4) 查询方式通信和中断方式通信有什么区别?

(5) 简述使用标准库函数进行 GD32F10x 串口配置的步骤。

(6) 简述使用标准库函数进行 GD32F10x 串口数据中断方式收发的步骤。

(7) 串口调试助手在嵌入式串口通信程序开发中有什么作用?

(8) 简述中断方式在接收数据时,串口配置过程和数据接收流程。

6.6　UART 实验:UART 的中断式接收

串口通信协议是用于在两个或多个设备之间进行数据传输和通信的规则和约定。这些规则和约定定义了数据如何被打包、传输、接收和解释,以确保通信的可靠性、一致性和有效性。串口通信协议在各种计算机和嵌入式系统中被广泛使用,包括传感器、微控制器、外围设备、计算机之间的通信等。本实验通过一个简单的通信协议设定,实现对开发板上的 LED 和继电器进行控制。

6.6.1　实验目标

按照通信协议的规定在上位 PC 使用串口调试助手向开发板发送数据帧以控制开发板上的 LED 或继电器。通信协议见表 6-2。

表 6-2　通信协议

数 据 帧 头	设 备 ID	设 备 号	设 备 指 令		数 据 帧 尾
0xFF	LED: 0x01	LED1: 0x01	亮: 0x01		0x00
			灭: 0x02		
		LED2: 0x02	亮: 0x01		
			灭: 0x02		
	继电器: 0x02	继电器 1: 0x01	通: 0x01		
			断: 0x02		

若通过 USB 串口接口向开发板发送"0xFF 0x01 0x01 0x01 0x00",则开发板在接收到完整的控制命令帧后点亮 LED1。

若开发板解析控制帧正确,则返回 success;若解析控制帧接收或解析出现异常,则返回 error。

6.6.2 实验方法分析

为完成本实验,在项目中需要添加 LED 控制、继电器控制、串口通信控制三个模块。

开发板上 LED 的控制较为简单,参考 3.5 节中的方法即可实现,而继电器是一种电气开关设备,它的工作原理基于电磁感应的原理。继电器的结构及其符号如图 6-12 所示,包含铁心和控制线圈、弹簧、衔铁、常闭触点、常开触点。继电器内部的线圈连接到外部电源,当电流通过绕组时,它会产生一个磁场,将衔铁吸下来,衔铁连到常开触点,线圈断电后衔铁重新连到常闭触点。

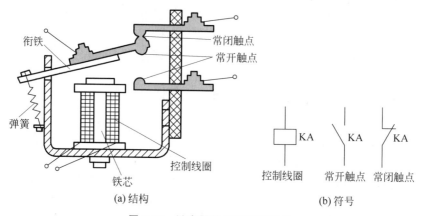

图 6-12　继电器的结构及其符号

继电器的工作原理基于电磁感应,通过控制线圈电流来控制触点的状态,从而实现对外部电路的开关控制。这使继电器成为在低电压或低电流信号下控制高电压或高电流电路的有用设备,广泛应用于自动化、电子设备、电力系统和各种控制应用中。

由于串口一次通信只能收发一字节的数据,而表 6-2 所示的一个完整的通信协议帧由 5 字节组成。因此,开发板上的 GD32F103C8T6 串口接收到一个 0xFF 的字节,意味着一种通信协议帧开始了,需要使用缓存技术将接下来的 4 字节保存下来,确认收到结束字节 0x00 后,开始解析缓存中的完整的通信协议帧,然后根据解析结果控制相应的元件,从而执行正确的动作。与 6.3 节的串口发送不同,本节实验中的串口收发使用中断方式实现。

6.6.3 实验代码

继电器控制模块由 relay_ctrl.h 和 relay_ctrl.c 两个文件构成,头文件 relay_ctrl.h 的代码如下:

```
/*!
    \file    第 6 章\6.5实验\relay_ctrl.h
*/
#ifndef RELAY_CTRL_H
#define RELAY_CTRL_H
```

```
#include "gd32f10x.h"

//定义继电器序号的宏
#define RELAY_1 0x01

void relay_init(void);

void relay_connect(uint8_t relay_num);        //第 relay_num 个继电器吸合
void relay_disconnect(uint8_t relay_num);     //第 relay_num 个继电器断开

#endif
```

源文件 relay_ctrl.c 中的代码如下:

```
/*!
    \file      第6章\6.5实验\relay_ctrl.c
*/
#include "relay_ctrl.h"

//继电器控制 I/O 端口的初始化
void relay_init(void){
    rcu_periph_clock_enable(RCU_GPIOB);

    gpio_init(GPIOB, GPIO_MODE_OUT_PP, GPIO_OSPEED_50MHZ, GPIO_PIN_15);

    //默认让继电器断开
    relay_disconnect(RELAY_1);
}

//控制继电器吸合
void relay_connect(uint8_t relay_num){
    switch(relay_num){
        case RELAY_1:
            gpio_bit_set(GPIOB, GPIO_PIN_15);
            break;
        default:
            break;
    }
}

//控制继电器断开
void relay_disconnect(uint8_t relay_num){
    switch(relay_num){
        case RELAY_1:
            gpio_bit_reset(GPIOB, GPIO_PIN_15);
            break;
        default:
            break;
    }
}
```

LED 控制模块由 led_ctrl. h 和 led_ctrl. c 两个文件组成,头文件 led_ctrl. h 中的代码如下:

```
/*!
    \file    第6章\6.5 实验\led_ctrl.h
*/
#ifndef LED_CTRL_H
#define LED_CTRL_H

#include "gd32f10x.h"

//LED 序号的宏定义
#define LED_1 0x01
#define LED_2 0x02

void led_init(void);

void led_open(uint8_t led_num);      //第 led_num 个 LED 点亮
void led_close(uint8_t led_num);     //第 led_num 个 LED 熄灭

#endif
```

源文件 led_ctrl. c 中的源码如下:

```
/*!
    \file    第6章\6.5 实验\led_ctrl.c
*/
#include "led_ctrl.h"

void led_init(void){
    rcu_periph_clock_enable(RCU_GPIOB);

    gpio_init(GPIOB, GPIO_MODE_OUT_PP, GPIO_OSPEED_50MHZ, GPIO_PIN_0|GPIO_PIN_1);

    led_close(LED_1);
    led_close(LED_2);
}

//LED 点亮
void led_open(uint8_t led_num){
    switch(led_num){
        case LED_1:
            gpio_bit_set(GPIOB, GPIO_PIN_0);
            break;
        case LED_2:
            gpio_bit_set(GPIOB, GPIO_PIN_1);
            break;
        default:
            break;
```

```
        }
    }

//LED 熄灭
void led_close(uint8_t led_num){
    switch(led_num){
        case LED_1:
            gpio_bit_reset(GPIOB, GPIO_PIN_0);
            break;
        case LED_2:
            gpio_bit_reset(GPIOB, GPIO_PIN_1);
            break;
        default:
            break;
    }
}
```

串口通信模块由 usart_comm. h 和 usart_comm. c 两个文件组成,头文件 usart_comm. h 中的代码如下:

```
/*!
    \file    第 6 章\6.5 实验\usart_comm.h
*/
#ifndef USART_COMM_H
#define USART_COMM_H
/**
@brief: 串口处理的模块
*/
#include "gd32f10x.h"
//定义数据帧的宏
#define HEX_HEAD 0xFF
#define HEX_TAIL 0x00
#define LED_ID 0x01
#define RELAY_ID 0x02

void usart0_init(uint32_t baudval);
void usart0_send_byte(uint8_t ch);
void usart0_send_string(uint8_t *ch);
void deal_rec_buff(void); //串口通信协议 HEX 数据帧缓存处理函数

#endif
```

源文件 usart_comm. c 中的代码如下:

```
/*!
    \file    第 6 章\6.5 实验\usart_comm.c
*/
#include "usart_comm.h"
#include "led_ctrl.h"
#include "relay_ctrl.h"
```

```
uint8_t recv_buff[5];
uint8_t recv_buff_len = 0;

/**
 * @brief: usart0 的初始化
 * @param baudval: 波特率
 * @retval NONE
 */
void usart0_init(uint32_t baudval){
    /* 初始化时钟和对应的 I/O 端口 */
    rcu_periph_clock_enable(RCU_GPIOA);
    rcu_periph_clock_enable(RCU_USART0);

    gpio_init(GPIOA, GPIO_MODE_AF_PP, GPIO_OSPEED_50MHZ, GPIO_PIN_9);
    gpio_init(GPIOA, GPIO_MODE_IN_FLOATING, GPIO_OSPEED_50MHZ, GPIO_PIN_10);

    //配置 USART0 的工作参数
    usart_deinit(USART0);
    usart_baudrate_set(USART0, baudval);                    //波特率
    usart_parity_config(USART0, USART_PM_NONE);             //无奇偶校验
    usart_word_length_set(USART0, USART_WL_8 位);            //位长度
    usart_stop_bit_set(USART0, USART_STB_1BIT);             //停止位
    usart_transmit_config(USART0, USART_TRANSMIT_ENABLE); //使能发送
    usart_receive_config(USART0, USART_RECEIVE_ENABLE);   //使能接收

    usart_enable(USART0);

    //使能 USART0 中断
    usart_interrupt_enable(USART0, USART_INT_RBNE);
    nvic_irq_enable(USART0_IRQn, 2U, 2U);

    usart0_send_string((uint8_t * )"usart0 opened succeed.");

}


/**
 * @brief: USART0 发送一字节
 * @param ch:待发送字节
 * @retval NONE
 */
void usart0_send_byte(uint8_t ch){
    usart_data_transmit(USART0, ch);
    while(usart_flag_get(USART0, USART_FLAG_TBE) == RESET);
}

/**
 * @brief: USART0 发送字符串
```

```
 * @param ch:待发送字符串指针
 * @retval NONE
 */
void usart0_send_string(uint8_t * ch){
    uint32_t k = 0;
    while( *(ch+k) != '\0'){
        usart0_send_byte( *(ch+k));
        k++;
    }
}


//USART0 的中断响应函数
void USART0_IRQHandler(void){
    uint8_t temp;
    if(SET == usart_interrupt_flag_get(USART0, USART_INT_FLAG_RBNE)){
        usart_interrupt_flag_clear(USART0, USART_INT_FLAG_RBNE);
        temp = usart_data_receive(USART0);
        if(temp == HEX_HEAD){                //数据帧帧头
            recv_buff_len = 0;
            recv_buff[recv_buff_len] = temp;
            recv_buff_len++;
        }else if(temp == HEX_TAIL){          //数据帧帧尾
            if(recv_buff_len == 4){
                recv_buff[recv_buff_len] = temp;
                deal_rec_buff();
            }else{
                usart0_send_string((uint8_t * )"error");
            }
        }else{
            if(recv_buff_len > 0 && recv_buff_len < 4){
                recv_buff[recv_buff_len] = temp;
                recv_buff_len++;
            }else{
                usart0_send_string((uint8_t * )"error");
            }
        }
    }
}

//串口通信协议 HEX 数据帧缓存处理函数
void deal_rec_buff(void){
    switch(recv_buff[1]){
        case LED_ID:                        //LED 的控制
            if(recv_buff[3] == 0x01){
                led_open(recv_buff[2]);
            }else if(recv_buff[3] == 0x02){
                led_close(recv_buff[2]);
            }
            usart0_send_string((uint8_t * )"led ctrl success.\n");
```

```
            break;
        case RELAY_ID:              //继电器的控制
            if(recv_buff[3] == 0x01){
                relay_connect(recv_buff[2]);
            }else if(recv_buff[3] == 0x02){
                relay_disconnect(recv_buff[2]);
            }
            usart0_send_string((uint8_t *)"relay ctrl success.\n");
            break;
        default:                    //出错
            usart0_send_string((uint8_t *)"error");
            break;
    }
}
```

主函数模块 main.c 文件中的代码如下：

```
/*!
    \file   第6章\6.5实验\main.c
*/
#include "systick.h"
#include "usart_comm.h"
#include "led_ctrl.h"
#include "relay_ctrl.h"

int main(){
    systick_config();
    usart0_init(9600);
    led_init();
    relay_init();

    while(1){
    }
}
```

6.6.4 实验现象

开发板通过 Micro-USB 口和上位 PC 相连,在上位 PC 上通过串口调试助手以"十六进制发送"方式向下位机(开发板)发送控制指令,可以实现对开发板上 LED1、LED2、继电器的控制,如图 6-13 所示。

上位机发送"FF 01 01 01 00",开发板上的 LED1 被点亮,并返回"led ctrl success. ";上位机发送"FF 01 01 02 00",开发板上的 LED1 被熄灭,并返回"led ctrl success. ";上位机发送"FF 01 02 01 00",开发板上的 LED2 被点亮,并返回"led ctrl success. ";上位机发送"FF 01 02 02 00",开发板上的 LED2 被熄灭,并返回"led ctrl success. "。上位机发送"FF 02 01 01 00",开发板上的继电器被吸合,并返回"relay ctrl success. ";上位机发送"FF 02 01 02 00",

开发板上的继电器被断开,并返回"relay ctrl success."。如果发送其他的指令帧,则开发板返回 error。

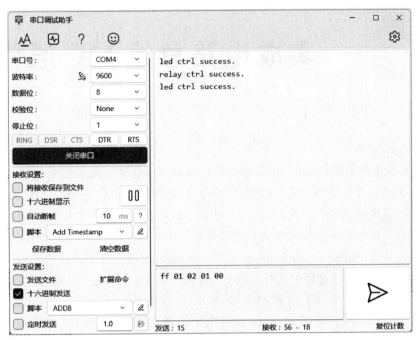

图 6-13 串口中断收发实验效果

## 第 7 章

集成电路总线 I2C 通信

I2C 即集成电路总线（Inter-Integrated Circuit，IIC），这种总线类型是由飞利浦半导体公司设计出来的一种简单、双向、二线制、同步串行的总线。它是一种多向控制总线，也就是说多个芯片可以连接到同一总线结构下，同时每个芯片都可以作为实时数据传输的控制源。这种方式简化了信号传输总线接口。只要收发双方同时接入串行数据线（Serial Data Line，SDA）、串行时钟线（Serial Clock Line，SCL）便可以进行通信。

I2C 总线在传送数据过程中共有 3 种不同类型的信号，分别是开始信号、结束信号和应答信号。①开始信号：当 SCL 为高电平时，SDA 由高电平向低电平跳变，开始传送数据；②结束信号：当 SCL 为高电平时，SDA 由低电平向高电平跳变，结束传送数据；③应答信号：当接收数据的 IC 在接收到 8 位数据后，向发送数据的 IC 发出特定的低电平脉冲，表示已收到数据。CPU 向受控单元发出一个信号后，等待受控单元发出一个应答信号，CPU 接收到应答信号后，根据实际情况做出是否继续传递信号的判断。若未收到应答信号，则判断为受控单元出现故障。更具体的 I2C 通信原理将在本章介绍。

跟其他大部分 MCU 一样，GD32 也自带有 I2C 总线外设。本章介绍 GD32F10x 的 I2C 总线接口的工作原理，详细介绍 GD32F10x 微控制器 I2C 总线接口的使用方法，最后给出一个 I2C 的应用案例。

7.1 理解 I2C

28min

I2C 协议是一种串行通信协议，由飞利浦半导体公司（现在的 NXP 公司）在 1982 年开发，用于在电路板内部连接各种芯片。该协议是一种简单、灵活、可靠的通信协议，被广泛地应用于各种电子设备中，如智能手机、平板电脑、电视机、计算机等。

I2C 协议的由来是为了解决电路板内部连接各种芯片的问题。在早期的电路板设计中，各个芯片之间的连接通常采用并行连接方式，这种方式需要使用大量的引脚和线路，不仅影响电路板的布局和设计，而且难以满足复杂电路的需求。为了解决这个问题，飞利浦半导体公司开发了 I2C 协议，该协议采用两根信号线（SDA 和 SCL）进行串行通信，可以连接多个芯片，并且能够实现数据的快速传输和控制。I2C 协议的优点是简单、灵活、可靠等，可以在不同的电子设备中广泛应用。I2C协议最初被应用于智能卡和电视机等领域,随着智能手机、平板电脑等电子设备的普及,I2C协议的应用越来越广泛。目前,I2C协议已成为一种标准的串行通信协议,被广泛地应用于各种电子设备的内部通信和控制中。

7.1.1 I2C的物理层

I2C是一种简单易用的通信协议,可以采用分层的思想来理解通信协议,例如I2C可被分为物理层和协议层。物理层规定通信系统中具有机械、电子功能部分的特性,确保原始数据可在物理媒体进行传输。协议层主要规定通信逻辑,统一收发双方的数据打包、解包标准。

I2C通信系统的物理层如图7-1所示,I2C的主机和从机之间通信时只需两根导线互连,这两根导线分别为SDA和SCL。在I2C通信系统中,所有主从器件的SDA线全部连在一根线上,这些器件分时占用这根公共数据线,实现两两互传数据,SDA符合数据总线的特征;所有主从器件的SCL线全部连在一根线上,它们分时占用这根公共时钟线,实现两两互传时钟,SCL符合时钟总线的特征。因为I2C中的两根导线(SDA和SCL)构成了两根Bus,实现了Bus的功能,因此I2C电路也可称为I2C-Bus,中文叫I2C总线(I2C总线属于两线总线)。

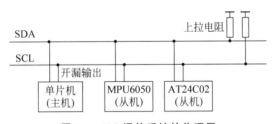

图 7-1 I2C通信系统的物理层

对于I2C接口的内部,一般包括几部分:①总线控制器(Bus Controller),总线控制器是I2C接口的核心部分,负责控制总线的访问和传输数据,通常由硬件电路和控制逻辑组成,可以实现数据的读取、写入、清除等操作;②总线接口电路(Bus Interface Circuit),总线接口电路是连接I2C接口和芯片的接口电路,通常由输入/输出端口、电平转换电路、电源电路等组成,总线接口电路的作用是将芯片的信号转换成I2C接口所需的信号,以便实现数据的传输和控制;③数据缓冲器(Data Buffer),数据缓冲器用于存储传输的数据,通常由一个或多个寄存器组成,在数据传输过程中,数据被存储在数据缓冲器中,待传输完成后再由总线控制器进行读取或写入操作;④时钟发生器(Clock Generator),时钟发生器用于生成I2C接口所需的时钟信号,通常由晶振或振荡电路组成。时钟信号的频率决定了数据传输的速度,通常在100kHz或400kHz左右。

总线控制器、总线接口电路、数据缓冲器和时钟发生器等部分协同工作,实现了芯片间的内部通信和控制。在实际应用中,人们可以根据具体的需求和场景选择合适的I2C接口,以实现更好的数据传输和控制效果。

7.1.2 I2C 的协议层

在 I2C 协议中,数据传输是通过 I2C 数据帧(I2C Data Frame)实现的。每个 I2C 数据帧包含一个从设备地址、读写标志、数据和校验位等几部分。

具体来讲,一个标准的 I2C 数据帧包含起始信号、从设备地址、读写标志、应答信号、数据、校验位、停止信号。

起始信号用于启动一个 I2C 数据传输,它由总线控制器发出,通常为一个 SCL 线上的下降沿,紧接着是 SDA 线上的一个下降沿,如图 7-2 所示。根据 I2C 协议的规定,起始信号的持续时间应该大于时钟周期的一半,在标准模式下,I2C 总线的时钟频率为 100kHz,因此时钟周期为 $10\mu s$,起始信号的持续时间应该大于 $4.7\mu s$,在快速模式下,I2C 总线的时钟频率为 400kHz,因此时钟周期为 $2.5\mu s$,起始信号的持续时间应该大于 $1.25\mu s$。

从设备地址是指要进行数据传输的从设备的地址,在一个 I2C 总线上可以连接多个从设备,每个从设备都有一个独立的地址。I2C 地址通常由 7 位或 10 位组成,具体取决于设备和通信协议的要求。大多数 I2C 设备使用 7 位地址模式,在 7 位地址模式下,地址由 7 个位组成,包括一个 7 位的地址位和一个读/写位。最低位用于指示读(标识为 1)或写(标识为 0)操作,因此,一个典型的 I2C 地址为 1110xxxR,其中"1110xxx"是设备的地址部分,"R"是读/写位,如图 7-3 所示是 I2C 协议中的设备地址。

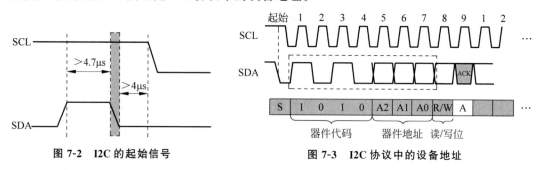

图 7-2　I2C 的起始信号　　　　　图 7-3　I2C 协议中的设备地址

图 7-3 所示的读写标志(Read/Write Flag)占用 1 位,用于指示数据传输的方向,0 表示写入数据,1 表示读取数据。

应答信号(Acknowledge Signal,ACK)是从设备发送给主设备的信号,用于确认从设备是否成功地接收了传输的数据,如图 7-4 所示。应答信号通常是一个 ACK(应答)或 NACK(不应答)信号,当从设备成功地接收到数据字节时,它会发送一个应答信号,ACK 是一个由从设备拉低 SDA 线的信号。主设备通常会在每个数据字节的传输后生成一个时钟脉冲,以等待从设备发送 ACK。如果主设备检测到 SDA 线保持低电平,则表示从设备发送了 ACK,通信将继续。如果从设备出现错误或者不愿意继续接收数据,则它会发送一个不应答信号,即 NACK。NACK 是一个由从设备释放 SDA 线的信号,使 SDA 线上升到高电平。主设备可以根据 NACK 信号来判断通信是否成功,并采取相应的操作。通常情况下,NACK 表示通信结束或出现了问题。在 I2C 通信的每个数据字节中,应答位位于数据字节的最后一位。主设备发送数据字节后会释放 SDA 线,然后等待从设备发送 ACK 或 NACK。如果从设备发送 ACK,则通信继续;如果从设备发送 NACK,则通信结束或出现错误。ACK 和 NACK 信号允许主设备和从设备之间进行可靠的数据传输确认,通过检测应答信号,主设备可以确保数据成功到达目标设备,从而提高通信的可靠性。

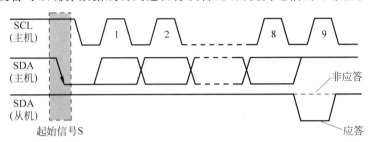

图 7-4　I2C 协议中的应答信号

数据字节是 I2C 通信要传输的具体内容,可以是一字节或多字节,根据需要进行传输。数据字节可以包含各种信息,可以是传感器测量值、配置参数、状态信息等。数据字节的内容和格式通常由通信的协议和设备的数据表格规定,具体取决于应用和设备。

校验位(Checksum)用于检测数据传输的正确性,通常由总线控制器发出,可以是一个奇偶校验位或 CRC 校验。

停止信号(Stop Signal)用于结束一个 I2C 数据传输,它由总线控制器发出,通常为一个 SCL 线上的上升沿,紧接着是 SDA 线上的一个上升沿。

总之,I2C 协议的数据帧是由起始信号、从设备地址、读写标志、应答信号、数据、校验位和停止信号等几部分组成的,它们协同工作,实现了在 I2C 总线上的数据传输和控制,如图 7-5 所示。在实际应用中,人们可以根据需要进行数据的读取和写入,以实现对硬件设备的控制和数据的传输。

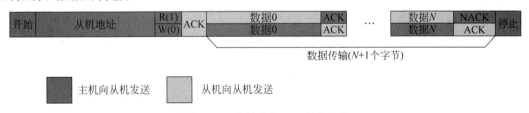

图 7-5　7 位地址的 I2C 通信流程

7.2　GD32 的 I2C 模块

在 ARM 单片机上实现 I2C 通信有两种方式,即使用硬件 I2C 和软件模拟 I2C。所谓硬件 I2C 对应芯片上的 I2C 外设,有相应的 I2C 驱动电路,其所使用的 I2C 引脚也是专用的;软件 I2C 一般使用 GPIO 引脚,用软件控制引脚状态以模拟 I2C 通信波形。

硬件 I2C 的效率要远高于软件,而软件 I2C 由于不受引脚限制,所以接口比较灵活。软件模拟 I2C 是通过 GPIO,由软件模拟寄存器的工作方式,而硬件(固件)I2C 是直接调用内部寄存器进行配置。本节讲解 GD32F10x 的 I2C 硬件外设的工作原理。

GD32F10x 内部有两个 I2C 外设,其内部模块如图 7-6 所示。GD32 的 I2C 外设既可以配置为 I2C 的主机也可以配置为 I2C 的从机。当作为 I2C 主机时,它的 SCL 控制器连接的 SCL 接口向 I2C 总线上提供时钟参考信号;而当作为 I2C 从机时 SCL 控制器接收别的 I2C 主机发来的时钟信号,在合适的时钟信号时机进行 SDA 信号的采集。

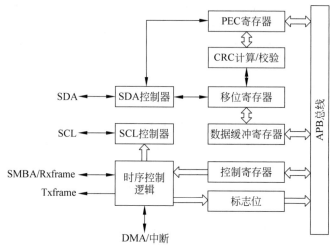

图 7-6 I2C 外设的内部模块

注意:本案例运行时需要将开发板上的 Micro-USB 的接口连接到计算机。

7.2.1 数据有效性

在任何通信协议中,数据有效性都是至关重要的。在 I2C 协议中,数据有效性指的是传输的数据是否被准确无误地传输到目标设备,并且被目标设备正确地接收和解析。为了确保数据有效性,I2C 协议可以使用多种校验机制,包括奇偶校验、CRC 校验等。在数据传输过程中,总线控制器会对要传输的数据进行校验,以确保数据的准确性和完整性。在接收端,从设备会对接收的数据进行校验,如果发现校验错误,就会向总线控制器发送一个 NACK 信号,表示数据传输失败。

除了校验机制外,I2C 在时钟信号的高电平期间 SDA 线上的数据必须稳定。只有在时钟信号 SCL 变低时数据线 SDA 的电平状态才能跳变,如图 7-7 所示。每个数据位传输需要一个时钟脉冲。

此外,为了确保数据有效性,还需要注意以下几点:①起始和停止信号的正确性,起始和停止信号是 I2C 协议中非常重要的信号,必须正确地发送和接收,否则会导致数据传输失败;②时钟信号的稳定性,时钟信号是 I2C 协议中用于同步数据传输的信号,必须稳定地发

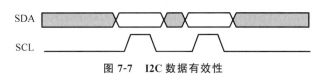

图 7-7 I2C 数据有效性

送和接收,否则会导致数据传输失败;③电气特性的匹配,在实际应用中,要确保通信双方的电气特性匹配,包括电压、电流、电阻等参数,以确保数据传输的稳定性和可靠性;④总线负载的控制,在一个 I2C 总线上可以连接多个从设备,如果从设备过多或负载过重,则会导致总线传输效率下降,甚至影响数据传输的稳定性和可靠性。

要确保 I2C 协议中传输的数据有效性,需要采取多种措施,包括校验机制、起始和停止信号的正确性、时钟信号的稳定性、电气特性的匹配及总线负载的控制等,以确保数据的准确性、完整性和可靠性。

7.2.2 开始与停止状态

所有的数据传输均起始于一个开始信号,结束于一个结束信号,如图 7-8 所示。

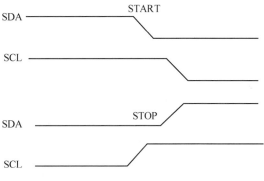

图 7-8 I2C 的开始信号与停止信号

开始信号用于启动一个 I2C 数据传输。START 信号定义为,在 SCL 为高时,SDA 线上出现一个从高到低的电平转换。在一个 I2C 总线上,总线控制器会先发送一个起始信号,然后发送要进行数据传输的从设备地址。如果总线上有多个从设备,则每个从设备都会监听总线上的地址信息,但只有地址和其相匹配的从设备才会响应数据传输请求。

停止信号用于结束一个 I2C 数据传输。STOP 信号定义为,在 SCL 为高时,SDA 线上出现一个从低到高的电平转换。在一个 I2C 总线上,数据传输完成后,总线控制器会发送一个停止信号,以表示数据传输已经结束。

7.2.3 时钟同步和仲裁

两个 I2C 主机可以同时在空闲总线上开始传送数据,因此必须通过一些机制来决定哪个主机获取总线的控制权,这一般通过时钟同步和仲裁来完成。单主机系统下不需要时钟同步和仲裁机制。

时钟同步通过 SCL 线的线与实现。这就是说 SCL 线的高到低切换会使器件开始数它们的低电平周期,而且一旦主器件的时钟变低电平,它会使 SCL 线保持这种状态直到到达时钟的高电平,如图 7-9 所示,但是如果另一个时钟仍处于低电平周期,则这个时钟的低到高切换不会改变 SCL 线的状态,因此 SCL 线被有最长低电平周期的器件保持低电平。此时低电平周期短的器件会进入高电平的等待状态。

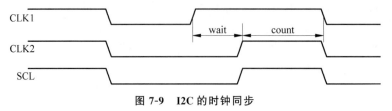

图 7-9　I2C 的时钟同步

仲裁和同步一样,都是为了解决多主机情况下的总线控制冲突。仲裁的过程与从机无关。只有在总线空闲时主机才可以启动传输。两个主机可能在 START 信号的最短保持时间内在总线上产生一个有效的 START 信号,在这种情况下需要仲裁来决定由哪个主机来完成传输。

仲裁逐位进行,在每位的仲裁期间,当 SCL 为高时,每个主机都检查 SDA 电平是否和自己发送的相同。仲裁的过程需要持续很多位。理论上讲,如果两个主机所传输的内容完全相同,则它们能够成功传输而不出现错误。如果一个主机发送高电平,但检测到 SDA 电平为低,则认为自己仲裁失败并关闭自己的 SDA 输出驱动,而另一个主机则继续完成自己的传输,如图 7-10 所示。

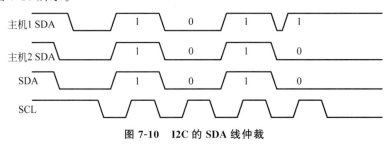

图 7-10　I2C 的 SDA 线仲裁

7.2.4　编程模型

有些 I2C 设备(例如 LCD 驱动器)可能只是作为一个接收器,但有些 I2C 设备(例如存储器)既要接收数据,也要发送数据。不管 I2C 设备是主机还是从机都应该可以发送或接收数据,因此,I2C 设备有以下 4 种运行模式:主机作为发送方、主机作为接收方、从机作为发送方、从机作为接收方。系统复位以后,I2C 默认工作在从机模式下。通过软件配置使 I2C 在总线上发送一个 START 信号之后,I2C 变为主机模式,软件配置在 I2C 总线上发送 STOP 信号后,I2C 又变回从机模式。

在从机模式下发送数据,可以通过 7 个步骤实现。

(1) 使能 I2C 外设时钟,以及配置控制寄存器 I2C_CTL1 中与时钟相关的寄存器来确保正确的 I2C 时序。使能和配置以后,I2C 运行在默认的从机模式状态,等待 I2C 总线上的 START 信号和地址。

(2) 当接收到一个 START 信号及随后的地址后(地址可以是 7 位格式也可以是 10 位格式),I2C 硬件将传输状态寄存器 I2C_STAT0 的 ADDSEND 位置 1,此位应该被软件查询或者中断监视,当发现置位后,软件应该读 I2C_STAT0 寄存器,然后读 I2C_STAT1 寄存器来清除 ADDSEND 位。如果地址是 10 位格式,则 I2C 主机应该接着产生一个 START 并将一个地址头发送到 I2C 总线。从机在检测到 START 和紧接着的地址头之后会继续将 ADDSEND 位置 1。软件可以通过读 I2C_STAT0 寄存器和接着读 I2C_STAT1 寄存器来第 2 次清除 ADDSEND 位。

(3) 现在 I2C 进入数据发送状态,由于移位寄存器和数据寄存器 I2C_DATA 都是空的,所以硬件将 TBE 位置 1。软件此时可以将第 1 字节数据写到 I2C_DATA 寄存器,但是 TBE 位并没有被清零,因为写入 I2C_DATA 寄存器的字节被立即移入内部移位寄存器。当移位寄存器非空时,I2C 开始将数据发送到 I2C 总线。

(4) 在第 1 字节的发送期间,软件可以将第 2 字节写到 I2C_DATA,此时 TBE 位被清零,因为 I2C_DATA 寄存器和移位寄存器都不是空的。

(5) 当第 1 字节的发送完成之后,TBE 被再次置起,软件可以将第 3 字节写到 I2C_DATA,同时 TBE 位被清零。在此之后,任何时候 TBE 被置 1,只要依然有数据待被发送,软件都可以将一字节写到 I2C_DATA 寄存器。

(6) 在倒数第 2 字节发送期间,软件将最后一个数据写到 I2C_DATA 寄存器来清除 TBE 标志位,之后就再不用关心 TBE 的状态了。TBE 位会在倒数第 2 字节发送完成后置起,直到检测到 STOP 信号时被清零。

(7) 根据 I2C 协议,I2C 主机将不会对接收的最后一字节发送应答,所以在最后一字节发送结束后,I2C 从机的 AERR(应答错误)会置起以通知软件发送结束。软件将 0 写到 AERR 位可以清除此位。

从机模式下在接收数据时,软件可以通过 5 个步骤实现。

(1) 软件使能 I2C 外设时钟,以及配置 I2C_CTL1 中与时钟相关的寄存器来确保正确的 I2C 时序。使能和配置以后,I2C 运行在默认的从机模式状态,等待 START 信号及地址。

(2) 在接收到 START 起始信号和匹配的 7 位或 10 位 I2C 地址之后,I2C 硬件将 I2C 状态寄存器 0 的 ADDSEND 位置 1,此位应该通过软件轮询或者中断来检测,当发现置起后,软件通过先读 I2C_STAT0 寄存器,然后读 I2C_STAT1 寄存器来清除 ADDSEND 位。当 ADDSEND 位被清零时,I2C 就开始接收来自 I2C 总线的数据。

(3) 当接收到第 1 字节时,RBNE 位被硬件置 1,软件可以读取 I2C_DATA 寄存器的第 1 字节,此时 RBNE 位也被清零。

(4) 任何时候 RBNE 被置 1,软件都可以从 I2C_DATA 寄存器读取一字节。

(5) 当接收到最后一字节后,RBNE 被置 1,软件可以读取最后的字节。

当 I2C 检测到 I2C 总线上有一个 STOP 信号时,STPDET 位被置 1,软件通过先读 I2C_STAT0 寄存器再写 I2C_CTL0 寄存器来清除 STPDET 位。

I2C 主机收发数据的步骤与从机类似,只是在主机除了收发数据处理外还需要在 I2C 的 SCL 线上发送合适的时钟信号以进行数据有效性控制,具体可以参考后续的 7.3 节 I2C 案例。

7.2.5 DMA 模式下数据传输

按照前面的软件流程,每当 TBE 位或 RBNE 位被置 1 之后,软件都应该写或读一字节,这样将导致 CPU 的负荷较重。I2C 的 DMA 功能可以在 TBE 或 RBNE 位置 1 时,自动地进行一次写或读操作,从而减轻 CPU 的负荷,具体 DMA 的配置可参看第 11 章 DMA 的介绍。

DMA 请求通过 I2C_CTL1 寄存器的 DMAON 位使能。该位应该在清除 ADDSEND 状态位之后被置位。如果一个从机的 SCL 线延长功能被禁止,则 DMAON 位应该在 ADDSEND 事件前被置位。DMA 必须在 I2C 传输开始之前配置和使能。当指定个数的字节已经传输完成时,DMA 会将一个传输结束(EOT)信号发送给 I2C 接口,并产生一个 DMA 传输完成中断。

当主机接收两个或两个以上字节时,需将 I2C_CTL1 寄存器的 DMALST 位置位。在接收到最后一字节之后,I2C 主机发送 NACK。在 DMA 传输完成中断 ISR 中,通过置位 STOP 位,产生一个停止信号。

当主机仅接收一字节时,清除 ADDSEND 状态前 ACKEN 位必须被清除。在清除 ADDSEND 状态后或在 DMA 传输完成中断 ISR 中,通过置位 STOP 位,产生一个停止信号。

7.2.6 报文错误校验

在 I2C 协议中,报文错误校验是一种通过校验码来验证数据传输的正确性和完整性的方法。在 I2C 协议中,常用的校验方法有两种:基于 CRC 校验的方法和基于校验和的方法。

基于 CRC 校验的方法:CRC 校验是一种循环冗余校验,通过对数据进行多项式计算,得到一个校验码,用于验证数据传输的正确性和完整性。在 I2C 协议中,CRC 校验通常应用于数据传输过程中的错误检测和纠正,以确保数据传输的正确性和稳定性。通过对数据进行 CRC 校验,可以检测出数据传输中的错误,包括数据位错误、传输顺序错误、丢失数据等。

基于校验和的方法:校验和是一种通过对数据进行和计算,得到一个校验码,用于验证数据传输的正确性和完整性。在 I2C 协议中,校验和通常应用于数据传输过程中的错误检测,以确保数据传输的正确性和稳定性。通过对数据进行校验和计算,可以检测出数据传输中的错误,包括数据位错误、传输顺序错误、丢失数据等。

无论是基于 CRC 校验还是基于校验和的校验方法都需要在数据传输过程中对数据进行计算和校验,以确保数据传输的正确性和完整性。在实际应用中,需要根据具体情况选择合适的校验方法,并对校验算法进行合理的参数配置,以满足应用的需求。

总之,在 I2C 协议中,报文错误校验是一种通过校验码来验证数据传输的正确性和完整性的方法。通过对数据进行 CRC 校验或校验和计算,可以检测出数据传输中的错误,确保数据传输的正确性和稳定性。在实际应用中,需要根据具体情况选择合适的校验方法,并对校验算法进行合理的参数配置,以满足应用的需求。

7.2.7　状态、错误和中断

I2C 有一些状态、错误标志位和中断,通过设置一些寄存器位,便可以从这些标志触发中断。在 I2C 协议中,状态、错误和中断是实现数据传输的重要概念和机制。在数据传输过程中,状态、错误和中断可以用于判断数据传输的状态和结果,以及进行相应处理。

在 I2C 协议中,状态用于表示数据传输过程中的不同状态,包括起始信号、停止信号、应答信号、无应答信号等,见表 7-1。通过检测状态,可以判断数据传输过程中的状态和结果,以便进行相应处理,可以使用 I2C 外设库中的 i2c_flag_get 函数获取标志位。

表 7-1　I2C 事件状态标志位

事件标志位名称	说　明
SBSEND	主机发送 START 起始位
ADDSEND	地址发送和接收
ADD10SEND	10 位地址模式中地址头发送
STPDET	监测到 STOP 结束位
BTC	字节发送结束
TBE	发送时 I2C_DATA 为空
RBNE	接收时 I2C_DATA 为非空

在 I2C 协议中,错误用于表示数据传输过程中出现的错误情况,包括校验错误、丢失数据、传输顺序错误等,见表 7-2。通过检测错误,可以判断数据传输过程中的错误情况,并进行相应处理,例如重新发送数据、重置 I2C 总线等。

表 7-2　I2C 错误标志位

I2C 错误名称	说　明
BERR	总线错误
LOSTARB	仲裁丢失
OUERR	当禁用 SCL 拉低后,发生了溢出或下溢
AERR	没有接收到应答
PECERR	CRC 值不相同
SMBTO	SMBus 模式下总线超时
SMBALT	SMBus 警报

在 I2C 协议中,中断机制可以用于实现异步数据传输,提高系统的效率和响应速度。当 I2C 传输完成或出现错误时,可以触发相应的中断请求,通过中断处理程序进行相应处理,例如更新数据缓冲区、重置 I2C 总线等。

需要注意的是,在使用状态、错误和中断机制时,需要根据具体应用的需求进行相应配置和处理。在实际应用中,需要考虑各种情况的处理,例如从设备的响应状态、数据的长度等,以确保数据传输的正确性和可靠性。

总之,在I2C协议中,状态、错误和中断是实现数据传输的重要概念和机制。通过检测状态和错误,可以判断数据传输过程中的状态和结果,并进行相应处理。通过中断机制,可以实现异步数据传输,提高系统的效率和响应速度。在实际应用中,需要根据具体应用的需求进行相应配置和处理,以确保数据传输的正确性和可靠性。

7.3 I2C案例:软件模拟I2C控制LM75AD

19min

7.3.1 案例目标

开发板上的温度传感器模块LM75AD通过I2C总线和开发板上的控制器GD32F103C8T6相连,本案例将LM75AD采集到的温度每隔1s通过UART上传给上位PC。要求I2C的通信通过软件模拟实现。

60min

7.3.2 案例方法

LM75AD是一个高速I2C接口的温度传感器,可以在−55～125℃的温度范围内将温度直接转换为数字信号,并可实现0.125℃的精度。MCU可以通过I2C总线直接读取其内部寄存器中的数据,并可通过I2C对4个数据寄存器进行操作,以设置成不同的工作模式。LM75AD的引脚描述如图7-11所示。

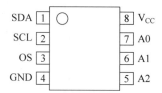

图 7-11 LM75AD 的引脚描述

LM75AD各引脚的说明见表7-3。

表 7-3 LM75AD 各引脚的说明

引　脚	说　明
SDA	I2C串行双向数据线,开漏口
SCL	I2C串行时钟输入,开漏口
OS	过热关断输出。开漏输出
GND	地,连接到系统地
A2	用户定义的地址位 2
A1	用户定义的地址位 1
A0	用户定义的地址位 0
V_{cc}	电源

LM75AD地址是7位的,其中高4位固定(为1001),另外有3个可选的逻辑地址引脚(A2、A1、A0),使同一总线上可同时连接8个器件而不发生地址冲突。本书配套开发板上的LM75AD的A2、A1、A0直接连高电平,如图7-12所示,所以开发板上LM75AD的7位I2C从地址位1001 1110(最后一位为读写标志)转换为十六进制后为0x9E。

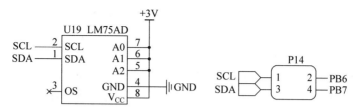

图 7-12　开发板上 LM75AD 的接线图

　　LM75AD 的内部原理如图 7-13 所示,其核心是一个模数转换器,模数转换器负责将温度传感器上的模拟信号转换为数字信号。另外,又有 4 个寄存器与模数转换部分配合,包括配置寄存器、温度寄存器、过温关断阈值寄存器(TOS)、滞后寄存器(THYST),通过这些寄存器可以实现对 LM75AD 的工作方式配置、温度数值存储、温度上限设置、温控范围的下限温度设置等。外部元器件对 LM75AD 的配置、读取等操作都是通过 I2C 协议读写这 4 个寄存器实现的。具体的寄存器读写方法,可以查看 LM75AD 的用户手册或本案例后续的 LM75AD 驱动代码。

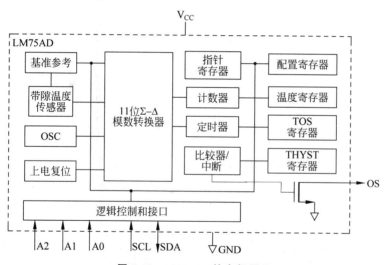

图 7-13　LM75AD 的内部原理

　　由图 7-12 可知,LM75AD 的 SCL 口与开发板主控芯片 GD32F103C8T6 的 PB6 相连,SDA 与 PB7 相连。若要软件模拟 I2C,则只需程序控制 PB6、PB7 这两个 I/O 端口按照 I2C 通信协议在合适的时机输出或读取电平信号。

　　根据 I2C 通信协议的规定,I2C 总线上的地址、数据均以字节数据(Byte)的形式在数据总线上传输,而 I2C 主机又要负责 SCL 线上参考时钟信号的生成。因此,若本案例以 GD32F103C8T6 芯片作为 I2C 主机,则需要在 PB6 口(充当 SCL)输出时钟信号、在 PB7 口(充当 SDA)读写字节数据。

　　综上,本案例代码工程可以在 6.3 节案例的基础上增加软件模拟 I2C 模块、LM75AD 驱动模块。LM75AD 驱动模块需要调用软件模拟 I2C 模块的接口函数以实现对其自身几个寄存器的读取与设置。具体实现方法见7.3.3节案例代码。

77min

7.3.3 案例代码

在6.3节的Keil工程的基础上新建"软件I2C访问LM75AD"的工程,在BSP中添加软件模拟I2C的模块my_i2c_soft.h和my_i2c_soft.c文件,还需添加LM75AD驱动模块lm75a_temp.h和lm75a_temp.c。工程框架如图7-14所示。

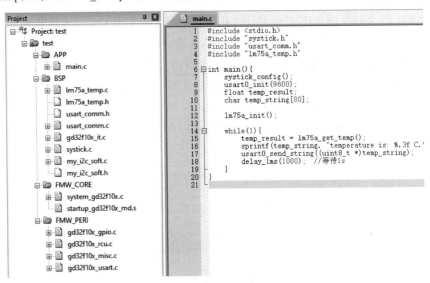

图7-14 软件模拟I2C访问LM75AD的工程框架

软件模拟I2C模块,要实现的底层功能是对SDA口、SCL口写一个位,读SDA的一个位,分别封装为my_i2c_w_SDA()、my_i2c_w_SCL()、my_i2c_r_SDA()共3个接口函数。在3个底层函数的基础上实现发送起始标示、发送字节、读字节、设置应答模式、设置非应答模式、读应答、发送结束标示等。因此,my_i2c_soft.h文件中的代码如下:

```c
/*!
    \file    第7章\7.3案例\my_i2c_soft.h
*/
#ifndef MY_I2C_SOFT_H
#define MY_I2C_SOFT_H
/**
@brief: 软件I2C的实现
*/

#include "gd32f10x.h"

#define I2C_SOFT_RCU        RCU_GPIOB
#define I2C_SOFT_PORT       GPIOB
#define I2C_SOFT_SCL_PIN    GPIO_PIN_6
#define I2C_SOFT_SDA_PIN    GPIO_PIN_7
```

```
void my_i2c_init(void);       //

void my_i2c_w_SDA(uint8_t bit_value);
void my_i2c_w_SCL(uint8_t bit_value);
uint8_t my_i2c_r_SDA(void);

void my_i2c_start(void);      //I2C 的起始
void my_i2c_stop(void);       //I2C 的结束

void my_i2c_send_byte(uint8_t byte_to_send); //SDA 发送一个字节
uint8_t my_i2c_read_byte(void);              //SDA 读取一个字节

void my_i2c_ack(void);                        //主机应答
void my_i2c_nack(void);                       //主机非应答
uint8_t my_i2c_read_ack(void);                //主机读应答

#endif
```

相应的 my_i2c_soft.c 文件中的代码如下：

```
/*!
    \file     第 7 章\7.3 案例\my_i2c_soft.c
*/

#include "my_i2c_soft.h"
#include "systick.h"

void my_i2c_w_SDA(uint8_t bit_value)
{
    gpio_bit_write(I2C_SOFT_PORT, I2C_SOFT_SDA_PIN, (bit_status)bit_value);
    delay_1us(10);
}

void my_i2c_w_SCL(uint8_t bit_value)
{
    gpio_bit_write(I2C_SOFT_PORT, I2C_SOFT_SCL_PIN, (bit_status)bit_value);
    delay_1us(10);
}

uint8_t my_i2c_r_SDA(void){
    return gpio_input_bit_get(I2C_SOFT_PORT, I2C_SOFT_SDA_PIN);
}

//初始化函数
void my_i2c_init(void){
    rcu_periph_clock_enable(I2C_SOFT_RCU);
    gpio_init(I2C_SOFT_PORT, GPIO_MODE_OUT_OD, GPIO_OSPEED_50MHZ, I2C_SOFT_SCL_PIN|I2C_
SOFT_SDA_PIN);
```

```
        gpio_bit_set(I2C_SOFT_PORT, I2C_SOFT_SCL_PIN|I2C_SOFT_SDA_PIN);
}

//I2C 的起始
void my_i2c_start(void){
    //SDA 高,SCL 高,SDA 低,SCL 低
    my_i2c_w_SDA(1);
    my_i2c_w_SCL(1);
    my_i2c_w_SDA(0);
    my_i2c_w_SCL(0);
}

//I2C 的结束
void my_i2c_stop(void){
    my_i2c_w_SDA(0);
    my_i2c_w_SCL(1);
    my_i2c_w_SDA(1);
}

//SDA 发送一个字节
void my_i2c_send_byte(uint8_t byte_to_send){
    uint8_t i;
    for(i = 0; i < 8; i++){
        my_i2c_w_SDA(byte_to_send & (0x80 >> i));
        my_i2c_w_SCL(1);
        my_i2c_w_SCL(0);
    }
}

//SDA 读一个字节
uint8_t my_i2c_read_byte(void){
    uint8_t result = 0x00;
    my_i2c_w_SDA(1);
    uint8_t i;
    for(i = 0; i < 8; i++){
        my_i2c_w_SCL(1);
        if(my_i2c_r_SDA())
            result = result | (0x80 >> i);      //读 SDA 的 bit 值
        my_i2c_w_SCL(0);
    }

    return result;
}

//主机应答
void my_i2c_ack(void){
    my_i2c_w_SCL(0);
    my_i2c_w_SDA(0);
    my_i2c_w_SCL(1);
```

```
    my_i2c_w_SCL(0);
}

//主机非应答
void my_i2c_nack(void){
    my_i2c_w_SCL(0);
    my_i2c_w_SDA(1);
    my_i2c_w_SCL(1);
    my_i2c_w_SCL(0);
}

//主机读应答
uint8_t my_i2c_read_ack(void){
    uint8_t ack_result;
    my_i2c_w_SDA(1);
    my_i2c_w_SCL(1);
    ack_result = my_i2c_r_SDA();
    my_i2c_w_SCL(0);
    return ack_result;
}
```

　　LM75AD 的驱动在 my_i2c_soft 基础之上,除 LM75AD 的初始化函数 lm75a_init()外,最关键的函数是获取 LM75AD 的温度数据函数 lm75a_get_temp(),而 LM75AD 采集到的温度数据存放在温度寄存器中,所以 lm75a_get_temp()函数实现的功能是将读取到的 LM75AD 中温度寄存器的值转换为温度信号,因此,lm_75a_temp.h 文件中的代码如下:

```
/*!
    \file  第 7 章\7.3 案例\lm_75a_temp.h
*/
#ifndef __LM75A_TEMP_H
#define __LM75A_TEMP_H

#include "gd32f10x.h"
#include "my_i2c_soft.h"

#define LM75A_I2C_ADDR 0x9E       //LM75AD 的从机地址
#define LM75A_TEMP_REG 0x00       //温度寄存器的指针地址
#define LM75A_CONF_REG 0x01       //配置寄存器的指针地址
#define LM75A_THYST_REG 0x10      //
#define LM75A_TOS_REG 0x11        //

#define IIC_WRITE 0
#define IIC_READ 1

void lm75a_init(void);

float lm75a_get_temp(void);       //获取温度传感器的温度值
```

```
    void lm75a_poweroff(void);                //关断温度传感器

    void lm75a_read_reg(uint8_t lm75a_id, uint8_t reg, uint8_t * p, uint8_t len);
    //读温度寄存器的值
    uint8_t lm75a_write_addr(uint8_t id_rw, uint8_t reg_addr);

    #endif
```

LM75AD 驱动模块中各个函数的实现在 lm75a_temp.c 文件中，其代码如下：

```
/*!
    \file      第 7 章\7.3 案例\lm_75a_temp.c
*/

# include "lm75a_temp.h"

void lm75a_init(void){
    my_i2c_init();
}

//读温度传感器的温度寄存器的值并转换为温度值
float lm75a_get_temp(void){
    float temp_result;
    //读温度寄存器的值
    uint8_t byte_data[2];
    lm75a_read_reg(LM75A_I2C_ADDR, LM75A_TEMP_REG, byte_data, 2);

    //将温度寄存器值转换为温度值
    uint16_t temp_reg = byte_data[0]<<3 | byte_data[1]>>5;

    if((temp_reg & 0x0400) == 0){
        temp_result = temp_reg * 0.125;
    }else{
        temp_reg = (~((temp_reg&0x03ff) - 1)) & 0x03ff;      //补码到原码转换
        temp_result = temp_reg * (-0.125);
    }

    return temp_result;
}

/***
功能:读温度寄存器的值
输入:
    uint8_t lm75a_id: LM75AD 的 I2C 从机地址
    uint8_t reg:要操作的寄存器的指针
    uint8_t * p:读取结果存放的位置
    uint8_t len:寄存器的字节长度(1 or 2)
返回:无
*****/
```

```
void lm75a_read_reg(uint8_t lm75a_id, uint8_t reg, uint8_t * p, uint8_t len){
    //向 I2C 总线上写入器件地址、指针字节
    lm75a_write_addr(lm75a_id|IIC_WRITE, reg);
    my_i2c_start();
    my_i2c_send_byte(lm75a_id|IIC_READ);
    my_i2c_read_ack();

    uint8_t i;
    for(i = 0; i < len; i++){
        * p++ = my_i2c_read_byte();
        if(i != (len-1))
            my_i2c_ack();
    }
    my_i2c_nack();

    my_i2c_stop();
}

/***
输入:
    uint8_t id_rw:从机地址|读写标识
**/
uint8_t lm75a_write_addr(uint8_t id_rw, uint8_t reg_addr){
    my_i2c_start();
    my_i2c_send_byte(id_rw);
    my_i2c_read_ack();
    my_i2c_send_byte(reg_addr);
    my_i2c_read_ack();

    return 0;
}
```

在 main 中先对 USART0、LM75AD 进行初始化,然后在 while 循环中每隔 1000ms 对 LM75AD 的温度数据进行一次采集并发给上位 PC,main.c 文件中的代码如下:

```
/*!
    \file    第 7 章\7.3 案例\main.c
*/
# include < stdio. h>
# include "systick. h"
# include "usart_comm. h"
# include "lm75a_temp. h"

int main(){
    systick_config();
    usart0_init(9600); //初始化 USART0,并将波特率设置为 9600
    float temp_result;
    char temp_string[80];
```

```
    lm75a_init();

    while(1){
        temp_result = lm75a_get_temp();
        sprintf(temp_string, "temperature is: % .3f C.\n", temp_result);
        usart0_send_string((uint8_t * )temp_string);
        delay_1ms(1000); //等待 1s
    }
}
```

7.3.4 效果分析

将代码编译并下载到开发板上之后,开发板通过 Micro-USB 口与上位 PC 相连,开发板复位运行后会每隔 1s 通过 USART0 向上位 PC 发送一串含温度数据的字符串,上位 PC 通过串口调试助手可以查看开发板发上来的字符串。效果如图 7-15 所示。

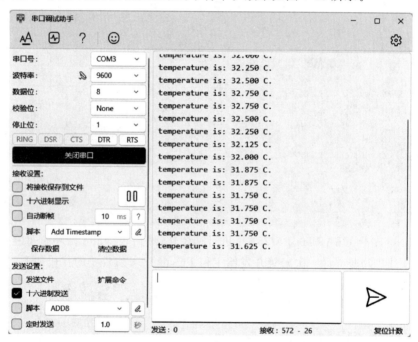

图 7-15 LM75AD 采集到的温度数据

7.4 小结

本章介绍了 I2C 的一般概念和工作原理,详细介绍了 I2C 的通信协议,随后介绍了 GD32 的 I2C 模块的内部结构。通过一个软件模拟 I2C 并进行 LM75AD 温度数据读取的案例讲解了 I2C 软件模拟的方法。

7.5　练习题

(1) 简述 I2C 的优点。

(2) 简述 I2C 两根信号线 SDA、SCL 的连接方式。

(3) 怎样理解 I2C 的时序图?

(4) 使用 I2C 通信,如何进行主机、从机的选择?

(5) I2C 在通信过程中是如何进行选址的?

(6) I2C 在数据传输的过程中主设备是如何从从设备中读取数据的?

7.6　I2C 实验:硬件 I2C 控制 OLED 屏显示

7.6.1　实验目标

15min

配套开发板上有一块 1.3 寸 OLED 屏,通过 I2C 和 GD32F103C8T6 相连,是 I2C 从机。本实验在 7.3 节案例的基础上,将 LM75AD 采集到的温度数据显示到开发板的 OLED 屏上。要求 I2C 通信使用 GD32F103C8T6 自带的 I2C 硬件外设实现。

7.6.2　实验方法分析

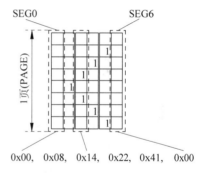

图 7-16　OLED 屏显示字符"<"

61min

放大了看,OLED 显示屏是由很多单个的点构成的,合理地控制各个点上显示的内容,就可以显示一张图案。如图 7-16 所示,在 OLED 一块 6 列×8 行的区域内显示一个字符"<",每列由 8 像素构成,用 8 位的二进制数可以表示该列上每个像素是否被点亮,数组{0x00,0x08,0x14,0x22,0x41,0x00}即可表示字符"<"。

由于 OLED 屏本身不具备数据存储能力,所以一般会集成一个驱动芯片(如 SSD1306),驱动芯片一般以 I2C 或 SPI 协议与主控芯片相连。以开发板所配套的 OLED 显示屏为例,屏幕驱动中有图像显示内存(GDDRAM),内存是位映射静态 RAM,大小为 128×64 位。GDDRAM 分为 8 页(PAGE0~PAGE7),每页内 1 个 SEG 对应 1 字节数据,一页由 128 字组成。一帧显示数据为 1024 字节(1KB),即屏幕每 8 行像素(8×PIXEL)记为一页(PAGE),64 行即为 8 页,则屏幕变为 128 列(ROW)8 页(PAGE),若要显示整个屏幕,则需要 128×8 个 1 字节数。GGDRAM 一般采用页寻址模式,寻址只在一页(PAGEn)内进行,地址指针不会跳到其他页。每次向 GDDRAM 写入 1 字节显示数据后,列指针会自动+1。当 128 列都寻址完之后,列指针会重新指向 SEG0 而页指针仍然保持不变。通过页寻址模式可以方便地对一个小区域内的数据进行修改。当一个数据字节被写入 GDDRAM 时,当前列(SEG)同一页(PAGE)的所有行(COM)图像数

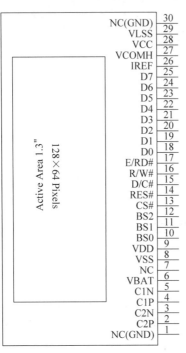

图7-17 OLED屏模组的接口

据都被填充(由列地址指针指向的整列(8位)被填充)。数据位D0写入顶行,数据位D7写入底行(由上到下,由低到高)。

开发板上OLED屏模组的接口如图7-17所示,BS0、BS1、BS2共同决定OLED的通信协议选择(I2C或SPI),若选择I2C协议(BS0、BS1、BS2设置为010),则I2C从机地址的高六位固定为01 1110最后一位由D/C♯口决定,若D/C♯口接VDD,则I2C从机地址为011 1101,否则为011 1100。本书配套开发板上的OLED屏模组使用I2C通信协议,从机地址设置为011 1100,加上读写位标识OLED屏的地址为0x78。

GD32F10x中与I2C外设相关的库函数在gd32f10x_i2c.c和gd32f10x_i2c.h文件中,可以通过库函数使用I2C外设进行I2C通信。查看GD32F10x的数据手册,可知PB6、PB7分别对应I2C0_SCL、I2C0_SDA,所以开发板上的GD32F103C8T6使用其I2C0外设可以实现对LM75AD、OLED屏的控制,具体方法可参考7.6.3节实验代码。

7.6.3 实验代码

47min

在7.3节的Keil工程的基础上新建"硬件I2C在OLED上显示温度"的工程,工程框架如图7-18所示。在BSP中添加i2c.h和i2c.c文件,封装了硬件I2C的初始化接口函数。对LM75AD、OLED屏的控制分别分装在lm75a_temp和oled_i2c模块中,对它们的操作均调用I2C库函数实现。

I2C头文件i2c.h中的代码如下:

```
/*!
    \file    第7章\7.6实验\i2c.h
*/
#ifndef __I2C_H
#define __I2C_H

#include "gd32f10x.h"

#define I2C_SPEED        100000
#define I2C0_OWN_ADDR 0xA0

void i2c_init(void);        //初始化I2C0

#endif
```

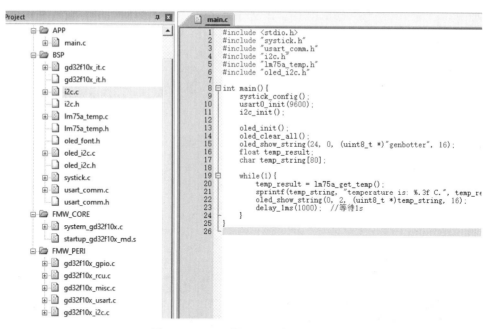

图 7-18　OLED 屏显示温度工程框架

I2C 源文件 i2c.c 中的代码如下：

```
/*!
    \file    第 7 章\7.6 实验\i2c.c
*/
#include "i2c.h"

void i2c_init(void){
    i2c_deinit(I2C0);

    //使能外设时钟
    rcu_periph_clock_enable(RCU_I2C0);
    rcu_periph_clock_enable(RCU_GPIOB);

    //设置 GPIO 端口
    gpio_init(GPIOB, GPIO_MODE_AF_OD, GPIO_OSPEED_50MHZ, GPIO_PIN_6 | GPIO_PIN_7);

//设置 I2C0
    i2c_clock_config(I2C0, I2C_SPEED, I2C_DTCY_2); //I2C 时钟配置
    i2c_mode_addr_config(I2C0, I2C_I2CMODE_ENABLE, I2C_ADDFORMAT_7BITS, I2C0_OWN_ADDR);
    i2c_ack_config(I2C0, I2C_ACK_ENABLE);

    //使能 I2C0
    i2c_enable(I2C0);
}
```

OLED 屏上显示的内容以 Byte 数组的形式传递，所以要预先把要显示的字符封装好，

本工程中 oled_font.h 文件实现此功能,该文件将 ASCII 表中的所有字符按两种尺寸进行了封装,代码如下:

```
/*!
    \file    第 7 章\7.6 实验\oled_font.h
*/
#ifndef __OLED_FONT_H
#define __OLED_FONT_H
//常用 ASCII 表
//偏移量 32
//大小:12*6
/********6*8 的点阵****************/
const unsigned char F6x8[][6]  =
{
    0x00, 0x00, 0x00, 0x00, 0x00, 0x00,//sp
    0x00, 0x00, 0x00, 0x2f, 0x00, 0x00,//!
    0x00, 0x00, 0x07, 0x00, 0x07, 0x00,//"
    0x00, 0x14, 0x7f, 0x14, 0x7f, 0x14,//#
    0x00, 0x24, 0x2a, 0x7f, 0x2a, 0x12,//$
    0x00, 0x62, 0x64, 0x08, 0x13, 0x23,//%
    0x00, 0x36, 0x49, 0x55, 0x22, 0x50,//&
    0x00, 0x00, 0x05, 0x03, 0x00, 0x00,//'
    0x00, 0x00, 0x1c, 0x22, 0x41, 0x00,//(
    0x00, 0x00, 0x41, 0x22, 0x1c, 0x00,//)
    0x00, 0x14, 0x08, 0x3E, 0x08, 0x14,//*
    0x00, 0x08, 0x08, 0x3E, 0x08, 0x08,//+
    0x00, 0x00, 0x00, 0xA0, 0x60, 0x00,//,
    0x00, 0x08, 0x08, 0x08, 0x08, 0x08,//-
    0x00, 0x00, 0x60, 0x60, 0x00, 0x00,//.
    0x00, 0x20, 0x10, 0x08, 0x04, 0x02,//
    0x00, 0x3E, 0x51, 0x49, 0x45, 0x3E,//0
    0x00, 0x00, 0x42, 0x7F, 0x40, 0x00,//1
    0x00, 0x42, 0x61, 0x51, 0x49, 0x46,//2
    0x00, 0x21, 0x41, 0x45, 0x4B, 0x31,//3
    0x00, 0x18, 0x14, 0x12, 0x7F, 0x10,//4
    0x00, 0x27, 0x45, 0x45, 0x45, 0x39,//5
    0x00, 0x3C, 0x4A, 0x49, 0x49, 0x30,//6
    0x00, 0x01, 0x71, 0x09, 0x05, 0x03,//7
    0x00, 0x36, 0x49, 0x49, 0x49, 0x36,//8
    0x00, 0x06, 0x49, 0x49, 0x29, 0x1E,//9
    0x00, 0x00, 0x36, 0x36, 0x00, 0x00,//:
    0x00, 0x00, 0x56, 0x36, 0x00, 0x00,//;
    0x00, 0x08, 0x14, 0x22, 0x41, 0x00,//<
    0x00, 0x14, 0x14, 0x14, 0x14, 0x14,//=
    0x00, 0x00, 0x41, 0x22, 0x14, 0x08,//>
    0x00, 0x02, 0x01, 0x51, 0x09, 0x06,//?
    0x00, 0x32, 0x49, 0x59, 0x51, 0x3E,//@
    0x00, 0x7C, 0x12, 0x11, 0x12, 0x7C,//A
    0x00, 0x7F, 0x49, 0x49, 0x49, 0x36,//B
```

```
0x00, 0x3E, 0x41, 0x41, 0x41, 0x22,//C
0x00, 0x7F, 0x41, 0x41, 0x22, 0x1C,//D
0x00, 0x7F, 0x49, 0x49, 0x49, 0x41,//E
0x00, 0x7F, 0x09, 0x09, 0x09, 0x01,//F
0x00, 0x3E, 0x41, 0x49, 0x49, 0x7A,//G
0x00, 0x7F, 0x08, 0x08, 0x08, 0x7F,//H
0x00, 0x00, 0x41, 0x7F, 0x41, 0x00,//I
0x00, 0x20, 0x40, 0x41, 0x3F, 0x01,//J
0x00, 0x7F, 0x08, 0x14, 0x22, 0x41,//K
0x00, 0x7F, 0x40, 0x40, 0x40, 0x40,//L
0x00, 0x7F, 0x02, 0x0C, 0x02, 0x7F,//M
0x00, 0x7F, 0x04, 0x08, 0x10, 0x7F,//N
0x00, 0x3E, 0x41, 0x41, 0x41, 0x3E,//O
0x00, 0x7F, 0x09, 0x09, 0x09, 0x06,//P
0x00, 0x3E, 0x41, 0x51, 0x21, 0x5E,//Q
0x00, 0x7F, 0x09, 0x19, 0x29, 0x46,//R
0x00, 0x46, 0x49, 0x49, 0x49, 0x31,//S
0x00, 0x01, 0x01, 0x7F, 0x01, 0x01,//T
0x00, 0x3F, 0x40, 0x40, 0x40, 0x3F,//U
0x00, 0x1F, 0x20, 0x40, 0x20, 0x1F,//V
0x00, 0x3F, 0x40, 0x38, 0x40, 0x3F,//W
0x00, 0x63, 0x14, 0x08, 0x14, 0x63,//X
0x00, 0x07, 0x08, 0x70, 0x08, 0x07,//Y
0x00, 0x61, 0x51, 0x49, 0x45, 0x43,//Z
0x00, 0x00, 0x7F, 0x41, 0x41, 0x00,//[
0x00, 0x55, 0x2A, 0x55, 0x2A, 0x55,//55
0x00, 0x00, 0x41, 0x41, 0x7F, 0x00,//]
0x00, 0x04, 0x02, 0x01, 0x02, 0x04,//^
0x00, 0x40, 0x40, 0x40, 0x40, 0x40,//_
0x00, 0x00, 0x01, 0x02, 0x04, 0x00,//'
0x00, 0x20, 0x54, 0x54, 0x54, 0x78,//a
0x00, 0x7F, 0x48, 0x44, 0x44, 0x38,//b
0x00, 0x38, 0x44, 0x44, 0x44, 0x20,//c
0x00, 0x38, 0x44, 0x44, 0x48, 0x7F,//d
0x00, 0x38, 0x54, 0x54, 0x54, 0x18,//e
0x00, 0x08, 0x7E, 0x09, 0x01, 0x02,//f
0x00, 0x18, 0xA4, 0xA4, 0xA4, 0x7C,//g
0x00, 0x7F, 0x08, 0x04, 0x04, 0x78,//h
0x00, 0x00, 0x44, 0x7D, 0x40, 0x00,//i
0x00, 0x40, 0x80, 0x84, 0x7D, 0x00,//j
0x00, 0x7F, 0x10, 0x28, 0x44, 0x00,//k
0x00, 0x00, 0x41, 0x7F, 0x40, 0x00,//l
0x00, 0x7C, 0x04, 0x18, 0x04, 0x78,//m
0x00, 0x7C, 0x08, 0x04, 0x04, 0x78,//n
0x00, 0x38, 0x44, 0x44, 0x44, 0x38,//o
0x00, 0xFC, 0x24, 0x24, 0x24, 0x18,//p
0x00, 0x18, 0x24, 0x24, 0x18, 0xFC,//q
0x00, 0x7C, 0x08, 0x04, 0x04, 0x08,//r
0x00, 0x48, 0x54, 0x54, 0x54, 0x20,//s
```

```
        0x00, 0x04, 0x3F, 0x44, 0x40, 0x20,//t
        0x00, 0x3C, 0x40, 0x40, 0x20, 0x7C,//u
        0x00, 0x1C, 0x20, 0x40, 0x20, 0x1C,//v
        0x00, 0x3C, 0x40, 0x30, 0x40, 0x3C,//w
        0x00, 0x44, 0x28, 0x10, 0x28, 0x44,//x
        0x00, 0x1C, 0xA0, 0xA0, 0xA0, 0x7C,//y
        0x00, 0x44, 0x64, 0x54, 0x4C, 0x44,//z
        0x14, 0x14, 0x14, 0x14, 0x14, 0x14,//horiz lines
};

/****************8*16 的点阵 ********************/
const unsigned char F8X16[] =
{
0x00,0x00,0x00,0x00,0x00,0x00,0x00,0x00,0x00,0x00,0x00,0x00,0x00,0x00,0x00,0x00,//0
0x00,0x00,0x00,0xF8,0x00,0x00,0x00,0x00,0x00,0x00,0x00,0x33,0x30,0x00,0x00,0x00,//! 1
0x00,0x10,0x0C,0x06,0x10,0x0C,0x06,0x00,0x00,0x00,0x00,0x00,0x00,0x00,0x00,0x00,//" 2
0x40,0xC0,0x78,0x40,0xC0,0x78,0x40,0x00,0x04,0x3F,0x04,0x04,0x3F,0x04,0x04,0x00,//# 3
0x00,0x70,0x88,0xFC,0x08,0x30,0x00,0x00,0x00,0x18,0x20,0xFF,0x21,0x1E,0x00,0x00,// $ 4
0xF0,0x08,0xF0,0x00,0xE0,0x18,0x00,0x00,0x00,0x21,0x1C,0x03,0x1E,0x21,0x1E,0x00,//% 5
0x00,0xF0,0x08,0x88,0x70,0x00,0x00,0x00,0x1E,0x21,0x23,0x24,0x19,0x27,0x21,0x10,//& 6
0x10,0x16,0x0E,0x00,0x00,0x00,0x00,0x00,0x00,0x00,0x00,0x00,0x00,0x00,0x00,0x00,//' 7
0x00,0x00,0x00,0xE0,0x18,0x04,0x02,0x00,0x00,0x00,0x07,0x18,0x20,0x40,0x00,0x00,//( 8
0x00,0x02,0x04,0x18,0xE0,0x00,0x00,0x00,0x00,0x40,0x20,0x18,0x07,0x00,0x00,0x00,//) 9
0x40,0x40,0x80,0xF0,0x80,0x40,0x40,0x00,0x02,0x02,0x01,0x0F,0x01,0x02,0x02,0x00,// * 10
0x00,0x00,0x00,0xF0,0x00,0x00,0x00,0x00,0x01,0x01,0x01,0x1F,0x01,0x01,0x01,0x00,// + 11
0x00,0x00,0x00,0x00,0x00,0x00,0x00,0x00,0x80,0xB0,0x70,0x00,0x00,0x00,0x00,0x00,//, 12
0x00,0x00,0x00,0x00,0x00,0x00,0x00,0x00,0x01,0x01,0x01,0x01,0x01,0x01,0x01,// - 13
0x00,0x00,0x00,0x00,0x00,0x00,0x00,0x00,0x30,0x30,0x00,0x00,0x00,0x00,0x00,//. 14
0x00,0x00,0x00,0x00,0x80,0x60,0x18,0x04,0x00,0x60,0x18,0x06,0x01,0x00,0x00,0x00,//15
0x00,0xE0,0x10,0x08,0x08,0x10,0xE0,0x00,0x00,0x0F,0x10,0x20,0x20,0x10,0x0F,0x00,//0 16
0x00,0x10,0x10,0xF8,0x00,0x00,0x00,0x00,0x00,0x20,0x20,0x3F,0x20,0x20,0x00,0x00,//1 17
0x00,0x70,0x08,0x08,0x08,0x88,0x70,0x00,0x00,0x30,0x28,0x24,0x22,0x21,0x30,0x00,//2 18
0x00,0x30,0x08,0x88,0x88,0x48,0x30,0x00,0x00,0x18,0x20,0x20,0x20,0x11,0x0E,0x00,//3 19
0x00,0x00,0xC0,0x20,0x10,0xF8,0x00,0x00,0x00,0x07,0x04,0x24,0x24,0x3F,0x24,0x00,//4 20
0x00,0xF8,0x08,0x88,0x88,0x08,0x08,0x00,0x00,0x19,0x21,0x20,0x20,0x11,0x0E,0x00,//5 21
0x00,0xE0,0x10,0x88,0x88,0x18,0x00,0x00,0x00,0x0F,0x11,0x20,0x20,0x11,0x0E,0x00,//6 22
0x00,0x38,0x08,0x08,0xC8,0x38,0x08,0x00,0x00,0x00,0x00,0x3F,0x00,0x00,0x00,0x00,//7 23
0x00,0x70,0x88,0x08,0x08,0x88,0x70,0x00,0x00,0x1C,0x22,0x21,0x21,0x22,0x1C,0x00,//8 24
0x00,0xE0,0x10,0x08,0x08,0x10,0xE0,0x00,0x00,0x00,0x31,0x22,0x22,0x11,0x0F,0x00,//9 25
0x00,0x00,0x00,0xC0,0xC0,0x00,0x00,0x00,0x00,0x00,0x00,0x30,0x30,0x00,0x00,0x00,//: 26
0x00,0x00,0x00,0x80,0x00,0x00,0x00,0x00,0x00,0x00,0x80,0x60,0x00,0x00,0x00,0x00,//; 27
0x00,0x00,0x80,0x40,0x20,0x10,0x08,0x00,0x00,0x01,0x02,0x04,0x08,0x10,0x20,0x00,//< 28
0x40,0x40,0x40,0x40,0x40,0x40,0x40,0x00,0x04,0x04,0x04,0x04,0x04,0x04,0x04,0x00,// = 29
0x00,0x08,0x10,0x20,0x40,0x80,0x00,0x00,0x00,0x20,0x10,0x08,0x04,0x02,0x01,0x00,//> 30
0x00,0x70,0x48,0x08,0x08,0x08,0xF0,0x00,0x00,0x00,0x00,0x30,0x36,0x01,0x00,0x00,//? 31
0xC0,0x30,0xC8,0x28,0xE8,0x10,0xE0,0x00,0x07,0x18,0x27,0x24,0x23,0x14,0x0B,0x00,//@ 32
0x00,0x00,0xC0,0x38,0xE0,0x00,0x00,0x00,0x20,0x3C,0x23,0x02,0x02,0x27,0x38,0x20,//A 33
0x08,0xF8,0x88,0x88,0x88,0x70,0x00,0x00,0x20,0x3F,0x20,0x20,0x20,0x11,0x0E,0x00,//B 34
0xC0,0x30,0x08,0x08,0x08,0x08,0x38,0x00,0x07,0x18,0x20,0x20,0x20,0x10,0x08,0x00,//C 35
```

```
0x08,0xF8,0x08,0x08,0x08,0x10,0xE0,0x00,0x20,0x3F,0x20,0x20,0x20,0x10,0x0F,0x00,//D 36
0x08,0xF8,0x88,0x88,0xE8,0x08,0x10,0x00,0x20,0x3F,0x20,0x20,0x23,0x20,0x18,0x00,//E 37
0x08,0xF8,0x88,0x88,0xE8,0x08,0x10,0x00,0x20,0x3F,0x20,0x00,0x03,0x00,0x00,0x00,//F 38
0xC0,0x30,0x08,0x08,0x08,0x38,0x00,0x00,0x07,0x18,0x20,0x20,0x22,0x1E,0x02,0x00,//G 39
0x08,0xF8,0x08,0x00,0x00,0x08,0xF8,0x08,0x20,0x3F,0x21,0x01,0x01,0x21,0x3F,0x20,//H 40
0x00,0x08,0x08,0xF8,0x08,0x08,0x00,0x00,0x20,0x20,0x3F,0x20,0x20,0x00,0x00,0x00,//I 41
0x00,0x00,0x08,0x08,0xF8,0x08,0x08,0x00,0xC0,0x80,0x80,0x80,0x7F,0x00,0x00,0x00,//J 42
0x08,0xF8,0x88,0xC0,0x28,0x18,0x08,0x00,0x20,0x3F,0x20,0x01,0x26,0x38,0x20,0x00,//K 43
0x08,0xF8,0x08,0x00,0x00,0x00,0x00,0x00,0x20,0x3F,0x20,0x20,0x20,0x20,0x30,0x00,//L 44
0x08,0xF8,0xF8,0x00,0xF8,0xF8,0x08,0x00,0x20,0x3F,0x00,0x3F,0x00,0x3F,0x20,0x00,//M 45
0x08,0xF8,0x30,0xC0,0x00,0x08,0xF8,0x08,0x20,0x3F,0x20,0x00,0x07,0x18,0x3F,0x00,//N 46
0xE0,0x10,0x08,0x08,0x08,0x10,0xE0,0x00,0x0F,0x10,0x20,0x20,0x20,0x10,0x0F,0x00,//O 47
0x08,0xF8,0x08,0x08,0x08,0x08,0xF0,0x00,0x20,0x3F,0x21,0x01,0x01,0x01,0x00,0x00,//P 48
0xE0,0x10,0x08,0x08,0x08,0x10,0xE0,0x00,0x0F,0x18,0x24,0x24,0x38,0x50,0x4F,0x00,//Q 49
0x08,0xF8,0x88,0x88,0x88,0x88,0x70,0x00,0x20,0x3F,0x20,0x00,0x03,0x0C,0x30,0x20,//R 50
0x00,0x70,0x88,0x08,0x08,0x08,0x38,0x00,0x00,0x38,0x20,0x21,0x21,0x22,0x1C,0x00,//S 51
0x18,0x08,0x08,0xF8,0x08,0x08,0x18,0x00,0x00,0x00,0x20,0x3F,0x20,0x00,0x00,0x00,//T 52
0x08,0xF8,0x08,0x00,0x00,0x08,0xF8,0x08,0x00,0x1F,0x20,0x20,0x20,0x20,0x1F,0x00,//U 53
0x08,0x78,0x88,0x00,0x00,0xC8,0x38,0x08,0x00,0x00,0x07,0x38,0x0E,0x01,0x00,0x00,//V 54
0xF8,0x08,0x00,0xF8,0x00,0x08,0xF8,0x00,0x03,0x3C,0x07,0x00,0x07,0x3C,0x03,0x00,//W 55
0x08,0x18,0x68,0x80,0x80,0x68,0x18,0x08,0x20,0x30,0x2C,0x03,0x03,0x2C,0x30,0x20,//X 56
0x08,0x38,0xC8,0x00,0xC8,0x38,0x08,0x00,0x00,0x20,0x3F,0x20,0x00,0x00,0x00,0x00,//Y 57
0x10,0x08,0x08,0x08,0xC8,0x38,0x08,0x00,0x20,0x38,0x26,0x21,0x20,0x20,0x18,0x00,//Z 58
0x00,0x00,0x00,0xFE,0x02,0x02,0x02,0x00,0x00,0x00,0x00,0x7F,0x40,0x40,0x40,0x00,//[ 59
0x00,0x0C,0x30,0xC0,0x00,0x00,0x00,0x00,0x00,0x00,0x00,0x01,0x06,0x38,0xC0,0x00,//\ 60
0x00,0x02,0x02,0x02,0xFE,0x00,0x00,0x00,0x00,0x40,0x40,0x40,0x7F,0x00,0x00,0x00,//] 61
0x00,0x00,0x04,0x02,0x02,0x02,0x04,0x00,0x00,0x00,0x00,0x00,0x00,0x00,0x00,0x00,//^ 62
0x00,0x00,0x00,0x00,0x00,0x00,0x00,0x00,0x80,0x80,0x80,0x80,0x80,0x80,0x80,0x80,//_ 63
0x00,0x02,0x02,0x04,0x00,0x00,0x00,0x00,0x00,0x00,0x00,0x00,0x00,0x00,0x00,0x00,//` 64
0x00,0x00,0x80,0x80,0x80,0x80,0x00,0x00,0x00,0x19,0x24,0x22,0x22,0x22,0x3F,0x20,//a 65
0x08,0xF8,0x00,0x80,0x80,0x00,0x00,0x00,0x00,0x3F,0x11,0x20,0x20,0x11,0x0E,0x00,//b 66
0x00,0x00,0x00,0x80,0x80,0x80,0x00,0x00,0x00,0x0E,0x11,0x20,0x20,0x20,0x11,0x00,//c 67
0x00,0x00,0x00,0x80,0x80,0x88,0xF8,0x00,0x00,0x0E,0x11,0x20,0x20,0x10,0x3F,0x20,//d 68
0x00,0x00,0x80,0x80,0x80,0x80,0x00,0x00,0x00,0x1F,0x22,0x22,0x22,0x22,0x13,0x00,//e 69
0x00,0x80,0x80,0xF0,0x88,0x88,0x88,0x18,0x00,0x20,0x20,0x3F,0x20,0x20,0x00,0x00,//f 70
0x00,0x00,0x80,0x80,0x80,0x80,0x80,0x00,0x00,0x6B,0x94,0x94,0x94,0x93,0x60,0x00,//g 71
0x08,0xF8,0x00,0x80,0x80,0x80,0x00,0x00,0x20,0x3F,0x21,0x00,0x00,0x20,0x3F,0x20,//h 72
0x00,0x80,0x98,0x98,0x00,0x00,0x00,0x00,0x00,0x20,0x20,0x3F,0x20,0x20,0x00,0x00,//i 73
0x00,0x00,0x00,0x80,0x98,0x98,0x00,0x00,0x00,0xC0,0x80,0x80,0x80,0x7F,0x00,0x00,//j 74
0x08,0xF8,0x00,0x00,0x80,0x80,0x80,0x00,0x20,0x3F,0x24,0x02,0x2D,0x30,0x20,0x00,//k 75
0x00,0x08,0x08,0xF8,0x00,0x00,0x00,0x00,0x00,0x20,0x20,0x3F,0x20,0x20,0x00,0x00,//l 76
0x80,0x80,0x80,0x80,0x80,0x80,0x80,0x00,0x20,0x3F,0x20,0x00,0x3F,0x20,0x00,0x3F,//m 77
0x80,0x80,0x00,0x80,0x80,0x80,0x00,0x00,0x20,0x3F,0x21,0x00,0x00,0x20,0x3F,0x20,//n 78
0x00,0x00,0x80,0x80,0x80,0x80,0x00,0x00,0x00,0x1F,0x20,0x20,0x20,0x20,0x1F,0x00,//o 79
0x80,0x80,0x00,0x80,0x80,0x00,0x00,0x00,0x80,0xFF,0xA1,0x20,0x20,0x11,0x0E,0x00,//p 80
0x00,0x00,0x00,0x80,0x80,0x80,0x80,0x00,0x00,0x0E,0x11,0x20,0x20,0xA0,0xFF,0x80,//q 81
0x80,0x80,0x80,0x00,0x80,0x80,0x80,0x00,0x20,0x20,0x3F,0x21,0x20,0x00,0x01,0x00,//r 82
0x00,0x00,0x80,0x80,0x80,0x80,0x80,0x00,0x00,0x33,0x24,0x24,0x24,0x24,0x19,0x00,//s 83
0x00,0x80,0x80,0xE0,0x80,0x80,0x00,0x00,0x00,0x00,0x00,0x1F,0x20,0x20,0x00,0x00,//t 84
```

```
0x80,0x80,0x00,0x00,0x00,0x80,0x80,0x00,0x00,0x1F,0x20,0x20,0x20,0x10,0x3F,0x20,//u 85
0x80,0x80,0x80,0x00,0x00,0x80,0x80,0x80,0x00,0x01,0x0E,0x30,0x08,0x06,0x01,0x00,//v 86
0x80,0x80,0x00,0x80,0x00,0x80,0x80,0x80,0x0F,0x30,0x0C,0x03,0x0C,0x30,0x0F,0x00,//w 87
0x00,0x80,0x80,0x00,0x80,0x80,0x80,0x00,0x20,0x31,0x2E,0x0E,0x31,0x20,0x00,//x 88
0x80,0x80,0x80,0x00,0x00,0x80,0x80,0x80,0x80,0x81,0x8E,0x70,0x18,0x06,0x01,0x00,//y 89
0x00,0x80,0x80,0x80,0x80,0x80,0x80,0x00,0x00,0x21,0x30,0x2C,0x22,0x21,0x30,0x00,//z 90
0x00,0x00,0x00,0x00,0x80,0x7C,0x02,0x02,0x00,0x00,0x00,0x00,0x00,0x3F,0x40,0x40,//{ 91
0x00,0x00,0x00,0x00,0xFF,0x00,0x00,0x00,0x00,0x00,0x00,0x00,0xFF,0x00,0x00,0x00,//| 92
0x00,0x02,0x02,0x7C,0x80,0x00,0x00,0x00,0x00,0x40,0x40,0x3F,0x00,0x00,0x00,0x00,//} 93
0x00,0x06,0x01,0x01,0x02,0x02,0x04,0x04,0x00,0x00,0x00,0x00,0x00,0x00,0x00,0x00,//~ 94
};

#endif
```

头文件 oled_i2c.h 中的代码如下：

```
/*!
    \file    第 7 章\7.6 实验\oled_i2c.h
*/
#ifndef __OLED_H
#define __OLED_H

#include "gd32f10x.h"
#include "i2c.h"

#define OLED_I2C_ADDR          0x78
#define OLED_I2C_CMD_ADDR      0x00
#define OLED_I2C_DATA_ADDR     0x40

#define MAX_COLUMN 132

void i2c_write_byte(uint8_t i2c_addr, uint8_t i2c_data);

void oled_write_command(uint8_t oled_cmd);
void oled_write_data(uint8_t oled_data);

void oled_init(void);

void oled_display_white(void);                                  //OLED 白屏显示
void oled_clear_all(void);                                      //OLED 清屏显示
void oled_fill(uint8_t fill_data);                              //单一色度填充 OLED 屏

void oled_set_pos(uint8_t x, uint8_t y);                        //设置坐标
void oled_show_char(uint8_t x, uint8_t y, uint8_t chr, uint8_t char_size);      //显示字符
void oled_show_string(uint8_t x, uint8_t y, uint8_t * str, uint8_t char_size); //显示字符串

void oled_show_chinese(uint8_t x, uint8_t y, uint8_t index);    //显示中文

void oled_show_error(uint8_t x, uint16_t y, uint8_t * err);     //显示错误提示

#endif
```

源文件 oled_i2c.c 中的代码如下：

```c
/*!
    \file    第 7 章\7.6 实验\i2c.c
*/
# include "oled_i2c.h"
# include "oled_font.h"

/**
* 功能:
* 输入:
*    (1)uint8_t i2c_addr, I2C 地址
*    (2)uint8_t i2c_data, I2C 数据
**/
void i2c_write_byte(uint8_t i2c_addr, uint8_t i2c_data){
    while(i2c_flag_get(I2C0, I2C_FLAG_I2CBSY));
    i2c_start_on_bus(I2C0);
    while(!i2c_flag_get(I2C0, I2C_FLAG_SBSEND));        //进入主机模式
    i2c_master_addressing(I2C0, OLED_I2C_ADDR, I2C_TRANSMITTER);
    while(!i2c_flag_get(I2C0, I2C_FLAG_ADDSEND));       //判断地址发送出去
    i2c_flag_clear(I2C0, I2C_FLAG_ADDSEND);            //清除 ADDSEND 位
    while(SET != i2c_flag_get(I2C0, I2C_FLAG_TBE));    //进入数据发送状态
    i2c_data_transmit(I2C0, i2c_addr);
    while(!i2c_flag_get(I2C0, I2C_FLAG_BTC));
    i2c_data_transmit (I2C0, i2c_data);
    while(!i2c_flag_get(I2C0, I2C_FLAG_BTC));
    i2c_stop_on_bus (I2C0);
    while(I2C_CTL0(I2C0)&0x0200);
}

/**
* 功能:
* 输入:oled_cmd:OLED 的控制命令
**/
void oled_write_command(uint8_t oled_cmd){
    i2c_write_byte(OLED_I2C_CMD_ADDR, oled_cmd);
}

/**
* 功能:
* 输入:oled_data:要发送给 OLED 的数据
**/
void oled_write_data(uint8_t oled_data){
    i2c_write_byte(OLED_I2C_DATA_ADDR, oled_data);
}

void oled_init(void){
    oled_write_command(0xAE); //0xAE:关显示; 0xAF:开显示
```

```
        oled_write_command(0x00); //设置开始地址的低字节
        oled_write_command(0x10); //设置开始地址的高字节

        oled_write_command(0xd5); //命令头,设置显示时钟分频比/振荡器频率
        oled_write_command(0x80); //设置分割比率,将时钟设置为100帧/秒

        oled_write_command(0xa8); //命令头,设置多路复用率(1 to 64)
        oled_write_command(0x3f); // -- 1/64 duty

        oled_write_command(0xd3); //命令头,设置显示偏移移位映射RAM(0x00~0x3F)
        oled_write_command(0x00); //不偏移

        oled_write_command(0x00); //写入页位置(0xB0~7)
        oled_write_command(0x40); //显示开始线

        oled_write_command(0x8d); //VCC电源
        oled_write_command(0x14); // -- set(0x10) disable

        oled_write_command(0xa1);  //设置段重新映射
    oled_write_command(0xc8);   //设置y轴扫描方向,0xc0上下反置,0xc8正常
        oled_write_command(0xda); //命令头
        oled_write_command(0x12);

        oled_write_command(0x81); //对比度,指令0x81,数据:0~255(255最高)
        oled_write_command(0xff);

        oled_write_command(0xd9); //命令头, -- set pre-charge period
        oled_write_command(0xf1); //Set Pre-Charge

        oled_write_command(0xdb); //命令头, -- set vcomh
        oled_write_command(0x30); //Set VCOM Deselect Level

        oled_write_command(0x20); //水平寻址设置
        oled_write_command(0x00);

        oled_write_command(0xa4); //0xa4:正常显示;0xa5:整体点亮
        oled_write_command(0xa6); //0xa6:正常显示;0xa7:反色显示

        oled_write_command(0xAF); //0xAE:关显示;0xAF:开显示
}

//OLED显示单一色度
void oled_fill(uint8_t fill_data){
    uint8_t i = 0, n;
    for(i = 0; i < 8; i++){
        oled_write_command (0xB0 + i);   //设置页地址(0~7)
        oled_write_command (0x00);        //设置显示位置:列低地址
        oled_write_command (0x10);        //设置显示位置:列高地址
        for(n = 0; n < 132; n++){
```

```
                    oled_write_data(fill_data);
            }
        }
}

//OLED 白屏显示
void oled_display_white(void){
    oled_fill(0xFF);
}

//OLED 清屏显示
void oled_clear_all(void){
    oled_fill(0x00);
}

//OLED 打开
void oled_on(){
    oled_write_command(0xAF); //开启显示
    oled_write_command(0x8D); //设置电荷泵
    oled_write_command(0x14); //开启电荷泵
}

//OLED 关闭
void oled_off(){
    oled_write_command(0xAF); //开启显示
    oled_write_command(0x8D); //设置电荷泵
    oled_write_command(0x10); //关闭电荷泵
}

//OLED 设置显示位置
void oled_set_pos(uint8_t x, uint8_t y){
    oled_write_command(0xB0 + y);
    oled_write_command((x & 0xf0) >> 4 | 0x10 );
    oled_write_command((x & 0x0f) | 0x01 );
}

//显示汉字
void oled_show_chinese(uint8_t x, uint8_t y, uint8_t index){
    uint8_t i;
    oled_set_pos(x, y);
    for(i = 0; i < 16; i++){
        oled_write_data(Hzk[2 * index][i]);
    }
    oled_set_pos(x, y + 1);
    for(i = 0; i < 16; i++){
        oled_write_data(Hzk[2 * index + 1][i]);
    }
}
```

```
//显示char字符
void oled_show_char(uint8_t x, uint8_t y, uint8_t chr, uint8_t char_size){
    uint8_t c_index = 0, i = 0;

    c_index = chr - ' '; //获取chr在字模数组中的序号
    if(char_size == 16){
        if(x > MAX_COLUMN - 8){ //如果超出了屏幕的显示宽度,则换到下一行重新开始
            x = 0;
            y += 2;
        }
        oled_set_pos(x, y);
        for(i = 0; i < 8; i++){
            oled_write_data(F8X16[c_index * 16 + i]);
        }
        oled_set_pos(x, y + 1);
        for(i = 0; i < 8; i++){
            oled_write_data(F8X16[c_index * 16 + i + 8]);
        }
    }else if(char_size == 8){
        if(x > MAX_COLUMN - 6){ //如果超出了屏幕的显示宽度,则换到下一行重新开始
            x = 0;
            y += 1;
        }
        oled_set_pos(x, y);
        for(i = 0; i < 6; i++){
            oled_write_data(F6x8[c_index][i]);
        }
    }else{
        oled_show_error(x, y, (uint8_t *)"wrong char_size setted.");
    }
}

//显示字符串
void oled_show_string(uint8_t x, uint8_t y, uint8_t * str, uint8_t char_size){
    uint8_t i = 0;
    while(str[i] != '\0'){
        oled_show_char(x, y, str[i], char_size);
        if(char_size == 16){
            x += 8;
            if(x > MAX_COLUMN - 8){
                x = 0;
                y += 2;
            }
        }else if(char_size == 8){
            x += 6;
            if(x > MAX_COLUMN - 8){
                x = 0;
                y += 1;
            }
        }
```

```
        }
        i++;
    }
}

//在(x,y)处显示"error!"信息
void oled_show_error(uint8_t x, uint16_t y, uint8_t * err){
    oled_show_string(x, y, err, 16);
}
```

因为在 oled_i2c 中封装了 oled_show_string 函数，所以在 main 中只需将想要显示到 OLED 上的内容转换为字符串后调用 oled_show_string 显示。main.c 文件中的代码如下：

```
/*!
    \file    第7章\7.6实验\main.c
*/
#include < stdio.h>
#include "systick.h"
#include "usart_comm.h"
#include "i2c.h"
#include "lm75a_temp.h"
#include "oled_i2c.h"

int main(){
    systick_config();
    usart0_init(9600);

    i2c_init();

    oled_init();
    oled_clear_all();
    oled_show_string(24, 0, (uint8_t * )"genbotter", 16);
    float temp_result;
    char temp_string[80];

    while(1){
        temp_result = lm75a_get_temp();
        sprintf(temp_string, "temperature is: %.3f C.", temp_result);
        oled_show_string(0, 2, (uint8_t * )temp_string, 16);
        delay_1ms(1000); //等待1s
    }
}
```

7.6.4　实验现象

由 7.6.3 节的 main.c 文件中的代码可知，I2C、OLED 初始化之后，先在第 24 列第 0 页显示字符串 genbotter。在接下来的 while 循环中，每采集一次 LM75AD 的温度数据并转换成字

符串类型显示到 OLED 屏上之后，延时 1s，因此，程序运行的结果是，在开发板上的 OLED 屏在第 1 行居中位置显示 genbotter，然后另起一行显示"temperature is：31.500 C."，如图 7-19 所示，数字 31.500 是 LM75AD 采集到的环境温度值。

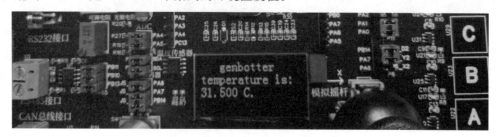

图 7-19　OLED 屏显示温度实验效果图

第8章

串行外设 SPI

串行外围设备接口(Serial Perripheral Interface，SPI)是 Motorola 公司推出的一种同步串行接口技术。SPI 总线允许 MCU 以全双工的同步串行方式与各种外围设备进行高速数据通信，是一种高速、同步的通信总线。

本章详细介绍 SPI 通信原理、软件模拟 SPI 的实现方法、GD32F10x 系列微控制器对 SPI 的实现方案、W25Qxx Flash 存储器的工作原理。在此基础上讲解与 SPI 通信相关的模式配置、收发数据的过程等，最后分别给出软、硬件 SPI 与 W25Q32 通信的案例。

8.1 认识 SPI

34min

SPI 总线是一种 4 线总线，因其硬件功能很强，所以与 SPI 有关的软件就相对简单，使采用 SPI 通信的主控芯片有更多的时间处理其他事务。正是因为这种简单易用的特性，越来越多的半导体厂商使用这种通信协议，逐渐成为一种事实上的标准。SPI 是一种高速度、高效率的串行接口技术。通常由一个主模块外加一个或多个从模块组成，主模块选择一个从模块进行同步通信，从而完成数据的交换。

8.1.1 SPI 协议原理概述

1. SPI 的一般引脚

SPI 的通信原理很简单，它以主从方式工作，这种模式通常有一个主设备和一个或多个从设备，至少需要 4 根线，如图 8-1 所示。在 SPI 设备的外部看，有 MOSI、MISO、SCK、NSS 这 4 个接口，内部是为实现 SPI 的同步串行通信而配置的寄存器、控制电路等。

图 8-1 SPI 连接示例

　　MISO：主设备输入/从设备输出引脚。该引脚在从模式下发送数据,在主模式下接收数据。

　　MOSI：主设备输出/从设备输入引脚。该引脚在主模式下发送数据,在从模式下接收数据。

　　SCK：时钟信号引脚,由主设备(通常是微控制器)生成,并用于同步数据传输。时钟信号的频率决定了数据传输的速度。

　　NSS(有些场合也被记为 CS、CSS、SS 等)：从设备选择。这是一个可选的引脚,用来选择主/从设备。它的功能是用来作为"片选引脚",让主设备可以单独地与特定的从设备通信,避免数据线上的冲突。从设备的 NSS 引脚可以由主设备的一个标准 I/O 引脚来驱动。一旦被使能(SSOE 位),NSS 引脚也可以作为输出引脚,并在 SPI 处于主模式时拉低;此时,所有的 SPI 设备,如果它们的 NSS 引脚连接到主设备的 NSS 引脚,则会检测到低电平,如果它们被设置为 NSS 硬件模式,就会自动进入从设备状态。当配置为主设备、NSS 配置为输入引脚(MSTR＝1,SSOE＝0)时,如果 NSS 被拉低,则这个 SPI 设备进入主模式失败状态(MSTR 位被自动清除,此设备进入从模式)。

2. SPI 与 I2C 的比较

　　与 USART、I2C 相比,SPI 的数据传输速度更快。SPI 被广泛地应用于 MCU 与 ADC、LCD、Flash、EEPROM 等设备进行通信。MCU 还可以通过 SPI 组成一个小型同步网络进行高速数据交换,从而完成更复杂的工作。

　　SPI 主要应用在 EEPROM、Flash、显示屏、实时时钟、数模转换器、数字信号处理器(Digital Signal Processor,DSP)及数字信号解码器之间。它在芯片中只占用 4 根引脚,用来控制及传输数据,节约了芯片的引脚数目,同时为 PCB 在布局上节省了空间。正是出于这种简单易用的特性,现在越来越多的芯片上都集成了 SPI 总线。

　　SPI 和 I2C 都是串行通信协议,它们用于在多个设备之间进行数据传输,但是,它们在传输速度、设备支持、连接方式和应用场景等方面有所不同,主要区别见表 8-1。

表 8-1　SPI 与 I2C 的比较

	SPI	I2C
信号线数量	4 线(SCLK、CS、MOSI、MISO)	2 线(SCL、SDA)
传输速率	MHz 量级,可达 100MHz	kHz 量级,双向最高 3.4MHz
通信类型	同步、串行、全双工	同步、串行、半双工
拓扑类型	单主多从结构	多主多从或单主多从结构
应答机制	无应答机制	有应答机制

　　(1) 连接方式：SPI 需要至少 4 条线,包括一个主时钟线、一个主输出线、一个主输入线和一个从设备选择线,而 I2C 只需两条线,一条用于时钟,另一条用于数据传输,因此,使用 SPI 会占用 MCU 更多的 I/O 端口资源。

　　(2) 传输速度：SPI 通常比 I2C 快得多。SPI 使用多个数据线同时传输数据,而 I2C 只使用两根数据线。

（3）设备支持：SPI通常比I2C支持更广泛的设备类型。SPI可以连接到多个设备上，包括存储器、传感器、芯片等。

（4）应答机制：SPI没有指定的流控制，没有应答机制确认是否接收到数据，没有任何形式的错误检查，而I2C有复杂的从站寻址系统，数据传输中有ACK/NACK位和奇偶校验位。这意味着I2C在数据可靠性上有一定的优势，但也增加了通信的复杂性和开销。

总之，SPI和I2C都有各自的优势和局限性，选择哪种协议取决于项目需求和硬件条件。一般来讲，如果需要高速、简单、全双工通信，并且不介意多占用一些引脚，则SPI可能是一个好选择；如果需要节省引脚、提高数据可靠性、支持多主多从通信，并且不介意速度较慢和协议较复杂，则I2C可能是一个好选择。SPI适用于需要高速数据传输和高级控制的应用，如存储器控制和音频处理等。I2C适用于需要连接多个低速设备的应用，如温度监测和电量测量等。例如，一些常见的使用SPI通信的设备有ADC/DAC、SD卡、LCD屏幕、摄像头模块等。一些常见的使用I2C通信的设备有温度传感器、RTC时钟、触摸屏控制器等。

8.1.2　一主一从的SPI通信过程

SPI互连主要有"一主一从"和"一主多从"两种方式，而"一主多从"的SPI也会使用片选接口或者菊花链方式保证在某个时刻SPI主机只和一个SPI从机进行通信，所以深刻理解SPI一主一从的通信原理是掌握SPI通信的前提。

1. 一主一从的SPI数据交换图解

一主一从SPI模式的硬件互连方式较简单，如图8-2所示。此互连方式只有一个SPI主设备和一个SPI从设备，按照图示方式互连即可，实现SPI通信硬件连接。

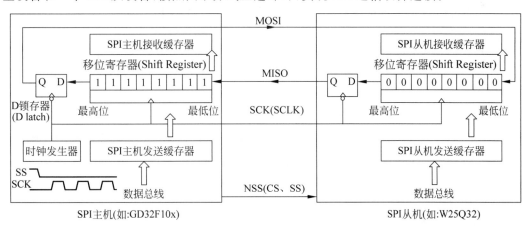

图 8-2　一主一从模式的SPI传输示意图

注意：①有些场景下，移位寄存器的位数可以是16位；②有些场景下，移位寄存器的发送顺序是低位优先的。

　　如图 8-2 所示,SPI 主机、SPI 从机都包含发送缓存、移位寄存器、接收缓存器、D 锁存器,而 SPI 主机还有一个时钟发生器为双方同步串行传输提供参考时钟。

　　SPI 数据通信从 SPI 主机的片选口输出一个有效的片选信号开始,SPI 从机片选端口被置为有效电平后 SPI 通信开启,此后具体的流程如下:

　　(1) SPI 主机和 SPI 从机将要发送给对方的 8 位数据一次性地填充到各自的发送缓存器。待通信双方的移位寄存器都为空时,各自将发送缓存器中的数据一次性转移到对应的移位寄存器中,然后移位寄存器的最高位被转移到锁存器中,剩下的 7 个 bit 依次前移,最低位被空出以等待对方锁存器的高位进入,如图 8-3 所示。

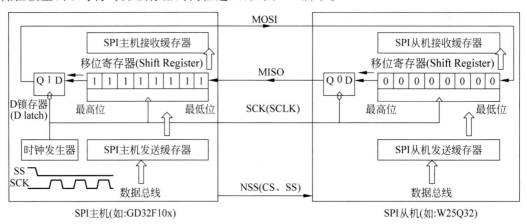

图 8-3　一主一从模式的 SPI 第 1 次移位示意

　　(2) 等待时钟发生器发出有效的采样边沿,采样边沿到来时 SPI 主机的 MISO 端口将 SPI 从机 MISO 端口对应锁存器的值移入 SPI 主机移位寄存器的最低位,同时 SPI 从机的 MOSI 口将 SPI 主机 MOSI 口对应锁存器的值移入 SPI 从机移位寄存器的最低位。以此类推,经过 8 个有效的时钟采样边沿后,SPI 主机和 SPI 从机各自移位寄存器中的值互相置换成功,并将移位寄存器中 8 位数据一次性转移到各自的接收缓存器中,进入步骤 3。

　　(3) 若此时片选口的片选信号依然有效,则回到步骤 1 继续 SPI 通信。若此时片选口的片选信号被 SPI 主机置为无效,则 SPI 通信结束。

　　那么,SPI 主机和从机在 SPI 时钟发生器给出的时钟脉冲的哪些边沿进行采样呢? 这要看 SPI 的通信模式是如何设置的。

2. SPI 的 4 种通信模式

　　SPI 通信模式由 SPI 时钟极性(Clock Polarity,CPOL)和时钟相位(Clock Phase,CPHA)的取值组合决定。

　　SPI 时钟极性是指 SPI 通信设备处于空闲状态时,时钟信号线的电平信号。若是 GD32F10x 或 STM32F10x 一类的单片机充当 SPI 主机,SPI 通信的模式一般由通过设置对应配置寄存器中的 CPOL 和 CPHA 两个位值来设定,而 SPI 从机一般是在出厂时设置好的,SPI 主机根据 SPI 从机的通信模式进行适配。配置寄存器中标识时钟极性的 CPOL 设置为 0 表示 SCK 在空闲状态时为低电平,设置为 1 表示 SCK 在空闲状态时为高电平,如图 8-4 所示。

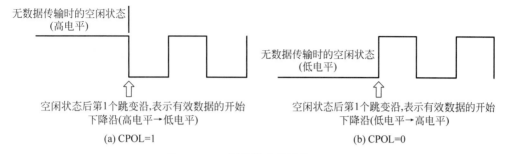

图 8-4　SPI 通信模式的极性 CPOL

配置寄存器中标识时钟相位的 CPHA 设置为 0 表示在第奇数次时钟跳变沿进行数据采样,设置为 1 表示在第偶数次时钟跳变沿进行数据采样,如图 8-5 所示。

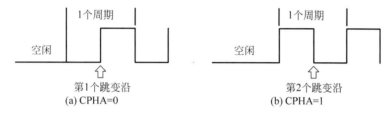

图 8-5　SPI 通信模式的相位 CPHA

CPOL 和 CPHA 的不同组合,形成了 SPI 总线的不同模式。

模式 0(CPOL=0;CPHA=0),CPOL=0,时钟在空闲时是低电平的,第 1 个跳变沿是上升沿,第 2 个跳变沿是下降沿;CPHA=0,数据在第奇数次跳变沿(上升沿)采样,如图 8-6 所示。

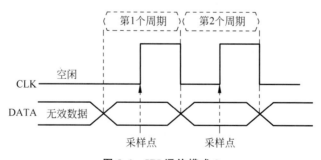

图 8-6　SPI 通信模式 0

模式 1(CPOL=0;CPHA=1),CPOL=0,时钟在空闲时是低电平的,第 1 个跳变沿是上升沿,第 2 个跳变沿是下降沿;CPHA=1,数据在第偶数次时钟跳变沿(下降沿)采样,如图 8-7 所示。

模式 2(CPOL=1;CPHA=0),CPOL=1,时钟在空闲时是高电平的,第 1 个跳变沿是

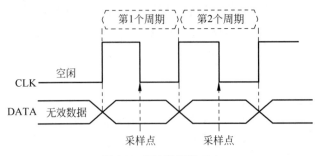

图 8-7　SPI 通信模式 1

下降沿,第 2 个跳变沿是上升沿;CPHA=0,数据在第奇数次时钟跳变沿(下降沿)采样,如图 8-8 所示。

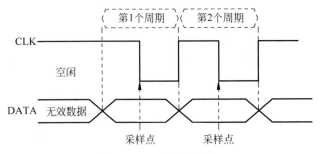

图 8-8　SPI 通信模式 2

　　模式 3(CPOL=1;CPHA=1),CPOL=1,时钟在空闲时是高电平的,第 1 个跳变沿是下降沿,第 2 个跳变沿是上升沿;CPHA=1,数据在第偶数次时钟跳变沿(上升沿)采样,如图 8-9 所示。

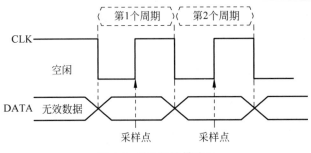

图 8-9　SPI 通信模式 3

8.1.3　一主多从的 SPI 连接方式

1. 多个片选信号的模式

　　在"一主多从"互连方式下,一个 SPI 主设备可以和多个 SPI 从设备通信,如图 8-10 所示。此方式下,所有的 SPI 从设备共用时钟线(SCK)和数据线(MOSI、MISO),主设备中需要为每个从设备分配一个 I/O 端口以实现不同从设备的选择。由于时钟线和数据线为多个从设备共用,某一时刻只能有一个从设备和主设备进行通信,而在这一时刻其他从设备上的时钟线和数据线都应该保持高阻状态。

也就是说,在某一时刻,SPI主机上只能有一个片选口输出有效信号,与这个输出有效信号的片选口相连的SPI从机被选中与SPI主机进行通信,而所有其他SPI从机上连入这个SPI网络的I/O端口都被置为高阻状态,从而不会影响SPI主机的SCK、MOSI、MISO上的电平信号。

2. 菊花链模式

图8-10所示的"一主多从"模式,虽然使用起来简单方便,但会占用SPI主机上更多的I/O端口。另外一种菊花链模式,可以在不增加SPI主机片选口的前提下实现"一主多从"的SPI通信。

连接方式:一个片选信号控制所有SPI从机的片选口输入;所有SPI从机接收同一个时钟信号。只有第1个从机从SPI主机直接接收命令,其他所有从器件都从链上的前一个SPI从机的DO输出获得其DI数据,如图8-11所示。

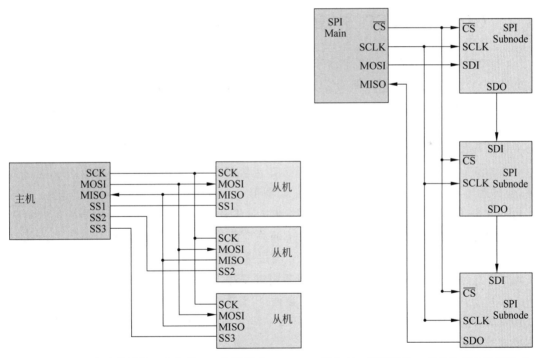

图 8-10　多个片选的一主多从 SPI 连接模式　　图 8-11　菊花链的一主多从 SPI 连接模式

数据传递:每个从机在给定的命令周期内(定义为每个命令所需的时钟数)从DIN读入,而在下一个命令周期从DOUT引脚有同样的输出。从DIN到DOUT会有一个命令周期的延迟。

片选口的使用:各个SPI从机只能在片选的上升沿执行写入命令。这意味着只要片选保持低电平,SPI从机将不会执行命令,并且会在下一个命令周期将命令通过SDO引脚输出。如果在给定命令周期之后片选信号变高,则所有 SPI 从机将立即执行写入 SDI 引脚的命令。如果片选信号变高,则数据将不会从 SDO 输出,这就使链上每个 SPI 从机可以执行不同的命令,其时序图如图 8-12 所示。

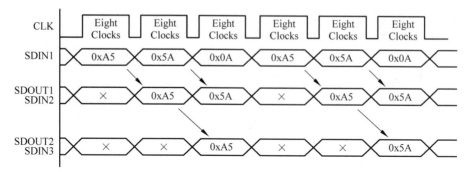

图 8-12 菊花链的一主多从 SPI 时序图

8.2 GD32 中的 SPI 外设

GD32F103 内集成了 2～3 个 SPI 外设,例如 GD32F103Cx 集成了两个 SPI 外设,而 GD32F103Rx 集成了 3 个 SPI 外设。具体的 SPI 外设数量,需要查看芯片的数据手册。

GD32F10x 通过 SPI 外设,可以实现微控制器与外部设备之间的串行数据通信。SPI 接口通常用于连接各种外围设备,如传感器、存储器、显示屏、无线模块等,以便实现数据的高速传输和控制。

GD32F103 中 SPI 的主要作用包括:①高速数据传输,SPI 接口支持高速串行数据传输,使其适用于需要快速数据交换的应用,如图形显示和存储器访问;②全双工通信,SPI 接口支持全双工通信,允许同时在发送和接收方向传输数据。这意味着微控制器可以将数据发送给外部设备,同时接收来自外部设备的响应数据,从而实现双向通信;③多设备通信,SPI 接口支持与多个外部设备进行通信,通过选择不同的片选信号(CS/SS)来与特定设备通信。这使微控制器能够与多个外部设备同时交互,而不需要多个独立的通信接口。

GD32F103 中 SPI 的特点包括①低复杂性,SPI 通信协议相对简单,只需少量的引脚和硬件资源,因此易于实现和集成到各种应用中;②多种工作模式,SPI 通信可以在不同的工作模式下运行,包括主从模式和从从模式,允许不同设备在不同情况下担任主动或被动角色;③应用广泛,SPI 接口被广泛地应用于各种领域,包括嵌入式系统、通信设备、传感器、存储器芯片、显示器和无线通信模块等。

8.2.1 功能框图

GD32F10x 的 SPI 外设既可以配置为 SPI 主机,也可以配置为 SPI 从机,结构如图 8-13 所示。

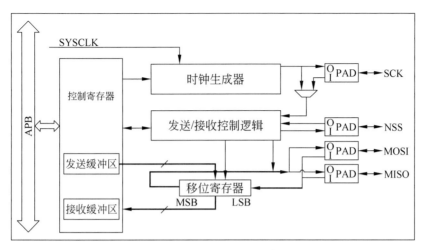

图 8-13　GD32F10x 的 SPI 框图

在图 8-13 中,"发送/接收控制逻辑"控制"移位寄存器"的移位方向和移位时机,而移位时机又由 SCK 信号控制,SCK 信号既可能由本机的"时钟生成器"生成(SPI 主机模式时),也有可能由 SCK 口从外部获取(SPI 从机模式)。NSS 口的信号也是双向的,当工作在 SPI 主机模式时发送片选信号,当工作在 SPI 从机模式时接收片选信号。

常规模式下,SPI 外设的 4 个引脚 SCK、NSS、MOSI、MISO 的作用与 8.1.1 节中介绍的相似,见表 8-2。

表 8-2　SPI 外设信号描述

引脚名称	方　向	描　　述
SCK	I/O	主机:SPI 时钟输出;从机:SPI 时钟输入
MISO	I/O	主机:数据接收线;从机:数据发送线;主机双向线模式:不使用;从机双向线模式:数据发送和接收线
MOSI	I/O	主机:数据发送线;从机:数据接收线;主机双向线模式:数据发送和接收线;从机双向线模式:不使用
NSS	I/O	软件 NSS 模式:不使用;主机硬件 NSS 模式:当 NSSDRV=1 时,为 NSS 输出,适用于单主机模式;当 NSSDRV=0 时,为 NSS 输入,适用于多主机模式。从机硬件 NSS 模式:为 NSS 输入,作为从机的片选信号

注意:输入引脚工作模式配置为浮空输入。

而 SPI 外设的配置寄存器 SPI_CTL0 中的 CKPL 位和 CKPH 位决定了 SPI 时钟和数据信号的时序。CKPL 位决定了空闲状态时 SCK 的电平,CKPH 位决定了第 1 个或第 2 个时钟跳变沿为有效采样边沿。在常规模式中,通过 SPI_CTL0 中的 FF16 位配置数据长度,当 FF16=1 时,数据长度为 16 位,否则为 8 位。通过设置 SPI_CTL0 中的 LF 位可以配置数据顺序,当 LF=1 时,SPI 先发送 LSB 位,当 LF=0 时,则先发送 MSB 位。

8.2.2 模式配置

当GD32F10x使用SPI通信时,除常规模式外还有全双工主机模式、单向线连接主机发送模式、单向线连接主机接收模式等,其工作模式的配置通过设置配置寄存器SPI_CTL0中的MSTMOD、RO、BDEN、BDOEN几个位实现。具体的工作模式与配置方法见表8-3。

表 8-3 SPI 的工作模式与配置方法

模式	描 述	寄存器配置	使用的数据引脚
MFD	全双工主机模式	MSTMOD=1 RO=0 BDEN=0 BDOEN:不要求	MOSI:发送;MISO:接收
MTU	单向线连接主机发送模式	MSTMOD=1 RO=0 BDEN=0 BDOEN:不要求	MOSI:发送;MISO:不使用
MRU	单向线连接主机接收模式	MSTMOD=1 RO=1 BDEN=0 BDOEN:不要求	MOSI:不使用;MISO:接收
MTB	双向线连接主机发送模式	MSTMOD=1 RO=0 BDEN=1 BDOEN=1	MOSI:发送;MISO:不使用
MRB	双向线连接主机接收模式	MSTMOD=1 RO=0 BDEN=1 BDOEN=0	MOSI:接收;MISO:不使用
SFD	全双工从机模式	MSTMOD=0 RO=0 BDEN=0 BDOEN:不要求	MOSI:接收;MISO:发送
STU	单向线连接从机发送模式	MSTMOD=0 RO=0 BDEN=0 BDOEN:不要求	MOSI:不使用;MISO:发送
SRU	单向线连接从机接收模式	MSTMOD=0 RO=1 BDEN=0 BDOEN:不要求	MOSI:接收;MISO:不使用

续表

模式	描　　述	寄存器配置	使用的数据引脚
STB	双向线连接从机发送模式	MSTMOD=0 RO=0 BDEN=1 BDOEN=1	MOSI：不使用；MISO：发送
SRB	双向线连接从机接收模式	MSTMOD=0 RO=0 BDEN=1 BDOEN=0	MOSI：不使用；MISO：接收

当芯片被配置为 SPI 从模式时，SCK 引脚用于接收从主设备来的串行时钟，SPI_CTL1 寄存器中 BR[2:0]的设置不影响数据传输速率。当被配置为主模式时，在 SCK 脚产生串行时钟。

在主设备发送时钟之前最好使能 SPI 从设备，否则可能会发生意外的数据传输。在通信时钟的第 1 条边沿到来之前或正在进行的通信结束之前，从设备的数据寄存器必须就绪。在使能从设备和主设备之前，通信时钟的极性必须处于稳定的数值。

SPI 具有多种工作模式、时钟时序、数据格式，因此在发送或接收数据之前，应用程序应遵循一定的流程对 SPI 进行初始化。

在发送或接收数据之前，应用程序应遵循如下的 SPI 初始化流程：

（1）如果工作在主机模式，则配置 SPI_CTL0 中的 PSC[2:0]位来生成预期波特率的 SCK 信号，否则忽略此步骤。

（2）配置数据格式（SPI_CTL0 中的 FF16 位）。

（3）配置时钟时序（SPI_CTL0 中的 CKPL 位和 CKPH 位）。

（4）配置帧格式（SPI_CTL0 中的 LF 位）。

（5）按照上文对 NSS 功能的描述，根据应用程序的需求，配置 NSS 模式（SPI_CTL0 中的 SWNSSEN 位和 NSSDRV 位）。

（6）根据 SPI 运行模式，配置 MSTMOD 位、RO 位、BDEN 位和 BDOEN 位。

（7）使能 SPI（将 SPIEN 置 1）。

在通信过程中，不应更改 CKPH、CKPL、MSTMOD、PSC[2:0]、LF 位。

在完成初始化过程之后，SPI 模块使能并保持在空闲状态，可以进行数据发送。在主机模式下，当软件将一个数据写到发送缓冲区时，发送过程开始。在从机模式下，当 SCK 引脚上的 SCK 信号开始翻转且 NSS 引脚电平为低时，发送过程开始，所以在从机模式下，应用程序必须确保在数据发送开始前，数据已经写入发送缓冲区中。

当 SPI 开始发送一个数据帧时，首先将这个数据帧从数据缓冲区加载到移位寄存器中，然后开始发送加载的数据。在数据帧的第 1 位发送之后，TBE（发送缓冲区空）位置 1。TBE 标志位置 1，说明发送缓冲区为空，此时如果需要发送更多数据，则软件应该继续写 SPI_DATA 寄存器。

在主机模式下,若想要实现连续发送功能,那么在当前数据帧发送完成前,软件应该将下一个数据写入 SPI_DATA 寄存器中。

对于 SPI 的数据接收流程,在最后一个采样时钟边沿之后,接收的数据将从移位寄存器存入接收缓冲区,并且 RBNE(接收缓冲区非空)位置 1。软件通过读 SPI_DATA 寄存器获得接收的数据,此操作会自动清除 RBNE 标志位。在 MRU 和 MRB 模式中,为了接收下一个数据帧,硬件需要连续发送时钟信号,而在全双工主机模式(MFD)中,仅当发送缓冲区非空时,硬件才接收下一个数据帧。

需要注意的是,当 SPI 处于从机模式时,如果输入的时钟周期数不是 8 或 16(由配置的位宽决定)的整数倍,则片选关闭,此时 SPI 不会清除计数,片选使能后会再等相应数量的时钟周期后才收发新的数据。可以通过软件主动复位 SPI 模块来解决此问题。

与第 7 章 I2C 通信类似,SPI 通信既可以通过 GD32F10x 自带的 SPI 外设实现,也可以根据 SPI 通信协议的规定由普通的 I/O 端口通过软件模拟实现。

8.3 SPI 案例:软件模拟 SPI 读写 W25Qxx

本节通过一个案例介绍如何使用 GD32 标准外设库的 GPIO 端口模拟 SPI 主机通信,本例程使用 PA7 模拟 MOSI,使用 PA6 模拟 MISO,使用 PA5 模拟时钟口 SCK,使用 PA4 模拟片选口 CS。

▶ 59min

8.3.1 案例目标

本案例演示如何通过 SPI 协议对 Flash 存储器 W25Qxx 读、写数据和擦除数据的操作,通过开发板上的触摸按键 A、B、C 控制存储器的读、写、擦除操作。若按键 A 被按下,则向 W25Qxx 中写入字符串 genbotter;若按键 B 被按下,则从 W25Qxx 中读取指定位置上存放的内容;若按键 C 被按下,则将 W25Qxx 上指定位置的内容擦除。

▶ 39min

8.3.2 案例方法

1. 软件模拟 SPI

由图 8-2 的 SPI 一主一从的通信示意图可以总结出 SPI 主机端从开启到完成一次 SPI 通信的流程如图 8-14 所示。

可以将图 8-14 中所示流程分解成 3 个阶段:①SPI 通信准备与初始化;②收发数据;③结束 SPI 通信。根据这 3 个阶段可以将软件模拟 SPI 的模块分解成 3 个子模块,在此基础上进行总体设计和接口函数详细设计即可。

2. W25Qxx 工作原理

本书的配套开发板集成了 W25Q32 Flash 存储器,该存储器具备 32M bits(4M bytes)的存储空间。为了方便数据的操作,W25Qxx 中的数据以一定的形式进行组织,最小的单位是 bit,每 8 比特位为 1 字节,每个字节才有一个地址编号;又把每 256byte 的数据组成 1

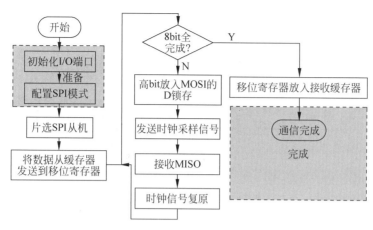

图 8-14 SPI 主机通信的流程

页(page);再把每 16 页的数据组成 1 个扇区(sector);最后把每 16 个扇区组成为 1 块(block)。W25Qxx 数据存储部分的组织方式如图 8-15 所示。

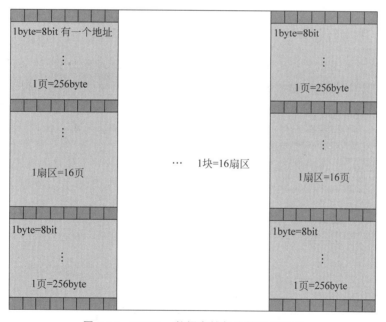

图 8-15 W25Qxx 数据存储部分的组织方式

W25Qxx 要正常工作,除了核心的数据存储外,还需要供电、保持、寄存器等外围元器件的配合,此外还需要有 SPI 命令控制逻辑的实现电路以保证外部的主控芯片能对其进行数据存储等操作。W25Qxx 的原理框图可以概括为图 8-16。

最后,W25Qxx 又规定了若干 SPI 指令协议,通过协议中特定的指令就可以实现对W25Qxx 数据存储、数据读取、数据擦除等操作,而且,W25Qxx 工作原理要求在写入数据之前要先对其进行擦除操作,而擦除只能是扇区擦除、块擦除、芯片擦除这几种方式,所以要

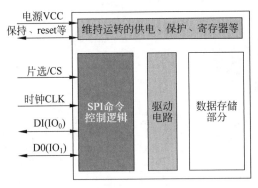

图 8-16　W25Qxx 的原理框图

在某个字节的地址上写入数据,首先要判断这个 byte 所在的扇区上是否有内容,如果有,则先把扇区上所有的值读出来,再擦除,然后将要写入的和原来的拼接后写入这个 sector,而 W25Qxx 能擦除的次数是有限制的,所以将数据写到 sector 上之前先判断 sector 是否已经擦除过。

8.3.3　案例代码

案例工程在 7.6 节实验代码工程的基础上进行修改,删除 LM75AD 部分、保留 OLED 显示的部分。为工程添加软件模拟 SPI 的模块(soft_spi)、W25Qxx 驱动模块(w25qxx_spi)。

其中,W25Qxx 驱动模块中还加入了一个 w25qxx_ins.h 文件,该文件包含了 W25Qxx 的常用操作指令,这些指令封装了通过 SPI 协议发给 W25Qxx 的指令数据,如图 8-17 所示。

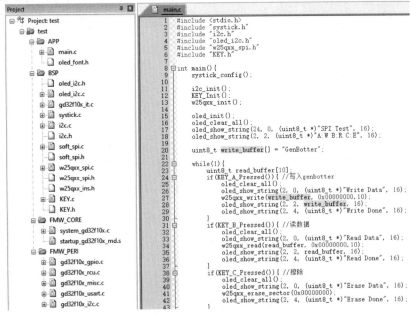

图 8-17　案例工程框架

　　在软件模拟 SPI 模块中,要实现的关键步骤包括充当 SPI 各种接口的 I/O 端口初始化、SPI 模式配置、SPI 起始信号和终止信号发送、SPI 发数据、SPI 读数据等。本案例实现的是 SPI 主模式的软件模拟。头文件 soft_spi.h 中的代码如下:

```
/*!
    \file    第 8 章\8.3 案例\soft_spi.h
*/
#ifndef _SOFT_SPI_H
#define _SOFT_SPI_H
/**
filename: soft_spi.h
**/
#include "gd32f10x.h"
#include "systick.h"

//定义表示具体 I/O 端口的资源宏
#define SPI_PORT GPIOA
#define SPI_MOSI GPIO_PIN_7
#define SPI_MISO GPIO_PIN_6
#define SPI_SCK  GPIO_PIN_5
#define SPI_CS   GPIO_PIN_4

#define SPI_MODE0 0
#define SPI_MODE1 1
#define SPI_MODE2 2
#define SPI_MODE3 3

void soft_spi_init(void);                      //SPI 通信准备,初始化
void soft_spi_init_io(void);                   //初始化 SPI 通信用到的 I/O 端口
void soft_spi_init_mode(uint8_t spi_mode);     //初始化 SPI 通信模式
//时钟相位和时钟极性
void soft_spi_begin(void);                     //开始 SPI 通信
void soft_spi_w_cs(uint8_t bit_value);         //写片选 CS 端口

uint8_t soft_spi_swap(uint8_t byte_to_send);
void soft_spi_w_sck(uint8_t bit_value);        //写时钟端口
void soft_spi_w_mosi(uint8_t bit_value);       //写 MOSI 端口
uint8_t soft_spi_r_miso(void);                 //读 MISO 端口

void soft_spi_end(void);

#endif
```

相对应的 soft_spi.c 文件中的代码如下:

```
/*!
    \file    第 8 章\8.3 案例\soft_spi.c
*/
#include "soft_spi.h"
```

```
uint8_t clock_polar;
uint8_t clock_phase;

//SPI 通信准备,初始化
void soft_spi_init(void){
    soft_spi_init_io();
    soft_spi_init_mode(SPI_MODE0);
}

//初始化 SPI 通信用到的 I/O 端口
void soft_spi_init_io(void){
    rcu_periph_clock_enable(RCU_GPIOA);
    gpio_init(SPI_PORT, GPIO_MODE_OUT_PP, GPIO_OSPEED_50MHZ, SPI_MOSI|SPI_SCK|SPI_CS);
    gpio_init(SPI_PORT, GPIO_MODE_IPU, GPIO_OSPEED_50MHZ, SPI_MISO);
}

//初始化 SPI 通信模式,以及时钟相位和时钟极性
void soft_spi_init_mode(uint8_t spi_mode){
    switch(spi_mode){
        case SPI_MODE0:
            clock_polar = 0;
            clock_phase = 0;
            break;
        case SPI_MODE1:
            clock_polar = 0;
            clock_phase = 1;
            break;
        case SPI_MODE2:
            clock_polar = 1;
            clock_phase = 0;
            break;
        case SPI_MODE3:
            clock_polar = 1;
            clock_phase = 1;
            break;
        default:
            break;
    }
}

//开始 SPI 通信
void soft_spi_begin(void){
    soft_spi_w_cs((bit_status)0);
}

//写片选 CS 口
void soft_spi_w_cs(uint8_t bit_value){
    gpio_bit_write(SPI_PORT, SPI_CS, (bit_status)bit_value);
}
```

```
/ *
重要函数,SPI 主机的移位寄存器与 SPI 从机移位寄存器交换数值
* /
uint8_t soft_spi_swap(uint8_t byte_to_send){
    uint8_t byte_receive = 0x00;

    uint8_t i;
    for(i = 0; i < 8; i++){
        soft_spi_w_sck(clock_polar ? 1:0);
        delay_1us(1);
        if(clock_phase){
            if(soft_spi_r_miso() == 1)byte_receive |= (0x80 >> i);
            soft_spi_w_sck(clock_phase ? 0 : 1);
            delay_1us(1);
            soft_spi_w_mosi(byte_to_send & (0x80 >> i));
        }else{
            soft_spi_w_mosi(byte_to_send & (0x80 >> i));
            soft_spi_w_sck(clock_phase ? 0 : 1);
            delay_1us(1);
            if(soft_spi_r_miso() == 1)byte_receive |= (0x80 >> i);
        }
    }
    return byte_receive;
}

//写时钟端口
void soft_spi_w_sck(uint8_t bit_value){
    gpio_bit_write(SPI_PORT, SPI_SCK, (bit_status)bit_value);
}

//写 MOSI 端口
void soft_spi_w_mosi(uint8_t bit_value){
    gpio_bit_write(SPI_PORT, SPI_MOSI, (bit_status)bit_value);
}

//读 MISO 端口
uint8_t soft_spi_r_miso(void){
    return gpio_input_bit_get(SPI_PORT, SPI_MISO);
}

void soft_spi_end(void){
    soft_spi_w_sck(clock_polar ? 1:0);
    soft_spi_w_cs((bit_status)1);
}
```

W25Qxx 的代码相对复杂,在 w25qxx_ins.h 文件中定义了 W25Qxx 中常用的 SPI 指令数据的宏,代码如下:

```
/*!
    \file     第8章\8.3案例\ w25qxx_ins.h
*/
#ifndef _W25QXX_INS_H
#define _W25QXX_INS_H

#define W25QXX_WRITE_ENABLE                        0x06
#define W25QXX_WRITE_DISABLE                       0x04
#define W25QXX_READ_STATUS_REGISTER_1              0x05
#define W25QXX_READ_STATUS_REGISTER_2              0x35
#define W25QXX_READ_STATUS_REGISTER_3              0x15
#define W25QXX_READ_DATA                           0x03
#define W25QXX_READ_UNIQUE_ID                      0x4B
#define W25QXX_WRITE_STATUS_REGISTER_1             0x01
#define W25QXX_WRITE_STATUS_REGISTER_2             0x31
#define W25QXX_WRITE_STATUS_REGISTER_3             0x11
#define W25QXX_PAGE_PROGRAM                        0x02
#define W25QXX_QUAD_PAGE_PROGRAM                   0x32
#define W25QXX_BLOCK_ERASE_64KB                    0xD8
#define W25QXX_BLOCK_ERASE_32KB                    0x52
#define W25QXX_SECTOR_ERASE_4KB                    0x20
#define W25QXX_CHIP_ERASE                          0xC7
#define W25QXX_ERASE_SUSPEND                       0x75
#define W25QXX_ERASE_RESUME                        0x7A
#define W25QXX_POWER_DOWN                          0xB9
#define W25QXX_HIGH_PERFORMANCE_MODE               0xA3
#define W25QXX_CONTINUOUS_READ_MODE_RESET          0xFF
#define W25QXX_RELEASE_POWER_DOWN_HPM_DEVICE_ID    0xAB
#define W25QXX_MANUFACTURER_DEVICE_ID              0x90
#define W25QXX_JEDEC_ID                            0x9F
#define W25QXX_FAST_READ                           0x0B
#define W25QXX_FAST_READ_DUAL_OUTPUT               0x3B
#define W25QXX_FAST_READ_DUAL_IO                   0xBB
#define W25QXX_FAST_READ_QUAD_OUTPUT               0x6B
#define W25QXX_FAST_READ_QUAD_IO                   0xEB
#define W25QXX_OCTAL_WORD_READ_QUAD_IO             0xE3
#define W25QXX_DUMMY_BYTE                          0xFF

#endif
```

将 W25Qxx 常用的命令定义在 w25qxx_spi.h 文件中,代码如下:

```
/*!
    \file     第8章\8.3案例\ w25qxx_spi.h
*/
#ifndef _W25QXX_SPI_H
#define _W25QXX_SPI_H

#include "gd32f10x.h"
```

```
#include "w25qxx_ins.h"
#include "soft_spi.h"

#define W25QXX_ID_1         1
#define W25QXX_SR_ID_1      1
#define W25QXX_SR_ID_2      2
#define W25QXX_SR_ID_3      3

void w25qxx_init(void);

void w25qxx_wait_busy(void);
uint8_t w25qxx_read_sr(uint8_t sregister_id); //读状态寄存器

void w25qxx_read(uint8_t * p_buffer, uint32_t read_addr, uint16_t num_read_bytes);

void w25qxx_write(uint8_t * p_buffer, uint32_t write_addr, uint16_t num_write_bytes);
void w25qxx_write_nocheck(uint8_t * p_buffer, uint32_t write_addr, uint16_t num_write_
bytes); //
void w25qxx_write_page(uint8_t * p_buffer, uint32_t write_addr, uint16_t num_write_bytes);
//page program

void w25qxx_erase_sector(uint32_t sector_addr);
void w25qxx_erase_chip(void);

void w25qxx_write_enable(void);
void w25qxx_write_disable(void);

void w25qxx_power_down(void);
void w25qxx_wake_up(void);

void w25qxx_cs_enable(uint8_t cs_id);
void w25qxx_cs_disable(uint8_t cs_id);
uint8_t w25qxx_swap(uint8_t byte_to_send);

#endif
```

因为在 W25Qxx 某个地址上写入数据之前需要先擦除数据,所以在写入数据之前要先判断是否需要擦除数据,而 W25Qxx 的擦除单位最小是一个扇区,若是在某个扇区的中间位置开始写入数据,而这个扇区中又已经有数据了,在擦除这个扇区的所有内容之前还需要将写入位置之前的内容先读出来,等整个擦除操作完成后再和要写入的内容拼接起来,然后写入这个扇区,所以 W25Qxx 的写入操作较为烦琐,w25qxx_spi.c 文件中的代码如下:

```
/*!
    \file    第8章\8.3案例\ w25qxx_spi.c
*/
#include "w25qxx_spi.h"

void w25qxx_init(void){
```

```
    soft_spi_init();
}


//如果 SR-1 的 BUSY 位为 1,则一直等待,直到 BUSY 位为 0,结束等待
void w25qxx_wait_busy(void){
    while((w25qxx_read_sr(W25QXX_SR_ID_1) & 0x01) == 0x01){
        ;
    }
}


//读状态寄存器
uint8_t w25qxx_read_sr(uint8_t sregister_id){
    uint8_t command, result;
    switch(sregister_id){
        case W25QXX_SR_ID_1:
            command = W25QXX_READ_STATUS_REGISTER_1;
            break;
        case W25QXX_SR_ID_2:
            command = W25QXX_READ_STATUS_REGISTER_2;
            break;
        case W25QXX_SR_ID_3:
            command = W25QXX_READ_STATUS_REGISTER_3;
            break;
        default:
            command = W25QXX_READ_STATUS_REGISTER_1;
            break;
    }

    w25qxx_cs_enable(W25QXX_ID_1);
    w25qxx_swap(command);
    result = w25qxx_swap(0xFF);
    w25qxx_cs_disable(W25QXX_ID_1);

    return result;
}


//读 Flash 的数据
// * p_buffer 读回的数据的存放位置
void w25qxx_read(uint8_t * p_buffer, uint32_t read_addr, uint16_t num_read_bytes){
    uint16_t i;

    w25qxx_cs_enable(W25QXX_ID_1);

    w25qxx_swap(W25QXX_READ_DATA);    //发送读数据的指令
    w25qxx_swap(read_addr >> 16);      //发送 24bit 地址
    w25qxx_swap(read_addr >> 8);
    w25qxx_swap(read_addr);

    for(i = 0; i < num_read_bytes; i++){
```

```
        p_buffer[i] = w25qxx_swap(0xFF);
    }
    w25qxx_cs_disable(W25QXX_ID_1);
}

//往 W25Qxx 写数据 * p_buffer
uint8_t W25QXX_Buffer[4096]; //用来存放从 sector 读出的 bytes
void w25qxx_write(uint8_t * p_buffer, uint32_t write_addr, uint16_t num_write_bytes){
    uint32_t sec_num;
    uint16_t sec_remain;
    uint16_t sec_off;
    uint16_t i;
    sec_num = write_addr / 4096; //要写入的位置在第 sec_num 个扇区上
    sec_off = write_addr % 4096;
    sec_remain = 4096 - sec_off;

    if(num_write_bytes <= sec_remain){
        w25qxx_read(W25QXX_Buffer, sec_num * 4096, 4096); //将扇区的数据读出来
        for(i = 0; i < sec_remain; i++){
            if(W25QXX_Buffer[i + sec_off] != 0xFF)//说明没有擦除
                break;
        }
        if(i < sec_remain){ //扇区没有擦除
            w25qxx_erase_sector(sec_num * 4096);
            for(i = 0; i < sec_remain; i++){
                W25QXX_Buffer[i + sec_off] = p_buffer[i];
            }
            w25qxx_write_nocheck(W25QXX_Buffer, sec_num * 4096, 4096);
        }else{              //扇区 sec_remain 部分是擦除过的
            w25qxx_write_nocheck(p_buffer, write_addr, num_write_bytes);
        }
    }else{
        w25qxx_read(W25QXX_Buffer, sec_num * 4096, 4096); //读出扇区数据

        for(i = 0; i < sec_remain; i++){
            if(W25QXX_Buffer[i + sec_off] != 0xFF) //扇区的该位没擦除
                break;
        }

        if(i < sec_remain){ //扇区没有擦除
            w25qxx_erase_sector(sec_num * 4096);
            for(i = 0; i < sec_remain; i++){
                W25QXX_Buffer[i + sec_off] = p_buffer[i];
            }
            w25qxx_write_nocheck(W25QXX_Buffer, sec_num * 4096, 4096);
        }else{              //扇区 sec_remain 部分是擦除过的
            w25qxx_write_nocheck(p_buffer, write_addr, sec_remain);
        }
        write_addr += sec_remain;
```

```
        p_buffer += sec_remain;
        num_write_bytes -= sec_remain;
        w25qxx_write(p_buffer, write_addr, num_write_bytes);
    }
}

//调用之前先确保扇区已被删除
void w25qxx_write_nocheck(uint8_t * p_buffer, uint32_t write_addr, uint16_t num_write_bytes)
{
    uint16_t page_remain = 256 - write_addr % 256;

    if(num_write_bytes <= page_remain){
        w25qxx_write_page(p_buffer, write_addr, num_write_bytes);
    }else{
        w25qxx_write_page(p_buffer, write_addr, page_remain);
        p_buffer += page_remain;
        write_addr += page_remain;
        num_write_bytes -= page_remain;
        w25qxx_write_nocheck(p_buffer, write_addr, num_write_bytes);
    }
}

//page program
//在保证没有跨页写的前提下调用此函数往某个页上写内容
void w25qxx_write_page(uint8_t * p_buffer, uint32_t write_addr, uint16_t num_write_bytes){
    uint16_t i;

    w25qxx_write_enable();

    w25qxx_cs_enable(W25QXX_ID_1);
    w25qxx_swap(W25QXX_PAGE_PROGRAM);
    w25qxx_swap(write_addr >> 16); //发送 24bit 地址
    w25qxx_swap(write_addr >> 8);
    w25qxx_swap(write_addr);

    for(i = 0; i < num_write_bytes; i++){
        w25qxx_swap(p_buffer[i]);
    }
    w25qxx_cs_disable(W25QXX_ID_1);

    w25qxx_wait_busy();
}

//擦除 sector_addr 所在的 sector
void w25qxx_erase_sector(uint32_t sector_addr){
    w25qxx_write_enable();

    w25qxx_cs_enable(W25QXX_ID_1);
    w25qxx_swap(W25QXX_SECTOR_ERASE_4KB);
```

```
        w25qxx_swap(sector_addr >> 16);
        w25qxx_swap(sector_addr >> 8);
        w25qxx_swap(sector_addr);
        w25qxx_cs_disable(W25QXX_ID_1);

        w25qxx_wait_busy();
}

void w25qxx_erase_chip(void){
        w25qxx_write_enable();

        w25qxx_cs_enable(W25QXX_ID_1);
        w25qxx_swap(W25QXX_CHIP_ERASE);
        w25qxx_cs_disable(W25QXX_ID_1);

        w25qxx_wait_busy();
}

void w25qxx_write_enable(void){
        w25qxx_cs_enable(W25QXX_ID_1);
        w25qxx_swap(W25QXX_WRITE_ENABLE);
        w25qxx_cs_disable(W25QXX_ID_1);
}

void w25qxx_write_disable(void){
        w25qxx_cs_enable(W25QXX_ID_1);
        w25qxx_swap(W25QXX_WRITE_DISABLE);
        w25qxx_cs_disable(W25QXX_ID_1);
}

//低电量休眠
void w25qxx_power_down(void){
        w25qxx_cs_enable(W25QXX_ID_1);
        w25qxx_swap(W25QXX_POWER_DOWN);
        w25qxx_cs_disable(W25QXX_ID_1);
}

//唤醒
void w25qxx_wake_up(void){
        w25qxx_cs_enable(W25QXX_ID_1);
        w25qxx_swap(W25QXX_RELEASE_POWER_DOWN_HPM_DEVICE_ID);
        w25qxx_cs_disable(W25QXX_ID_1);
}

/*
brief:使能片选引脚 CS
cs_id: CS 引脚的序号,即第几个 W25Qxx Flash
*/
void w25qxx_cs_enable(uint8_t cs_id){
```

```
        switch(cs_id){
            case W25QXX_ID_1:
                soft_spi_begin();
                break;
            default:
                break;
        }
    }

    void w25qxx_cs_disable(uint8_t cs_id){
        switch(cs_id){
            case W25QXX_ID_1:
                soft_spi_end();
                break;
            default:
                break;
        }
    }

    uint8_t w25qxx_swap(uint8_t byte_to_send){
        return soft_spi_swap(byte_to_send);
    }
```

软件模拟 SPI 和 W25Qxx 驱动模块都完成后,案例目标实现较为简单,只需查询按键 A、B、C 的状态,然后做出相应的动作。main.c 文件中的代码如下:

```
/*!
    \file     第 8 章\8.3 案例\main.c
*/
# include < stdio. h>
# include "systick. h"
# include "i2c. h"
# include "oled_i2c. h"
# include "w25qxx_spi. h"
# include "KEY. h"

int main(){
    systick_config();

    i2c_init();
    KEY_Init();
    w25qxx_init();

    oled_init();
    oled_clear_all();
    oled_show_string(24, 0, (uint8_t * )"SPI Test", 16);
    oled_show_string(2, 2, (uint8_t * )"A:W B:R C:E", 16);

    uint8_t write_buffer[] = "GenBotter";
```

```
while(1){
    uint8_t read_buffer[10];
    if(KEY_A_Pressed()){ //写入 genbotter
        oled_clear_all();
        oled_show_string(2, 0, (uint8_t *)"Write Data", 16);
        w25qxx_write(write_buffer, 0x00000000,10);
        oled_show_string(2, 2, write_buffer, 16);
        oled_show_string(2, 4, (uint8_t *)"Write Done", 16);
    }
    if(KEY_B_Pressed()){ //读数据
        oled_clear_all();
        oled_show_string(2, 0, (uint8_t *)"Read Data", 16);
        w25qxx_read(read_buffer, 0x00000000,10);
        oled_show_string(2, 2, read_buffer, 16);
        oled_show_string(2, 4, (uint8_t *)"Read Done", 16);
    }
    if(KEY_C_Pressed()){ //擦除
        oled_clear_all();
        oled_show_string(2, 0, (uint8_t *)"Erase Data", 16);
        w25qxx_erase_sector(0x00000000);
        oled_show_string(2, 4, (uint8_t *)"Erase Done", 16);
    }
}
}
```

8.3.4 效果分析

▶ 25min

将程序下载到开发板,初始运行 OLED 上显示 SPI Test 和 A:W B:R C:E 两行字符。点一下触摸按键 A,OLED 显示 Write Data、GenBotter、Write Done 三行字符;点一下触摸按键 B,OLED 显示 Read Data、GenBotter、Read Done 三行字符;点一下触摸按键 C,OLED 显示 Erase Data、空行、Erase Done 三行字符;若再次点一下触摸按键 B 读取 W25Qxx 的数据,在 OLED 的第 2 行会显示白色,这是因为 W25Qxx 中的数据已经被擦除(全被置 1);如图 8-18 所示。

程序初始状态

按键A,写入W25Qxx

按键B,从W25Qxx读数据

按键C,擦除W25Qxx

再按键B,从W25Qxx读数据

图 8-18 SPI 案例实现效果

注意：由于开发板上的摇杆、旋转编码器、光敏电阻、可变电阻和 W25Qxx 有共用的引脚，所以在做本实验时需要将 W25Qxx(Flash)的短接帽短接，将摇杆、旋转编码器、可变电阻、光敏电阻的短接帽断开。

8.4　小结

本章主要内容为 GD32F10x 的 SPI 通信，介绍了 SPI 通信的基本原理，包括 SPI 物理连接、SPI 互连方式、时序图、模式配置、性能特点等。此外，本章还介绍了 GD32F10x 进行 SPI 通信的一般流程。

最后，通过一个软件模拟 SPI 的应用案例演示了使用 SPI 方式进行 W25Qxx 读写的方法，在案例方法中还简要介绍了 W25Qxx 的工作原理。

8.5　练习题

(1) 简述 SPI 的工作原理。

(2) SPI 通信有几个接口？分别有什么作用？

(3) SPI 通信有哪些优点？

(4) 简述 SPI 的使用流程。

(5) 简述 SPI"一主一从""一主多从"两种互连方式的不同之处。

(6) 简述 W25Q32 的作用。

(7) 软件 SPI 和硬件 SPI 分别有什么优缺点？

(8) 如何用 GD32F103C8T6 控制两个 W25Q32 模组？

▷ 48min

8.6　SPI 案例：硬件 SPI 操作 W25Q32

8.6.1　实验目标

本实验目标与 8.3 节案例的目标相同，只是其中的 SPI 通信调用 GD32F103C8T6 自带的 SPI 硬件外设实现。

8.6.2　实验方法分析

工程的实现方法与 8.3 节的案例相似，只是将底层的 SPI 通信替换为 SPI 硬件实现，然后将 W25Qxx 驱动中所有调用了 SPI 的部分替换下来。

所以，只需将 gd32f10x_spi 外设模块引入，然后将 W25Qxx 驱动中的初始化函数、片选使能、片选失能、SPI 交换数据函数的实现替换成 SPI 硬件外设实现。

还需要注意的是,GD32F10x芯片中SPI外设对应的I/O端口是固定的,查看它的数据手册可知,其SPI0的NSS、SCK、MISO、MOSI对应的I/O端口分别是PA4、PA5、PA6、PA7,因此在使用SPI0外设进行SPI通信之前需要先对这几个I/O端口进行初始化,包括时钟使能、工作模式使能、复用时钟使能等。

8.6.3 实验代码

在8.3节案例的基础上删除soft_spi模块,引入gd32f10x_spi,工程框架如图8-19所示。

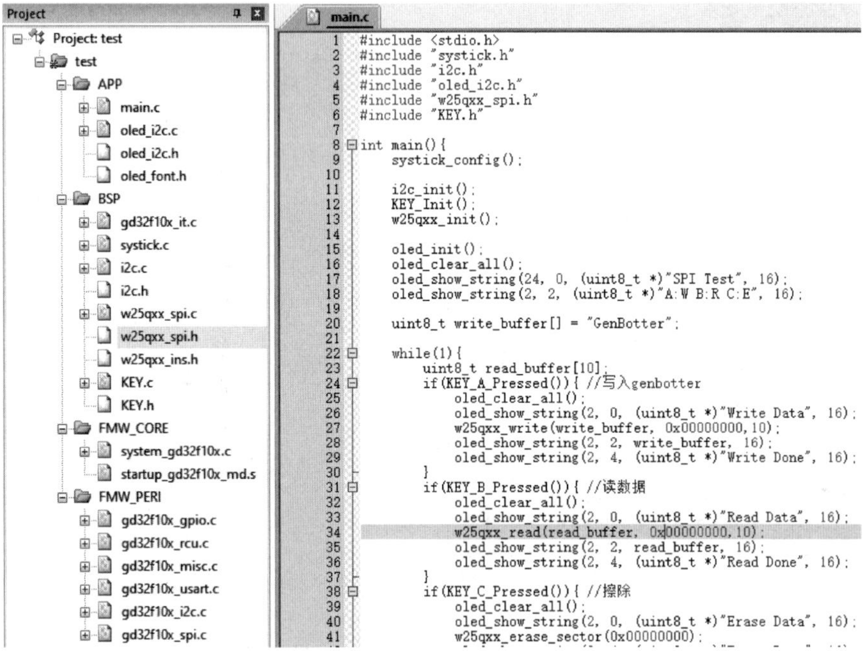

图8-19 硬件SPI的W25Qxx驱动实验工程框架

在8.3节案例的基础上只需更改w25qxx_spi.h、w25qxx_spi.c这两个文件。对于w25qxx_spi.h文件,要声明的接口函数与8.3节中的接口函数类似,只需对SPI初始化部分进行更改,与SPI初始化相关的函数声明如下:

```
/*!
    \file    第8章\8.6实验\w25qxx_spi.h的代码片段
*/
void w25qxx_init(void);
//使能外设时钟
void w25qxx_rcu_init(void);
//对I/O端口进行配置,使之复用为SPI0, PA4\PA5\PA6\PA7,NSS\SCK\MISO\MOSI
void w25qxx_io_init(void);
//SPI0初始化
void w25qxx_spi_init(void);
```

在源文件 w25qxx_spi.c 中只需更改 SPI 初始化、SPI 实现的代码。与 SPI 初始化相关的代码如下：

```
/*!
    \file    第 8 章\8.6 实验\w25qxx_spi.c 的代码片段
*/
void w25qxx_init(void){
    //使能外设时钟
    w25qxx_rcu_init();
    //对 I/O 端口进行配置,使之复用为 SPI0, PA4\PA5\PA6\PA7,NSS\SCK\MISO\MOSI
    w25qxx_io_init();
    //SPI0 初始化
    w25qxx_spi_init();
    spi_enable(SPI0);
}


//使能外设时钟
void w25qxx_rcu_init(void){
    rcu_periph_clock_enable(RCU_GPIOA); //使能 GPIOA 时钟
    rcu_periph_clock_enable(RCU_AF);    //使能 AF 时钟
    rcu_periph_clock_enable(RCU_SPI0);  //使能 SPI0 时钟
}


//对 I/O 端口进行配置,使之复用为 SPI0, PA4\PA5\PA6\PA7,NSS\SCK\MISO\MOSI
void w25qxx_io_init(void){
//MISO
    gpio_init(GPIOA, GPIO_MODE_IN_FLOATING, GPIO_OSPEED_50MHZ, GPIO_PIN_6);
//SCK\MOSI
    gpio_init(GPIOA, GPIO_MODE_AF_PP, GPIO_OSPEED_50MHZ, GPIO_PIN_5 | GPIO_PIN_7);
//NSS 片选口
    gpio_init(GPIOA, GPIO_MODE_OUT_PP, GPIO_OSPEED_50MHZ, GPIO_PIN_4);
}


//SPI0 初始化
void w25qxx_spi_init(void){
    spi_parameter_struct spi_struct;
    spi_struct.device_mode = SPI_MASTER;             /*!< SPI master */
    spi_struct.trans_mode = SPI_TRANSMODE_FULLDUPLEX;  /*!< SPI transfer type */
    spi_struct.frame_size = SPI_FRAMESIZE_8 位;      /*!< SPI frame size */
    spi_struct.nss = SPI_NSS_SOFT;                   /*!< SPI NSS control by software */
    spi_struct.endian = SPI_ENDIAN_MSB;              /*!< SPI big endian or little endian */
    spi_struct.clock_polarity_phase = SPI_CK_PL_LOW_PH_1EDGE; /*!< SPI clock phase and
polarity */
    spi_struct.prescale = SPI_PSC_8;                 /*!< SPI prescaler factor */

    spi_init(SPI0, &spi_struct);
}
```

因为 SPI 数据交换都是调用 w25qxx_swap 函数实现的,所以还需要更改此函数,以便

通过 SPI 硬件实现所需功能,代码如下:

```c
/*!
    \file    第 8 章\8.6 实验\w25qxx_spi.c 的代码片段
*/
uint8_t w25qxx_swap(uint8_t byte_to_send){
    //等待 SPI 发送缓冲器为空
    while(spi_i2s_flag_get(SPI0, SPI_FLAG_TBE) == RESET){
        ;
    }
    spi_i2s_data_transmit(SPI0, byte_to_send);

    //等待通信结束
    while(spi_i2s_flag_get(SPI0, SPI_FLAG_TRANS) == SET){
        ;
    }

    //等待 SPI 接收缓冲器非空
    while(spi_i2s_flag_get(SPI0, SPI_FLAG_RBNE) == RESET){
        ;
    }
    return spi_i2s_data_receive(SPI0);
}
```

8.6.4　实验现象

实验现象与 8.3 节案例的现象相同。

第9章

控制器局域网

控制器局域网(Controller Area Network,CAN)是由以研发和生产汽车电子产品著称的德国 BOSCH 公司联合 Intel 公司开发的,并最终成为国际标准(ISO 11898),是国际上应用最广泛的现场总线之一。

63min

9.1 理解 CAN

CAN 总线是一种可以在无主机情况下实现微处理器或者设备之间相互通信的总线标准。CAN 总线的设计目标是提供一种可靠、实时的通信方式,适用于高噪声环境和严苛的工业条件。它在汽车领域被广泛地应用于各种电子设备之间的通信,例如引擎控制单元、防抱死系统、仪表盘、空调系统等。

本节概要介绍 CAN 总线的一般通信原理。

9.1.1 CAN 协议简介

现在的 CAN 通信协议已成为一种 ISO 标准,但它也是经过多年的升级优化才成为今天的样子。

1983 年:CAN 总线最早由德国 BOSCH 公司开发。BOSCH 公司的工程师设计了 CAN 总线作为汽车电子系统中的一种新的通信协议。最初的设计目标是在汽车领域中提供一种可靠、实时的通信方式。

1986 年:CAN 2.0 标准发布。在最初的 CAN 1.0 版本的基础上,CAN 2.0 引入了一些改进方案,包括数据传输速率的增加、消息帧格式的扩展及错误检测和纠正机制的改进。

1991 年:CAN 成为国际标准。CAN 总线的使用逐渐扩展到世界各地,得到了广泛的应用。国际标准化组织将 CAN 标准化为 ISO 11898 标准,进一步推动了其在汽车和工业领域的应用。

1999 年:CAN FD(Flexible Data-Rate)标准发布。CAN FD 是 CAN 总线的进一步发展,通过增加数据传输速率和数据帧长度的灵活性,提高了数据传输的效率和带宽。

到了 2011 年,CANopen 协议发布。CANopen 是基于 CAN 总线的通信协议,用于工业自动化和机械控制领域。它定义了一组标准化的通信对象和通信服务,简化了系统集成和设备间的通信。

那么,为何 CAN 协议会在汽车应用领域诞生呢? 汽车电子系统内受控部件较多,大多需要和仪表盘通信,部分部件之间也需要通信,比较自然的想法是将它们点对点地连接起来,如图 9-1 所示。但是,点对点通信存在几个缺点: ①点对点的通信方式会导致线束的数量和质量增加,占用空间,增加成本和复杂度; ②点对点的通信方式会造成电磁干扰,降低数据传输的可靠性和实时性; ③点对点的通信方式会限制数据的共享和交换,影响汽车电子系统的功能和性能; ④点对点的通信方式会难以适应汽车电子系统的发展和升级,缺乏标准化和兼容性。

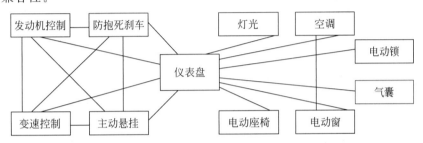

图 9-1 汽车内点对点通信的拓扑

CAN 总线的出现可以解决汽车电子系统中的点对点的数据传输问题,如图 9-2 所示。简洁的通信实现方式使 CAN 总线具有高实时性、传输距离远、抗电磁干扰能力强、成本低等优点,能很好地适应传统车载 ECU 间的控制数据传输需求。因 CAN 总线具有简单、实用、可靠等特点,现已被广泛用于工业自动化、船舶、医疗等其他领域。

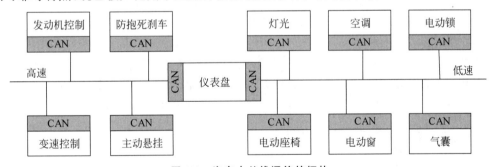

图 9-2 汽车内总线通信的拓扑

总体来讲,CAN 总线是一种可靠、实时的串行通信协议,适用于在高噪声环境和严苛条件下进行数据传输。它在汽车和工业领域得到广泛应用,提供了高效、安全和可靠的通信方式。它的这些特点是由其协议的拓扑结构、通信原理决定的。

与计算机网络类似,CAN 总线的通信模型也是分层级实现的。在实际应用中,CAN 通常使用一种三层模型,这三层模型是指 CAN 的物理层、数据链路层和应用层,如图 9-3 所示。

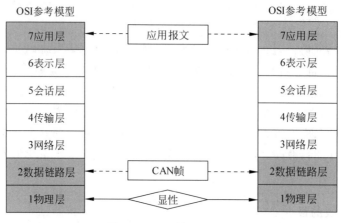

图9-3　CAN 的三层结构

（1）物理层(Physical Layer)：物理层是 CAN 协议的最底层,是负责实现物理电气特性和传输媒介的接口,即代表 0 或 1 逻辑的高低电平实实在在于本层中的各个节点上穿梭。物理层定义了 CAN 总线的电气特性、传输速率和传输介质等。在物理层中,CAN 使用不同的传输速率,例如 CAN 高速(CAN High-Speed)、CAN 低速(CAN Low-Speed)和 CAN FD(Flexible Data Rate)等,传输速率一般和 CAN 总线的长度有关,长度越大传输速率越低。物理层还包括物理连接和传输媒介的规范,例如双绞线、光纤或无线电波等。

（2）数据链路层(Data Link Layer)：数据链路层通过帧(Frame)进行数据传输,并设计了错误检测和纠正、位同步等规则。它将上层应用层的数据封装为 CAN 数据帧,并添加校验位进行错误检测。数据链路层还处理错误帧的重传和接收方的确认。数据链路层定义了 CAN 标识符和过滤器的使用,控制消息的发送和接收,以及节点之间的通信。

（3）应用层(Application Layer)：应用层是最高层,它定义了 CAN 网络中实际应用所使用的数据和协议。应用层可以根据具体应用需求定义特定的数据格式和通信协议。应用层用于处理来自数据链路层的 CAN 数据帧,并将其解析为应用程序可用的数据。应用层还负责生成 CAN 数据帧,并将其发送到数据链路层进行传输。

9.1.2　CAN 协议的物理层

CAN 协议的三层模型强调了 CAN 协议中的主要功能和层级关系,适用于大多数 CAN 应用场景。具体的实现和细节可能因特定的应用需求和硬件平台而有所差异,但总体上遵循物理层、数据链路层和应用层的划分。

在物理层中,CAN 总线的信道由两根差分信号线(CAN_H 和 CAN_L)构成,当 CAN_H 线上的电压高于 CAN_L 线时,表示逻辑高;反之,当 CAN_H 线上的电压低于 CAN_L 线时,表示逻辑低。环境的电磁干扰对两条线的电压变化的影响与此类似,导致两根信号线上的电压差变化并不大,因此这种差分信号传输方式可以抵抗电磁干扰,提高通信的可靠性,如图 9-4 所示。

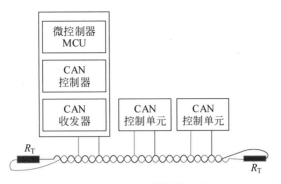

图 9-4　CAN 总线的物理层

高速 CAN 总线的最高信号传输速率为 1Mb/s，支持最长距离 40m。ISO 11898-2 要求在高速 CAN 总线两端安装端接电阻 R_T（端接电阻一般为 120Ω，因为电缆的特性阻抗为 120Ω，为了模拟无限远的传输线）以消除反射。低速 CAN 的最高传输速率只有 125Kb/s，所以 ISO 11898-3 没有端接要求，如图 9-5 所示。

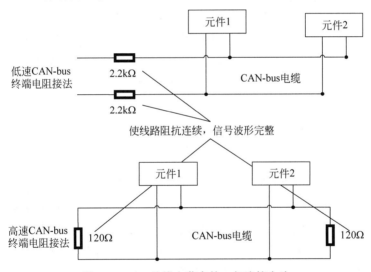

图 9-5　CAN 总线上节点的一般连接方法

因为传输距离越大，信号时延也越大，为了保证消息的正确采样，总线上的信号速率相应也要下降，推荐的信号速率与距离的关系见表 9-1。

表 9-1　推荐的信号速率与距离的关系

线长（m）	信号速率（Mb/s）
40	1
100	0.5
200	0.25
500	0.10
1000	0.05

CAN 总线物理层中的差分信号传输指的是逻辑 0 和逻辑 1 用两根差分信号线的电压差来表示。当处于逻辑 1 且 CAN_High 和 CAN_Low 的电压差小于 0.5V 时,称为隐性电平(Recessive);当处于逻辑 0 且 CAN_High 和 CAN_Low 的电压差大于 0.9V 时,称为显性电平(Dominant),如图 9-6 所示。

此外,CAN 总线上的信号还遵从"线与"机制,即总线上的"显性"位(逻辑 0)可以覆盖"隐性"位(逻辑 1);只有所有节点都发送

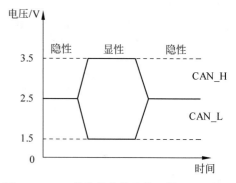

图 9-6　CAN 总线差分信号的逻辑 0 和逻辑 1

"隐性"位,总线才处于"隐性"状态。这种"线与"机制使 CAN 总线中各个节点同时往总线发送数据时呈现出显性优先的特性,可以依据这一特性进行优先级仲裁,如图 9-7 所示。

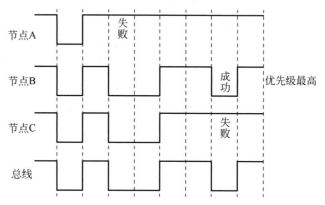

图 9-7　CAN 总线上的线与机制和优先级仲裁

借助于"线与"的优先级仲裁机制,CAN 总线可以实现多主机的广播通信。CAN 总线采用的广播通信方式是指一条总线上的所有设备都可以接收到发送的消息,这种设计可以简化系统结构,减少通信线路的数量,而多主机指的是在 CAN 总线上,每个节点都有往总线上发送消息的能力,而消息的发送不必遵从任何预先设定的时序,通信是由事件驱动的。

CAN 总线的多主机通信所引出的冲突检测和冲突解决问题可以在数据链路层解决。

9.1.3　CAN 协议的数据链路层

CAN 总线的通信原理可简单地描述为多路载波侦听＋基于消息优先级的冲突检测和非破坏性的仲裁机制。

多路载波侦听(Carrier Sense Multiple Access,CSMA)指的是所有节点必须都等到总线处于空闲状态时才能往总线上发送消息;基于消息优先级的冲突检测(Collision Detection,CD)和非破坏性的仲裁机制(Arbitration on Message Priority,AMP)指的是如果

多个节点往总线上发送消息,则具备最高优先级的消息获得总线。

多路载波侦听:网络上所有节点以多点接入的方式连接在同一根总线上,并且发送数据是广播式的。网络上各个节点在发送数据前都要检测总线上是否有数据传输:若网络上有数据,则暂时不发送数据,等待网络空闲时再发;若网络上无数据,则立即发送已经准备好的数据。

冲突检测:节点在发送数据时,要不停地检测发送的数据,确定是否与其他节点数据发送有冲突。如果有冲突,则保证优先级高的报文先发送。

非破坏性仲裁机制:通过 ID 仲裁,ID 数值越小,报文优先级越高,仲裁方式参考图 9-7 所示的线与机制。

而优先级仲裁所用到的 ID 是数据链路层上数据帧的一部分。数据链路层主要是规定 CAN 总线如何对将要传输于物理层上的数据或操作命令进行打包。每个数据帧包含标识符(Identifier)、控制域(Control Field)、数据域(Data Field)和校验域(CRC Field)。标识符用于指示消息的优先级和内容,控制域包含帧类型和长度信息,数据域携带实际的数据,而校验域用于检测和纠正传输中可能出现的错误。

此外,CAN 控制器大多还具有根据 ID 过滤报文的功能,即只接收某些 ID 的报文。节点对接收的报文进行过滤,通过比较消息 ID 与选择器(Accepter)中和接收过滤器相关位是否相同来决定是否接收该消息,如图 9-8 所示。

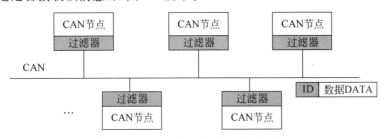

图 9-8　CAN 总线上具有滤波器的节点

如上所述,为了满足 CAN 总线上通信节点的优先级仲裁、过滤等功能,需要给要传输的原始数据段的前面加上传输起始标签、片选(识别)标签、控制标签等,还要在数据的尾段加上 CRC 校验标签、应答标签和传输结束标签等。只有把这些内容按特定的格式打包好,才可以用一个通道表达各种信号。各种各样的标签起到了协同传输的作用。当整个数据包被传输到其他设备时,只要这些设备按格式去解读,就能还原出原始数据。类似这样的数据包就被称为 CAN 的数据帧,如图 9-9 所示为两种不同版本的 CAN 协议里数据链路层中数据帧的构成。

具体地,在 CAN 数据链路层上一个完整的数据帧包含七段:帧起始、仲裁场、控制场、数据场、CRC(校验)场、ACK(应答)场、帧结束,而 CAN 2.0B 相对于 2.0A 在仲裁场中多了扩展 ID(Extended ID),即 2.0B 的 ID 位数更多,取值范围更大。

(1)帧起始:标识一个数据帧的开始,固定一个显性位。用于同步,总线空闲期间的任

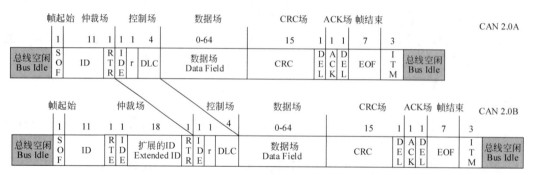

图 9-9　2.0A 和 2.0B 版本的 CAN 数据帧格式

何隐性到显性的跳变都将引起节点进行硬同步。只有总线在空闲期间节点才能发送帧起始。

(2) 仲裁场(段):仲裁段的内容主要为本数据帧的 ID 信息。数据帧分为标准格式(2.0A) 和扩展格式(2.0B)两种,区别就在于 ID 信息的长度:标准格式的 ID 为 11 位;扩展格式为 29 位。在 CAN 协议中,ID 决定着数据帧发送的优先级,也决定着其他设备是否会接收这个数据帧。仲裁段除了报文 ID 外,还有 RTR、IDE、SRR 位。RTR 是 Remote Transmission Request 的缩写,表示远程发送请求位。在数据帧中,RTR 位恒为显性位 0, 在远程帧中,恒为隐性 1。它是区分数据帧和远程帧的标志。IDE 是 Identifier Extension 的缩写,表示标识符扩展位。IDE 位用来表示该帧是标准格式还是扩展格式。如果 IDE 位为显性,则表示数据帧为标准格式;如果 IDE 位为隐性,则表示数据帧为扩展帧格式。SRR 是 Substitute Remote Request 的缩写,表示替代远程请求位。SRR 位只在扩展帧中存在, 为隐性。

(3) 控制场:在控制段,r1(reserved 1)和 r0(reserved 0)为保留位,默认被设置为显性位。最主要的是 DLC(Data Length Code)段,它是用二进制编码表示本报文中的数据段包含多少字节。DLC 段由 4 位组成,即 DLC3～DLC0,表示的数字为 0～8。

(4) 数据场:数据帧的核心内容,有 0～8 字节长度,由控制场确定。控制场和数据场的对应关系如图 9-10 所示。

(5) 校验(CRC)场:为了保证报文的正确传输,CAN 的报文包含一段 15 位的 CRC 校验码,一旦接收端计算出的 CRC 码跟接收的 CRC 码不同,就会向发送端反馈出错信息以重新发送。CRC 部分的计算和出错处理一般由 CAN 控制器硬件完成,或由软件控制最大重发数。在 CRC 校验码之后,有一个 CRC 界定符,它为隐性位,其主要作用是把 CRC 校验码与后面的 ACK 段隔开。

(6) ACK:包含确认位(ACK Slot)和界定符(Delimiter, DEL)。当 ACK 在发送节点发送时,为隐性位。当接收节点正确地接收到报文时,对其用显性位覆盖。DEL 界定符同样为隐性位,用于隔开。

(7) 帧结束:帧结束段由发送端发送 7 个隐性位表示结束。

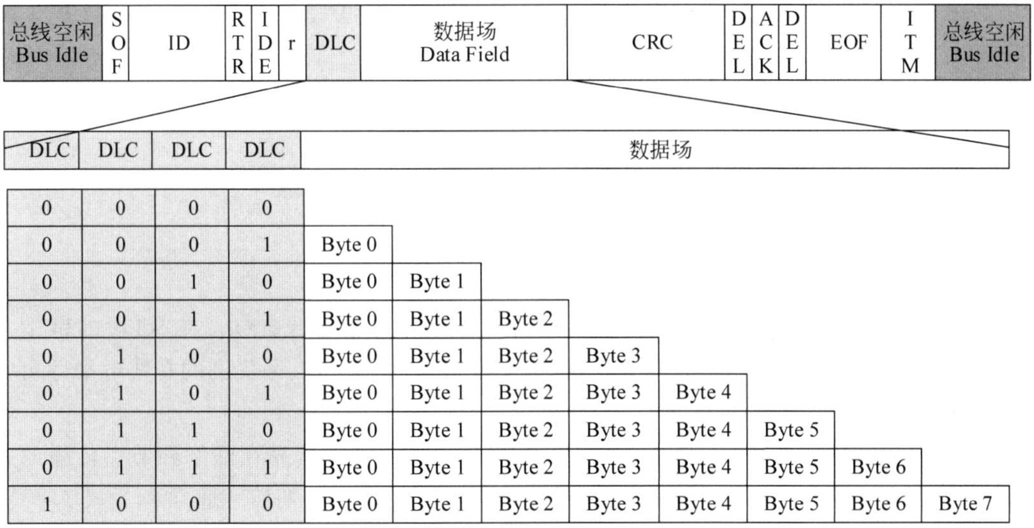

| 总线空闲 Bus Idle | S O F | ID | R T R | I D E | r | DLC | 数据场 Data Field | CRC | D E L | A C K | D E L | EOF | I T M | 总线空闲 Bus Idle |

DLC	DLC	DLC	DLC	数据场							
0	0	0	0								
0	0	0	1	Byte 0							
0	0	1	0	Byte 0	Byte 1						
0	0	1	1	Byte 0	Byte 1	Byte 2					
0	1	0	0	Byte 0	Byte 1	Byte 2	Byte 3				
0	1	0	1	Byte 0	Byte 1	Byte 2	Byte 3	Byte 4			
0	1	1	0	Byte 0	Byte 1	Byte 2	Byte 3	Byte 4	Byte 5		
0	1	1	1	Byte 0	Byte 1	Byte 2	Byte 3	Byte 4	Byte 5	Byte 6	
1	0	0	0	Byte 0	Byte 1	Byte 2	Byte 3	Byte 4	Byte 5	Byte 6	Byte 7

图 9-10 控制场和数据场的对应关系

9.1.4 CAN 的位同步

CAN 总线使用位同步的方式来确保通信时序,以及对总线的电平进行正确采样。时间量子(Time Quantum,TQ):CAN 控制器工作的最小时间单位,通常对系统时钟分频得到。波特率:单位时间内(1s)传输的数据位,即位传输时间的倒数。

【例 9-1】 如果系统时钟频率为 36MHz,预分频因子为 4,则 CAN 时钟频率为 9MHz,可得 $T_q = 1/(9\text{MHz})$,如图 9-11 所示。假设一个 CAN 位包含 10 个 T_q,则一个位周期 $T = 10T_q$,即传送 1 个位(bit)所需要的时间为 $10T_q$,从而波特率为 $1/T = 0.9\text{MHz}$,如图 9-12 所示。

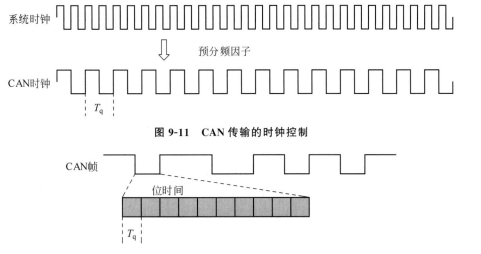

图 9-11 CAN 传输的时钟控制

图 9-12 CAN 数据帧的位时间

为了实现位同步,CAN 协议把每位的时序分解成如图 9-13 所示的 4 段。这 4 段的长度加起来即为一个 CAN 数据位的长度。一个完整的位由 8~25 个 T_q 组成。

图 9-13　CAN 同步段

(1) 同步段:一个位的输出从同步段开始。若总线的跳变沿被包含在 SS 段的范围之内,则表示节点与总线的时序同步。当节点与总线同步时,采样点采集到的总线电平即可被确定为该电平的电位。SS 段的大小为 $1T_q$。

(2) 传播段(Propagation Time Segment,PTS):用于补偿信号在网络和节点传播的物理延时时间,是总线上输入比较器延时和输出驱动器延时总和的两倍。通常为 $1\sim8T_q$。

(3) 相位缓冲段 1(Phase Buffer Segment 1,PBS1):主要用于补偿边沿阶段的误差,其时间长度在重新同步时可以加长。初始大小为 $1\sim8T_q$。

(4) 相位缓冲段 2(Phase Buffer Segment 2,PBS2):也用于补偿边沿阶段的误差,其时间长度在重新同步时可以缩短。初始大小为 $2\sim8T_q$。

CAN 同步分为硬同步和重新同步。同步规则:①一个位时间内只允许一种同步方式;②任何一个"隐性"到"显性"的跳变都可用于同步;③硬同步发生在 SOF 阶段,所有接收节点调整各自当前位的同步段,使其位于发送的 SOF 位内;④重新同步发生在一个帧的其他阶段,即当跳变沿落在同步段之外。

硬同步指的是,当总线上出现帧起始信号(隐性到显性的边沿)时,其他节点的控制器根据总线上的这个下降沿对自己的位时序进行调整,把该下降沿包含到 SS 段内。这样根据起始帧进行的同步称为硬同步。可以看到在总线出现帧起始信号时,该节点原来的位时序与总线时序不同步,因而这种状态的采样点采集到的数据是不正确的,所以节点以硬同步的方式调整,把自己的位时序中的 SS 段平移至总线出现下降沿的部分,从而获得同步,这时采样点采集到的数据是正确数据。

因为硬同步时只是在有帧起始信号时起作用,无法确保后续一连串的位时序都是同步的,所以 CAN 引入了重新同步的方式。在检测到总线上的时序与节点使用的时序有相位差时(总线上的跳变沿不在节点时序的 SS 段范围),通过延长 PBS1 段或缩短 PBS2 段来获得同步,这样的方式称为重新同步。

分两种情况:第 1 种,节点从总线的边沿跳变中检测到它的时序比总线的时序相对滞后 2 个 T_q,这时控制器在下一个时序中的 PBS1 段增加 $2T_q$ 的时间长度,使节点与总线时序重新同步。第 2 种,节点从总线的边沿跳变中检测到它的时序相对超前 $2T_q$,这时控制器在前一个位时序中的 PBS2 段减少 $2T_q$ 的时间长度,从而获得同步。

在重新同步时,PBS1 和 PBS2 段的允许加长或缩短的时间长度定义为重新同步补偿宽度（Resynchronization Jump Width，SJW）。这里设置的 PBS1 和 PBS2 能够增减的最大时间长度为 SJW＝$2T_q$，若 SJW 设置得太小，则重新同步的调整速度慢，若太大，则影响传输速率。重新同步如图 9-14 所示。

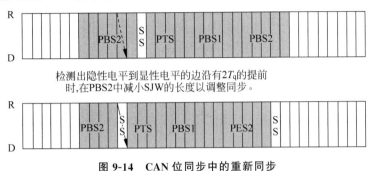

图 9-14 CAN 位同步中的重新同步

9.2 GD32 的 CAN 外设

40min

CAN 控制器是 GD32F10x 系列微控制器中的核心组件之一，它提供了对 CAN 总线通信的硬件支持。GD32F10x 系列微控制器中的 CAN 功能强大，通过合理配置可以满足各种不同的 CAN 通信需求。

9.2.1 一般使用流程

为了适应不同的 CAN 通信场景，对 GD32F10x 的 CAN 中的各种寄存器进行合理配置即可实现灵活的 CAN 通信。具体表现在几个方面：①发送和接收时既支持标准帧（11 位标识符）也支持扩展帧（29 位标识符），以满足不同应用的需求；②提供多个发送邮箱和接收邮箱，可同时处理多个 CAN 消息；③具有可编程的帧过滤功能，可以设置接收过滤器以仅接收感兴趣的 CAN 消息，从而提高系统效率；④支持自动重传，如果发送的消息未被确认接收，则可自动重传，确保消息的可靠传输；⑤支持错误检测和错误处理机制，包括错误帧检测、错误报告和错误处理，有助于系统监测和故障诊断；⑥支持中断和 DMA（直接内存访问）方式，以满足实时性和高效性的要求。

基于上述特点，GD32 系列微控制器的 CAN 功能使其成为应用于汽车电子、工业自动化和物联网等领域的理想选择。同时，GD 官方还提供了相关的开发工具和软件库，简化了CAN 应用的开发和集成过程。

当使用 GD32F10x 的 CAN 外设作为 CAN 总线上的一个节点工作时，其内部功能架构如图 9-15 所示。

由图 9-15 可知，CAN 外设主要由与控制或状态相关的寄存器组、多个过滤器、几组接收 CAN 数据报的 FIFO、3 个数据发送邮箱组成。在此基础上，一次完整的 CAN 通信大致分为 5 步。

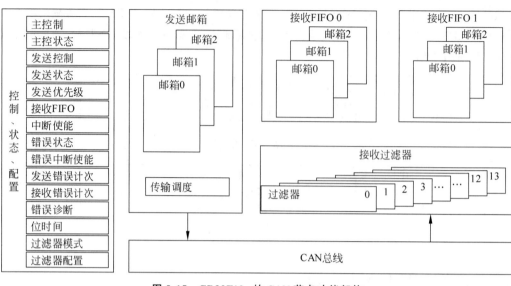

图9-15 GD32F10x 的 CAN 节点功能架构

(1) 初始化 CAN 控制器：配置 CAN 控制器的工作模式和参数，包括 CAN 通信的波特率、帧格式(标准帧或扩展帧)、过滤器等。可以通过直接操作相应寄存器或通过调用 GD32F10x 的库函数间接操作寄存器实现。

(2) 配置 GPIO 引脚：CAN 通信需要连接到正确的 GPIO 引脚上。需要将 CAN 收发器与微控制器的引脚相连，并将这些引脚的工作模式配置为 CAN 模式。GD32F10x 的 CAN 外设复用的 Tx 和 Rx 的 I/O 端口不能直接连接到 CAN 网络，而是需要经过一个专门的 CAN 收发器与 CAN 网络的差分信号线相连。

(3) 发送数据：要发送 CAN 消息，需要创建一个 CAN 帧并填充所需的数据和标识符 ID。检查发送邮箱是否为空，以确保可以发送消息。

(4) 接收并处理数据：要接收 CAN 消息，需要检查接收邮箱是否有新消息到达。应用层可以使用轮询方式或者中断方式进行接收。接收数据完成后，即可根据消息的标识符和数据执行相应的处理逻辑。

(5) 中断处理：若使用中断方式进行 CAN 通信，则需要编写中断服务程序(ISR)来处理接收和发送中断。当有新的消息到达或者发送完成时，中断服务程序将被触发并执行相应的操作。

9.2.2 工作与通信模式

CAN 总线控制器有 3 种工作模式：睡眠模式、初始化模式、正常模式。

芯片复位后，CAN 总线控制器处于睡眠模式。该模式下 CAN 总线控制器的时钟停止工作并处于一种低功耗状态。将 CAN_CTL 寄存器的 SLPWMOD 位置 1，可以使 CAN 总线控制器进入睡眠工作模式。当进入睡眠工作模式后，CAN_STAT 寄存器的 SLPWS 位将被硬件置 1。将 CAN_CTL 寄存器的 AWU 位置 1,并当 CAN 检测到总线活动时,CAN 总线控制器将自动退出睡眠工作模式。将 CAN_CTL 寄存器的 SLPWMOD 位清零,也可以退出睡眠工作模式。由睡眠模式进入初始化工作模式:将 CAN_CTL 寄存器的 IWMOD 位置 1,将 SLPWMOD 位清零。由睡眠模式进入正常工作模式:将 CAN_CTL 寄存器的 IWMOD 位和 SLPWMOD 位清零。

如果需要配置 CAN 总线通信参数,则 CAN 总线控制器必须进入初始化模式。将 CAN_CTL 寄存器的 IWMOD 位置 1,使 CAN 总线控制器进入初始化工作模式,如果将其清 0,则离开初始化工作模式。在进入初始化工作模式后,CAN_STAT 寄存器的 IWS 位将被硬件置 1。由初始化模式进入睡眠模式:将 CAN_CTL 寄存器的 SLPWMOD 位置 1,将 IWMOD 位清零。由初始化模式进入正常工作模式:将 CAN_CTL 寄存器的 SLPWMOD 位和 IWMOD 位清零。

在初始化工作模式中配置完 CAN 总线通信参数后,将 CAN_CTL 寄存器的 IWMOD 位清零可以进入正常模式并与 CAN 总线网络中的节点进行正常通信。由正常工作模式进入睡眠工作模式:将 CAN_CTL 寄存器的 SLPWMOD 位置 1,并等待当前数据收发过程结束。由正常工作模式初始化工作模式:将 CAN_CTL 寄存器的 IWMOD 位置 1,并等待当前数据收发过程结束。

CAN 总线控制器有 4 种通信模式:静默(Silent)通信模式、回环(Loopback)通信模式、回环静默(Loopback and Silent)通信模式、正常(Normal)通信模式。

(1) 在静默通信模式下,可以从 CAN 总线接收数据,但不向总线发送任何数据。将 CAN_BT 寄存器中的 SCMOD 位置 1,使 CAN 总线控制器进入静默通信模式,将其清 0 可以退出静默通信模式。静默通信模式可以用来监控 CAN 网络上的数据传输。

(2) 在回环通信模式下,由 CAN 总线控制器发送的数据可以被自己接收并存入接收 FIFO,同时这些发送数据也被送至 CAN 网络。将 CAN_BT 寄存器中的 LCMOD 位置 1,使 CAN 总线控制器进入回环通信模式,将其清 0 可以退出回环通信模式。回环通信模式通常用来进行 CAN 通信自测。

(3) 在回环静默通信模式下,CAN 的 Rx 和 Tx 引脚与 CAN 网络断开。CAN 总线控制器既不从 CAN 网络接收数据,也不向 CAN 网络发送数据,其发送的数据仅可以被自己接收。将 CAN_BT 寄存器中的 LCMOD 位和 SCMOD 位置 1,使 CAN 总线控制器进入回环静默通信模式,将它们清 0 可以退出回环静默通信模式。回环静默通信模式通常用来进行 CAT 通信自测。对外 Tx 引脚保持隐性状态(逻辑 1),而 Rx 引脚保持高阻态。

(4) CAN 总线控制器通常工作在正常通信模式下,可以从 CAN 总线接收数据,也可以向 CAN 总线发送数据。这时需要将 CAN_BT 寄存器中的 LCMOD 和 SCMOD 清零。

9.2.3　数据收发

数据发送通过 3 个发送邮箱进行,可以通过发送邮箱标识符寄存器 CAN_TMIx 发送邮箱属性寄存器 CAN_TMPx、发送邮箱 data0 寄存器 CAN_TMDATA0x 和发送邮箱

data1 寄存器 CAN_TMDATA1x,以便对发送邮箱进行配置。寄存器与发送邮箱的对应关系如图 9-16 所示。

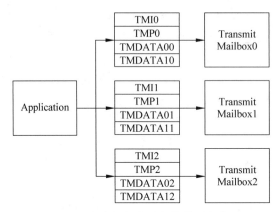

图 9-16 寄存器与发送邮箱的对应关系

发送邮箱可能的状态包括空闲状态(empty)、待定状态(pending)、预定状态(scheduled)、发送状态(transmit)共 4 种。只有当发送邮箱处于空闲状态时,应用程序才可以对邮箱进行配置。当邮箱被配置完成后,可以将 CAN_TMIx 寄存器 TEN 置 1,从而向 CAN 总线控制器提交发送请求,这时发送邮箱处于待定状态。当超过 1 个邮箱处于待定状态时,需要对多个邮箱进行调度,这时发送邮箱处于预定状态。当调度完成后,发送邮箱中的数据开始向 CAN 总线发送数据,这时发送邮箱处于发送状态。当数据发送完成后,邮箱变为空闲,可以再次交给应用程序使用,这时发送邮箱将重新变为空闲状态。

数据发送状态寄存器 CAN_TSTAT 寄存器中的 MTF、MTFNERR、MAL 和 MTE 用来说明发送状态和错误信息。MTF 是发送完成标志位,当数据发送完成时,MTF 被置 1。MTFNERR 是无错误发送完成标志位,当数据发送完成且没有错误时,MTFNERR 被置 1。MAL 是仲裁失败标志位,当发送数据过程中出现仲裁失败时,MAL 被置 1。MTE 是发送错误标志位,当发送过程中检测到总线错误时,MTE 被置 1。

典型的 CAN 数据发送任务分 4 步进行:①选择一个空闲发送邮箱;②根据应用程序要求,配置 4 个发送寄存器;③将 CAN_TMIx 寄存器的 TEN 置 1;④检测发送状态和错误信息,典型情况是检测到 MTF 和 MTFNERR 置 1,说明数据被成功发送。

CAN 数据发送还存在发送中止、设置发送优先级等情况。当发送邮箱处于待定和预定状态时,如果 CAN_TSTAT 寄存器的 MST 被置 1,则可以立即中止数据发送。当发送邮箱处于发送状态时将面临两种情况。一种情况是数据发送被成功地完成,MTF 和 MTFNERR 为 1,这时发送邮箱将转换为空闲状态。相对地,如果数据发送过程中出现了问题,则这时发送邮箱将转换为预定状态,这时数据发送将被中止。当有两个及其以上发送邮箱等待发送时,寄存器 CAN_CTL 的 TFO 可以决定发送顺序。当 TFO 为 1 时,所有等待发送的邮箱按照先来先发送(FIFO)的顺序进行。当 TFO 为 0 时,具有最小标识符(Identifier)的邮箱最先发送。如果所有的标识符相等,则具有最小邮箱编号的邮箱最先发送。

应用层可通过两个深度为 3 的 FIFO 接收来自 CAN 网络的数据。寄存器 CAN_RFIFOx 可以操作 FIFO，也包含 FIFO 状态。寄存器 CAN_RFIFOMIx、CAN_RFIFOMPx、CAN_RFIFOMDATA0x 和 CAN_RFIFOMDATA1x 用于接收数据帧，如图 9-17 所示。

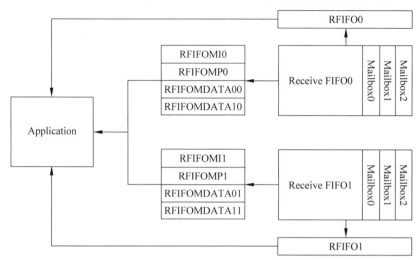

图 9-17　寄存器与接收邮箱 FIFO 的对应关系

9.2.4　过滤功能

一个待接收的数据帧会根据其标识符进行过滤：硬件会将通过过滤的帧送至接收 FIFO，丢弃没有通过过滤的帧。在非 GD32F10x CL 系列产品中，过滤器由 14 个单元 (Bank)组成，它们是 bank0~bank13。在 GD32F10x CL 系列产品中，过滤器包含 28 个单元，它们是 bank0~bank27。每个过滤器单元有两个寄存器 CAN_FxDATA 0 和 CAN_FxDATA 1。在标准模式下，CAN 的 ID 为 16 位，在扩展模式下为 32 位，因此过滤器位宽分为 16 位和 32 位两种。

32 位宽 CAN_FDATA 包含字段：SFID[10:0]、EFID[17:0]、FF 和 FT，如图 9-18 所示。

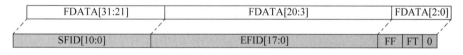

图 9-18　32 位宽过滤器

16 位宽 CAN_FDATA 包含字段：SFID[10:0]、FT、FF 和 EFID[17:15]，如图 9-19 所示。

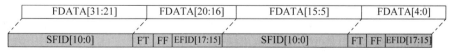

图 9-19　16 位宽过滤器

过滤器还支持掩码模式、列表模式、过滤序号。对于一个待过滤的数据帧的标识符,掩码模式用来指定哪些位必须与预设的标识符相同,哪些位无须判断。对于一个待过滤的数据帧的标识符,列表模式用来表示如果与预设的标识符列表中能够匹配则通过,否则丢弃。若过滤器由若干过滤单元(Bank)组成,每个过滤单元因为位宽和模式的选择不同,而具有不同的过滤效果,则可以给这些过滤效果设置序号。

过滤器优先级顺序为①32位宽模式高于16位宽模式;②列表模式高于掩码模式;③较小的过滤序号(Filter Number)具有较高的优先级。

CAN的每个过滤单元均可以关联接收FIFO0或接收FIFO1。一旦一个过滤单元关联到接收FIFO,只有通过这个过滤单元的帧才会被传送到接收FIFO中存储。

9.2.5 中断

CAN总线控制器占用4个中断向量,通过寄存器CAN_INTEN进行控制。这4个中断向量对应4类中断源:①发送中断;②FIFO0中断;③FIFO1中断;④错误和状态改变中断。

发送中断包括3种。①寄存器CAN_TSTAT中的MTF0置1:发送邮箱0变为空闲。②寄存器CAN_TSTAT中的MTF1置1:发送邮箱1变为空闲。③寄存器CAN_TSTAT中的MTF2置1:发送邮箱2变为空闲。

FIFO0中断包括3种。①FIFO0中包含待接收数据:寄存器CAN_RFIFO0中的RFL0不为0,CAN_INTEN寄存器中RFNEIE0被置位;②FIFO0满:寄存器CAN_RFIFO0中的RFF0为1,CAN_INTEN寄存器中RFFIE0被置位;③FIFO0溢出:寄存器CAN_RFIFO0中的RFO0为1,CAN_INTEN寄存器中RFOIE0被置位。

FIFO1中断也包括3类。①FIFO1中包含待接收数据:寄存器CAN_RFIFO1中的RFL1不为0,CAN_INTEN寄存器中RFNEIE1被置位;②FIFO1满:寄存器CAN_RFIFO1中的RFF1为1,CAN_INTEN寄存器中RFFIE1被置位;③FIFO1溢出:寄存器CAN_RFIFO1中的RFO1为1,CAN_INTEN寄存器中RFOIE1被置位。

错误和工作模式改变中断可由3种条件触发。①错误:CAN_STAT寄存器的ERRIF和CAN_INTEN寄存器的ERRIE被置位,可参考GD32F10x用户手册中CAN_STAT寄存器中ERRIF位的描述;②唤醒:CAN_STAT寄存器中的WUIF和CAN_INTEN寄存器的WIE被置位;③进入睡眠模式:CAN_STAT寄存器中的SLPIF和CAN_INTEN寄存器的SLPWIE被置位。

9.3 小结

本章介绍了CAN的一般概念和工作原理,详细介绍了CAN通信协议,此外还介绍了差分线构成的CAN物理层、CAN的数据链路层和CAN位同步机制。

随后介绍了GD32F10x的CAN外设对CAN协议的实现方法,包括GD32F10x的

CAN外设的一般工作流程、工作与通信模式、数据收发方法、过滤功能等。

9.4 练习题

(1) 简述现场总线的定义。

(2) 简述CAN通信的特点。

(3) CAN通信中显性电平和隐形电平是怎么定义的？

(4) 简述CAN通信的分层模式。

(5) 简述CAN通信的冲突解决机制和过程。

(6) 简述CAN通信的同步机制。

(7) 在GD32F10x中,CAN外设的过滤机制是怎样的？

(8) 查阅GD32F10x的用户手册,简述CAN相关的寄存器有哪些？

9.5 CAT实验：自回环通信模式案例

▶ 67min

9.5.1 实验目标

在不需要构建真实CAN网络的前提下,通过将GD32F10x的CAN模块设定为自回环的通信模式来体验如何通过调用GD32F10x的CAN外设库函数进行CAN通信。

CAN单节点回环是一种测试和诊断工具,用于检查单个CAN节点的功能是否正常。通过将CAN节点设置为回环模式,可以发送数据并在节点内部接收相同的数据,从而可以检测到节点是否能够正确接收和发送数据。如果节点无法正确接收或发送数据,则可能存在硬件或软件故障,这对于故障诊断非常重要。

在开发CAN节点的软件时,单节点回环测试可以用来验证节点是否按预期工作。通过模拟节点之间的通信,开发人员可以在不依赖其他节点的情况下测试其代码。通过单节点回环测试,可以评估CAN节点的性能,包括数据传输速度、延迟等方面的性能指标。这对于确保节点能够满足特定应用的性能要求非常重要。在CAN网络中,节点可能以不同的拓扑结构连接在一起。单节点回环测试可以用来验证节点是否被正确地配置和连接到网络中,以确保网络拓扑的正确性。

本实验介绍如何使用GD32F10x的库函数实现CAN单节点自回环通信。

9.5.2 实验方法分析

将GD32F10x标准库中的CAN外设部分进行二次封装(can_test),在can_test中实现自回环通信模式的初始化和测试方法。在初始化函数中需要配置CAN发送的工作模式、预分频值,还要配置CAN接收的过滤器；在测试函数中,依次发送数据0xAB、0xCD(当然,也可以是别的数据),然后接收数据,判断接收回来的数据是否和发送的数据相同。若相同,则提示测试成功。

9.5.3 实验代码

在工程中加入 can_test 模块,添加 gd32f10x_can 标准库,工程框架如图 9-20 所示。

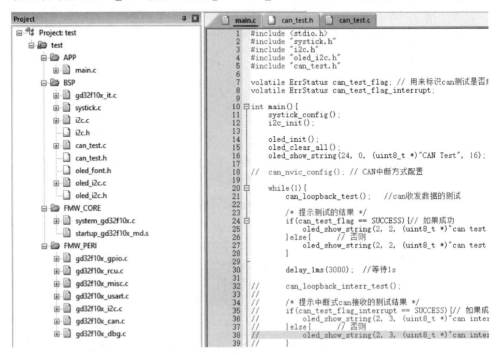

图 9-20 CAN 自回环测试工程框架

CAN 测试模块的头文件 can_test.h 中的代码如下:

```
/*!
    \file    第9章\9.5实验\can_test.h
*/
#ifndef _CAN_TEST_H
#define _CAN_TEST_H

#include "gd32f10x.h"
extern volatile ErrStatus can_test_flag;
extern volatile ErrStatus can_test_flag_interrupt;
void can_loopback_init(void);
void can_loopback_test(void);
void can_nvic_config(void);                //中断方式配置
void can_loopback_interr_test(void);    //中断方式 CAN 收发的测试
#endif
```

CAN 测试模块的源文件 can_test.c 中的代码如下:

```c
/*!
    \file    第9章\9.5实验\can_test.c
*/
#include "can_test.h"

void can_loopback_init(void){
    rcu_periph_clock_enable(RCU_CAN0);

    /* 初始化CAN0的通信属性 */
    can_parameter_struct can_parameter;
    //将can_parameter设置为默认值
    can_struct_para_init(CAN_INIT_STRUCT, &can_parameter);
    can_parameter.working_mode = CAN_LOOPBACK_MODE;
    can_parameter.prescaler = 48;
    can_init(CAN0, &can_parameter);

    can_filter_parameter_struct can_filter;
    can_struct_para_init(CAN_FILTER_STRUCT, &can_filter);
    can_filter.filter_enable = ENABLE;
    can_filter.filter_fifo_number = CAN_FIFO1;
    can_filter_init(&can_filter);
}

void can_loopback_test(void){
    can_loopback_init();

    uint8_t transmit_mailbox_number;
    uint32_t time_out = 0xFFFF; //超时等待的次数

    /* 发送数据 */
    can_trasnmit_message_struct transmit_message;
    can_struct_para_init(CAN_TX_MESSAGE_STRUCT, &transmit_message);
    transmit_message.tx_sfid = 0x11;
    transmit_message.tx_dlen = 2;
    transmit_message.tx_data[0] = 0xAB;
    transmit_message.tx_data[1] = 0xCD;
    transmit_message.tx_ff = CAN_FF_STANDARD;
    transmit_mailbox_number = can_message_transmit(CAN0, &transmit_message);

    /* 等待数据发送完成,需要用到刚刚发送时使用的mailbox_number */
    while((can_transmit_states(CAN0, transmit_mailbox_number) != CAN_TRANSMIT_OK)&& (time_
out == 0)){
        time_out -- ;
    }

    time_out = 0xFFFF;
    /* 接收数据 */
    while((can_receive_message_length_get(CAN0, CAN_FIFO1) < 1)
&& (time_out == 0)){   //等待接收完成
```

```
            time_out -- ;
        }

    can_receive_message_struct receive_message;
    can_struct_para_init(CAN_RX_MESSAGE_STRUCT, &receive_message);
    can_message_receive(CAN0, CAN_FIFO1, &receive_message);

    /* 判断接收的数据是不是刚刚发出去的数据 */
    if((receive_message.rx_sfid == 0x11)&&(receive_message.rx_dlen == 2)&&(receive_
message.rx_data[0] == 0xAB)&&(receive_message.rx_data[1] == 0xCD)&&(receive_message.rx_
ff == CAN_FF_STANDARD)){
        can_test_flag = SUCCESS;
    }else{
        can_test_flag = ERROR;
    }
}

void can_nvic_config(void){
    nvic_irq_enable(CAN0_RX1_IRQn, 0, 0);
}

void can_loopback_interr_test(void){
    can_trasnmit_message_struct transmit_message;
    uint32_t timeout = 0x0000FFFF;

    /* initialize CAN and filter */
    can_loopback_init();

    /* enable CAN receive FIFO1 not empty interrupt */
    can_interrupt_enable(CAN0, CAN_INT_RFNE1);

    /* initialize transmit message */
    transmit_message.tx_sfid = 0;
    transmit_message.tx_efid = 0x1234;
    transmit_message.tx_ff = CAN_FF_EXTENDED;
    transmit_message.tx_ft = CAN_FT_DATA;
    transmit_message.tx_dlen = 2;
    transmit_message.tx_data[0] = 0xDE;
    transmit_message.tx_data[1] = 0xCA;
    /* transmit a message */
    can_message_transmit(CAN0, &transmit_message);

    /* waiting for receive completed */
    while((SUCCESS != can_test_flag_interrupt) && (0 != timeout)){
        timeout -- ;
    }
    if(0 == timeout){
        can_test_flag_interrupt = ERROR;
    }
```

```
    /* disable CAN receive FIFO1 not empty interrupt */
    can_interrupt_disable(CAN0, CAN_INTEN_RFNEIE1);
}

void CAN0_RX1_IRQHandler(void)
{
    can_receive_message_struct receive_message;
    /* initialize receive message */
    receive_message.rx_sfid = 0x00;
    receive_message.rx_efid = 0x00;
    receive_message.rx_ff = 0;
    receive_message.rx_dlen = 0;
    receive_message.rx_fi = 0;
    receive_message.rx_data[0] = 0x00;
    receive_message.rx_data[1] = 0x00;

    /* check the receive message */
    can_message_receive(CAN0, CAN_FIFO1, &receive_message);

    if((0x1234 == receive_message.rx_efid) && (CAN_FF_EXTENDED == receive_message.rx_ff)
        && (2 == receive_message.rx_dlen) && (0xCADE == (receive_message.rx_data[1]<< 8|
receive_message.rx_data[0]))){
        can_test_flag_interrupt = SUCCESS;
    }else{
        can_test_flag_interrupt = ERROR;
    }
}
```

在主文件 main.c 中调用 can_test 模块中的接口函数实现对 CAN 自回环模式测试并将测试结果显示到 OLED 屏幕上,代码如下:

```
/*!
    \file    第9章\9.5实验\main.c
*/
#include < stdio.h >
#include "systick.h"
#include "i2c.h"
#include "oled_i2c.h"
#include "can_test.h"

volatile ErrStatus can_test_flag;              //用来标识 CAN 测试是否成功的变量
volatile ErrStatus can_test_flag_interrupt;

int main(){
    systick_config();
    i2c_init();

    oled_init();
```

```
        oled_clear_all();
        oled_show_string(24, 0, (uint8_t *)"CAN Test", 16);

//can_nvic_config();                      //以 CAN 中断的方式进行配置
    while(1){
        can_loopback_test();                //CAN 收发数据的测试
        /* 提示测试的结果 */
        if(can_test_flag == SUCCESS){//如果成功
            oled_show_string(2, 2, (uint8_t *)"can test success.", 8);
        }else{                              //否则
            oled_show_string(2, 2, (uint8_t *)"can test error. ", 8);
        }
        delay_1ms(3000);                    //等待 1s
    }
}
```

9.5.4 实验现象

程序编译并下载到开发板上后,运行的结果是每隔 3s 在 OLED 屏上显示一次 CAN 自回环测试的结果,如图 9-21 所示。在 can_test 中集成了函数 can_nvic_config 和 can_loopback_interr_test,可以实现对中断方式的 CAN 自回环通信进行测试,但是在 main.c 文件中并没有进行调用,读者可自行测试。

图 9-21　测试成功的结果

第 10 章

模数转换器

在模拟信号需要以数字形式处理、存储或传输时,模数转换器(Analog to Digital Converter,ADC)必不可少。GD32F10x 在片上集成的 ADC 外设性能非常强大,可以实现单次或多次扫描转换。除了 ADC,还有数模转换器(Digital to Analog Converter,DAC),可以将数字信号转换为模拟信号,使数字系统可以与模拟系统进行交互。在数字音频、图像处理、通信、模拟仿真等许多领域中发挥着重要作用,它充当了数字与模拟世界之间的桥梁,使数字系统可以与模拟世界进行交互和控制。GD32F10x 系列微控制器内部集成了具有 12 位转换精度的 DAC 外设,可进行数模转换。

本章主要在分析 ADC 一般工作原理的基础上,介绍如何使用标准库函数操作 GD32 的 ADC,最后给出实际案例演示它们的使用方法。

10.1 ADC 一般概念

▶ 33min

10.1.1 模拟信号与数字信号

模拟信号是一种连续变化的信号,其数值可以在一定范围内任意取值。它是由物理量或现象直接产生的信号,可以通过连续的时间和幅度来表示,如图 10-1 所示。

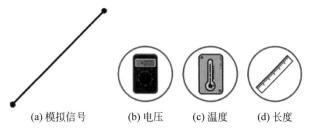

(a) 模拟信号　　(b) 电压　　(c) 温度　　(d) 长度

图 10-1　典型的模拟信号

模拟信号可以是电压、电流、声音、光线等,它们在时间上和幅度上都可以连续变化。例如,声音信号是一种模拟信号,因为它可以在连续的时间范围内以连续的幅度变化,从而形成连续的声音波形。

模拟信号与数字信号相对。数字信号是离散的,只能取有限的值,通常用离散的时间步长和固定的幅度级别来表示。数字信号可以通过模拟信号的采样和量化过程来获得,将连续的模拟信号转换为离散的数字信号。

模拟信号在许多领域中被广泛应用,包括通信、音频处理、传感器测量等。模拟信号处理涉及模拟信号的传输、放大、滤波、调制、解调等操作,以及将模拟信号转换为数字信号的过程。

由于数字信号是一种离散的信号,所以它只能取有限的离散数值。数字信号是通过将模拟信号进行采样和量化处理而得到的,它以离散的时间步长和固定的幅度级别来表示。

在数字信号中,时间被分割成离散的时间点,每个时间点上的信号值通过量化转换为离散的幅度级别,如图 10-2 所示。常见的数字信号表示方法是使用二进制编码,其中每个离散的幅度级别用一个二进制数来表示。例如,常见的 8 位二进制编码可以表示 256 个不同的幅度级别。

数字信号的优点包括抗干扰性能强、易于存储和处理、传输稳定等。由于数字信号的离散性质,可以应用数学算法和数字信号处理技术对其进行处理、分析和操作。数字信号处理包括数字滤波、频谱分析、压缩编码、数据解码等操作。

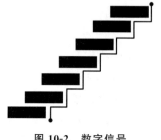

图 10-2　数字信号

数字信号被广泛应用于通信、计算机、音频和视频处理、控制系统、图像处理、数字电路等领域。从电子邮件、移动通信、音频播放到图像和视频传输,绝大多数现代电子设备使用数字信号来处理和传输信息。

10.1.2　模数原理概述

ADC 通常是指一个将模拟信号转变为数字信号的电子元件。通常的模数转换器是把经过与标准量比较处理后的模拟量转换成以二进制数值表示的离散信号的转换器。现实世界中需要处理的很多物理量是连续的模拟量(如温度、湿度、压力等),嵌入式系统在对这些量进行处理时会想办法把它们变成可测量的电气属性(如温度传感器随着温度变化阻值会跟着变化),而这些电气属性的变化最终会由其电压或电流的变化来测量,而测量到的电压信号也是连续的模拟信号,如果想要被嵌入式系统的 CPU 处理还需要将模拟信号转换为数字信号,则这个从模拟到数字的转换就是由 ADC 来完成的。

故任何一个模数转换器都需要一个参考模拟量作为转换的标准,比较常见的参考标准为最大的可转换信号大小,而输出的数字量则表示输入信号相对于参考信号的大小。

整个 ADC 的流程一般会经过采样、保持、量化和编码等几个阶段,而根据工作原理的不同,ADC 可分成间接 ADC 和直接 ADC。间接 ADC 是先将输入的模拟电压转换成时间或频率,然后把这些中间量转换成数字量,常用的有双积分型 ADC。直接 ADC 则直接将模拟信号转换成数字量,常用的有并联比较型 ADC 和逐次逼近型 ADC。

并联比较型 ADC:比较器如图 10-3(a)所示,用于比较两个电压或信号的大小,并产生一个相应的输出,表明哪个输入大于或小于另一个输入。如图 10-3(b)所示,给定一个参考电压,然后多个相同阻值的电阻串联后连接到这个参考电压,这样就可以在每个电阻端提供一组不同的参考电压级别,再在每个电阻处并联一个比较器,用于比较输入信号。如图 10-3(c)所示,将输入的模拟电压信号与各量级同时并行比较,即可得知输入的模拟电压值在哪个区间上,并联比较 ADC 的各位输出码也是同时并行产生的,所以转换速度快,但并联比较型 ADC 的缺点是成本高、功耗大。

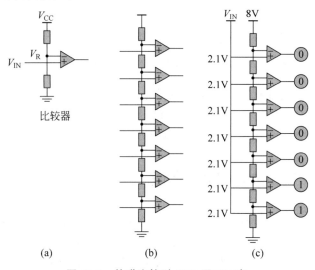

图 10-3　并联比较型 ADC 原理示意

逐次逼近型 ADC:它通过逐一比较模拟输入信号与逼近的数字值,逐位地逼近以得到最终的数字输出。尽管实现 SAR ADC 的方式千差万别,但其基本结构非常简单,如图 10-4 所示。模拟输入电压(V_{IN})由采样/保持电路保持。为实现二进制搜索算法,N 位寄存器首先设置在中间刻度($100\cdots00$,MSB 设置为 1)。这样,DAC 输出(V_{DAC})被设为 $V_{REF}/2$,V_{REF}是提供给 ADC 的基准电压,然后比较并判断 V_{IN} 是小于还是大于 V_{DAC}。如果 V_{IN} 大于 V_{DAC},则比较器输出逻辑高电平或 1,N 位寄存器的 MSB 保持为 1。相反,如果 V_{IN} 小于 V_{DAC},则比较器输出逻辑低电平,N 位寄存器的 MSB 清零。随后,SAR 控制逻辑移至下一

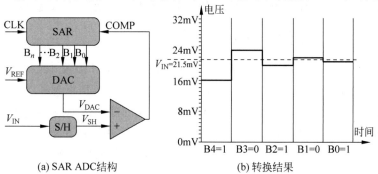

图 10-4　逐次逼近型 ADC

位,并将该位设置为高电平,进行下一次比较。这个过程一直持续到 LSB。上述操作结束后,也就完成了转换,N 位转换结果储存在寄存器内。

双积分型 ADC:它先对输入采样电压和基准电压进行两次积分,获得与采样电压平均值成正比的时间间隔,同时用计数器对标准时钟脉冲计数。它的优点是抗干扰能力强,稳定性好,而缺点是转换速度慢。

除了上面讲到的 ADC 类型,还需要关注 ADC 的分辨率、转换时间、参考电压范围这几个技术指标。分辨率是指来 ADC 能够分辨量化的最小信号的能力,分辨率用二进制位数表示。例如一个 10 位的 ADC,其所能分辨的最小量化电平为参考电平(满量程)的 $\frac{1}{2^{10}}$。也就是说分辨率越高,就越能把满量程里的电平分出更多的份数(10 位是把满量程分成了 2^{10} 份),得到的转换结果就越精确,得到的数字信号再用 DAC 转换回去就越接近原输入的模拟值。在 10.2 节将详细介绍参考电压、转换时间。

▶ 41min

10.2 GD32F10x 的 ADC 外设

GD32F10x 内部的 ADC 外设由多个器件构成,结构如图 10-5 所示,ADC 所有的器件都是围绕中间的模拟至数字转换器部分(逐次逼近型 ADC,SAR ADC)展开的。

ADC 的左端的 V_{REF+}、V_{REF-} 等为 ADC 参考电压,ADCx_IN0~ADCx_IN15 为 ADC 的输入信号通道,在 GD32 芯片上表现为某些 GPIO 引脚。输入信号经过这些通道选择后被送到 SAR ADC 部件,ADC 部件需要收到触发信号才开始进行转换,如 EXTI 外部触发、定时器触发,也可以使用软件触发。ADC 部件接收到触发信号之后,在 ADCCLK 时钟的驱动下对输入通道的信号进行采样,并进行模数转换,其中 ADCCLK 是来自 ADC 预分频器的。ADC 部件转换后的数值被保存到一个 16 位的规则通道数据寄存器(或注入通道数据寄存器)之中,可以通过 CPU 指令或 DMA 把它读取到内存(编码过程中就是把它赋给某个变量)中。模数转换之后,可以触发 DMA 请求,或者触发 ADC 的转换结束事件。如果配置了模拟看门狗,并且采集得到的电压大于阈值,则会触发看门狗中断。根据 GD32 中 ADC 的这些特点,通过编写控制程序可以让嵌入式系统完成很多灵活的 ADC 任务。

10.2.1 ADC 电源与时钟

ADC 的参考电压是通过 V_{REF+} 和 V_{REF-} 提供的。只有引脚数 100 以上的型号,才有 ADC 参考电压引脚,其余型号的 ADC 参考电压使用芯片内部参考电压,没有引到片外。参考电压是 AD 转换的比较基准,为了保证 AD 转换结果的准确性,对参考电压的准确性和稳定性要求都比较高。与 ADC 电源相关的各引脚含义及使用说明见表 10-1,除表 10-1 列出的 ADC 电源输入引脚外,ADC 还有两个输出引脚,即内部温度传感器输出电压 VSENSE 和内部参考输出电压 VREFINT。

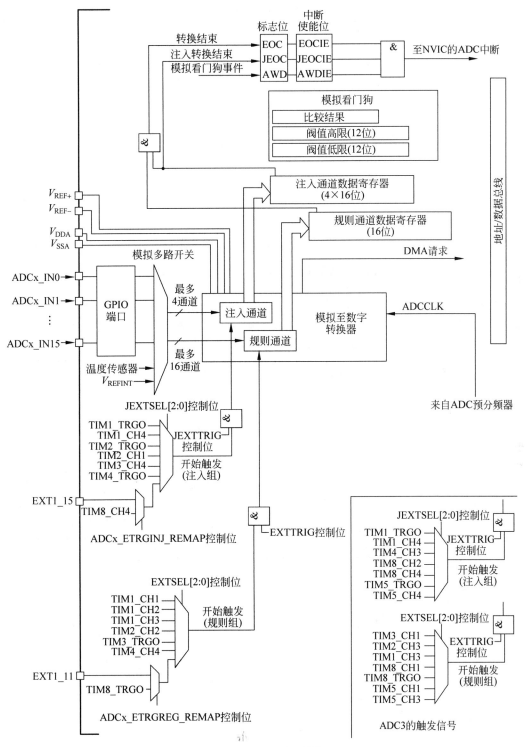

图10-5 ADC原理结构

表 10-1　GD32F10x 的 ADC 电源引脚

名　称	信号类型	说　明
V_{REF+}	输入,模拟参考正极	ADC 参考电压正极,$2.6V \leqslant V_{REF+} \leqslant V_{DDA}$
V_{DDA}	输入,模拟电源	等效于 V_{DD} 的模拟电源且 $2.6V \leqslant V_{DDA} \leqslant V_{DD}(3.6V)$
V_{REF-}	输入,模拟参考负极	ADC 参考电压负极,$V_{REF} = V_{SSA}$
V_{SSA}	输入,模拟电源地	等效于 V_{SS} 的模拟电源地

CK_ADC 时钟是由时钟控制器提供的,它和 APB2 时钟保持同步。ADC 时钟可以在 RCU 时钟控制器中进行分配和配置。

为了省电,可以通过将 ADC_CTL1 寄存器的 ADCON 位设置为 0 使 ADC 模拟子模块进入掉电模式。通过将该位置 1 可以使能 ADC,但使能 ADC 后需要等待 tsu 时间后才能采样。tsu 是一个时钟周期,具体的时钟周期时间取决于系统时钟频率和 ADC 的配置。

10.2.2　ADC 通道和转换顺序

ADC 有 18 个通道,可测量 16 个外部和两个内部信号源。框图中的 ADCx_IN0、ADCx_IN1… ADCx_IN15 就是 ADC 的 16 个外部通道物理引脚,ADC 通道和引脚的对应关系见表 10-2。

表 10-2　ADC 通道和引脚的对应关系

通　道	ADC0	ADC1	ADC3
通道 0	PA0	PA0	PA0
通道 1	PA1	PA1	PA1
通道 2	PA2	PA2	PA2
通道 3	PA3	PA3	PA3
通道 4	PA4	PA4	PF6
通道 5	PA5	PA5	PF7
通道 6	PA6	PA6	PF8
通道 7	PA7	PA7	PF9
通道 8	PB0	PB0	PF10
通道 9	PB1	PB1	
通道 10	PC0	PC0	PC0
通道 11	PC1	PC1	PC1
通道 12	PC2	PC2	PC2
通道 13	PC3	PC3	PC3
通道 14	PC4	PC4	
通道 15	PC5	PC5	
通道 16	内部温度传感器		
通道 17	内部参照电压		

表 10-2 中的每个 ADC 通道都可以进行模数转换,并且可以通过配置寄存器进行相应的初始化和设置。但是,ADC 的引脚和通道对应关系可能因具体的 GD32F10x 芯片封装类型而有所不同,上述对应关系基于常见的引脚分配,也不是所有的 GD32F10x 芯片都有 3 个 ADC,有些只有 ADC0 和 ADC1。如需具体信息,还需参考芯片的数据手册或相关参考资料。

此外,ADC1、ADC2 和 ADC3 的通道可能使用相同的 IO 引脚,这样做的好处有很多,包括可以提高采样速率、增加输入信号数量、提高精度和准确度等。

(1)提高采样速率:可以通过并行使用多个 ADC 通道,增加对一个 I/O 端口上的采样速率,通过合理配置可以使 ADC1 和 ADC2 轮流对一个 I/O 端口采样来增加速率。这对于需要高速数据采集的应用非常有用,例如音频处理或高速数据记录。

(2)增加输入信号数量:当需要同时采集多个信号时,使用多个相同的 ADC 通道可以提供更多的输入通道。这对于需要同时监测多个传感器或信号源的应用非常有用,例如工业自动化系统或多通道传感器阵列。

(3)提高系统可靠性:使用多个相同的 ADC 通道进行冗余采样可以提高系统的可靠性。通过将同一信号连接到多个通道并进行采样,可以检测和校正可能存在的单个 ADC 通道故障或不准确性。

(4)提高精度和准确性:通过对多个相同的 ADC 通道进行采样,并对采样结果进行平均或使用其他算法进行处理,可以减小采样误差和噪声,从而提高整体的精度和准确性。

但是,在使用多个相同的 ADC 通道时,需要进行适当的同步和校准,以确保它们的采样时间和性能一致。此外,系统的电源和地线分布也需要考虑,以减小干扰和交叉耦合的影响。

16 个外部通道又分为规则通道和注入通道,其中规则通道最多为 16 路,注入通道最多为 4 路,如图 10-6 所示。

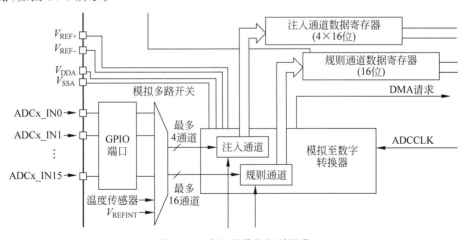

图 10-6 注入通道和规则通道

规则通道组用于常规的 ADC 转换,可以配置多个通道进行顺序转换。转换的顺序由通道的优先级决定。在规则通道组中,每个通道都会按照预设的顺序依次转换,但因为规则通道共用一个 16 位的数据寄存器,当次转换的结果会覆盖上一次转换的结果,因此在转换完成后一般需要触发中断或 DMA 传输将数据寄存器中的数据读走,等待下次转换的数据填入。规则通道组适用于进行周期性采样,例如周期性监测传感器数据。

注入通道组用于特殊的 ADC 转换,可以在规则转换之外插入额外的转换。注入通道组可以实现快速的采样和灵活的触发方式。它可以在规则转换过程中或独立于规则转换触发。注入通道组有 4 个 16 位数据寄存器,即每个注入通道可以独立地使用一个数据寄存器。注入通道组适用于需要在特定事件发生时进行快速采样的应用,例如高优先级的事件监测或特定触发条件下的数据采集。

10.2.3　运行模式

GD32F10x 的 ADC 的各通道可以以单次模式执行,以连续模式执行,以扫描或者间断模式执行。

1. 单次转换模式

在单次转换模式下,ADC 只执行一次转换,如图 10-7 所示。该模式既可通过设置 ADC_CR2 寄存器的 ADON 位启动,也可通过外部触发启动。

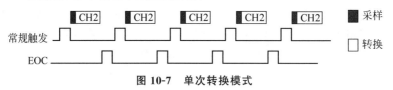

图 10-7　单次转换模式

当一个规则通道转换完成后:①转换数据被储存在 16 位 ADC_DR 寄存器中;②EOC(转换结束)标志被置位;③如果设置了 EOCIE,则产生中断。

当一个注入通道转换完成后:①转换数据被储存在 16 位的 ADC_DRJ1 寄存器中;②JEOC(注入转换结束)标志被置位;③如果设置了 JEOCIE 位,则产生中断。

常规序列单次运行模式的软件流程:

(1) 确保 ADC_CTL0 寄存器的 DISRC 和 SM 位及 ADC_CTL1 寄存器的 CTN 位为 0。

(2) 用模拟通道编号来配置 RSQ0。

(3) 配置 ADC_SAMPTx 寄存器。

(4) 如果有需要,则可以配置 ADC_CTL1 寄存器的 ETERC 和 ETSRC 位。

(5) 设置 SWRCST 位,或者为常规序列产生一个外部触发信号。

(6) 等到 EOC 置 1。

(7) 从 ADC_RDATA 寄存器中读 ADC 转换结果。

(8) 写 0 清除 EOC 标志位。

2. 连续转换模式

对 ADC_CTL1 寄存器的 CTN 位置 1 可以使能连续转换模式,如图 10-8 所示。在此模式下,ADC 执行由 RSQ0[4:0]规定的转换通道。当 ADCON 位被置为 1 时,一旦相应软件触发或者外部触发产生,ADC 就会采样和转换规定的通道。转换数据保存在 ADC_RDATA 寄存器中。

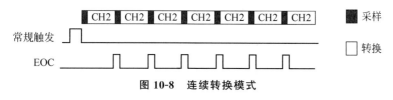

图 10-8　连续转换模式

常规序列连续转换模式的软件流程:

(1) 将 ADC_CTL1 寄存器的 CTN 位设置为 1。

(2) 根据模拟通道编号配置 RSQ0。

(3) 配置 ADC_SAMPTx 寄存器。

(4) 如果有需要,则配置 ADC_CTL1 寄存器的 ETERC 和 ETSRC 位。

(5) 设置 SWRCST 位,或者给常规序列产生一个外部触发信号。

(6) 等待 EOC 标志位置 1。

(7) 从 ADC_RDATA 寄存器中读 ADC 转换结果。

(8) 写 0 清除 EOC 标志位。

(9) 只要还需要进行连续转换,就重复步骤 6~8。

由于要循环查询 EOC 标志位,所以 DMA 可以被用来传输转换数据,软件流程如下:

(1) 将 ADC_CTL1 寄存器的 CTN 位设置为 1。

(2) 根据模拟通道编号配置 RSQ0。

(3) 配置 ADC_SAMPTx 寄存器。

(4) 如果有需要,则配置 ADC_CTL1 寄存器的 ETERC 和 ETSRC 位。

(5) 准备 DMA 模块,用于传输来自 ADC_RDATA 的数据。

(6) 设置 SWRCST 位,或者给常规序列产生一个外部触发。

3. 扫描运行模式

扫描运行模式可以通过将 ADC_CTL0 寄存器的 SM 位置 1 来使能,如图 10-9 所示。在此模式下,ADC 扫描转换所有被 ADC_RSQ0~ADC_RSQ2 寄存器选中的所有通道。一旦 ADCON 位被置 1,当相应软件触发或者外部触发产生时,ADC 就会一个接一个地采样和转换常规序列通道。转换数据存储在 ADC_RDATA 寄存器中。常规序列转换结束后,EOC 位将被置为 1。如果 EOCIE 位被置为 1,则将产生中断。当常规序列工作在扫描模式下时,DC_CTL1 寄存器的 DMA 位必须设置为 1。如果 ADC_CTL1 寄存器的 CTN 位也被置为 1,则在常规序列转换完之后,这个转换自动重新开始,如图 10-10 所示。

常规序列扫描运行模式的软件流程:

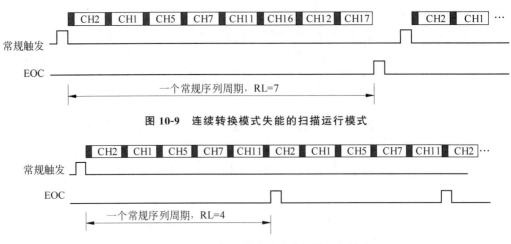

图 10-9   连续转换模式失能的扫描运行模式

图 10-10   连续转换模式使能的扫描运行模式

（1）将 ADC_CTL0 寄存器的 SM 位和 ADC_CTL1 寄存器的 DMA 位设置为 1。

（2）配置 ADC_RSQx 和 ADC_SAMPTx 寄存器。

（3）如果有需要，则配置 ADC_CTL1 寄存器中的 ETERC 和 ETSRC 位。

（4）准备 DMA 模块，用于传输来自 ADC_RDATA 的数据。

（5）设置 SWRCST 位，或者给常规序列产生一个外部触发。

（6）等待 EOC 标志位置 1。

（7）写 0 清除 EOC 标志位。

4. 间断运行模式

当 ADC_CTL0 寄存器的 DISRC 位置 1 时，常规序列使能间断运行模式。该模式下可以执行一次 n 个通道的短序列转换（n 不超过 8），该序列是 ADC_RSQ0～RSQ2 寄存器所选择的序列的一部分，如图 10-11 所示。数值 n 由 ADC_CTL0 寄存器的 DISCNUM[2:0] 位配置。当相应的软件触发或外部触发发生时，ADC 就会采样和转换在 ADC_RSQ0～RSQ2 寄存器所配置通道中接下来的 n 个通道，直到常规序列中所有的通道转换完成。每个常规序列转换周期结束后，EOC 位将被置为 1。如果 EOCIE 位被置为 1，则将产生一个中断。

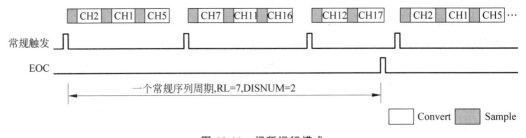

图 10-11   间断运行模式

常规序列间断运行模式的软件流程：

（1）将 ADC_CTL0 寄存器的 DISRC 位和 ADC_CTL1 寄存器的 DMA 位设置为 1。

（2）配置 ADC_CTL0 寄存器的 DISNUM[2:0]位。

（3）配置 ADC_RSQx 和 ADC_SAMPTx 寄存器。

（4）如果有需要,则配置 ADC_CTL1 寄存器中的 ETERC 和 ETSRC 位。

（5）准备 DMA 模块,用于传输来自 ADC_RDATA 的数据。

（6）设置 SWRCST 位,或者给常规序列产生一个外部触发。

（7）如果需要,则重复步骤 6。

（8）等待 EOC 标志位置 1。

（9）写 0 清除 EOC 标志位。

10.2.4　采样时间与外部触发配置

ADC 使用多个 CK_ADC 周期对输入电压采样,采样周期数目可以通过 ADC_SAMPT0 和 ADC_SAMPT1 寄存器的 SPTn[2:0]位配置。每个通道可以用不同的采样时间。在 12 位分辨率的情况下,总转换时间＝采样时间＋12.5 个 CK_ADC 周期。

例如 CK_ADC＝14MHz,采样时间为 1.5 个周期,那么总的转换时间为"1.5＋12.5"个 CK_ADC 周期,即 $1\mu s$。

外部触发输入的上升沿可以触发常规序列的转换。常规序列的外部触发源由 ADC_CTL1 寄存器的 ETSRC[2:0]位控制,见表 10-3 和表 10-4。

表 10-3　ADC0 和 ADC1 的外部触发源

ETSRC[2:0]	触 发 源	触 发 类 型
000	TIMER0_CH0	硬件触发
001	TIMER0_CH1	
010	TIMER0_CH2	
011	TIMER1_CH1	
100	TIMER2_TRGO	
101	TIMER3_CH3	
110	EXTI11/TIMER7_TRGO	
111	SWRCST	软件触发

表 10-4　ADC2 的外部触发源

ETSRC[2:0]	触 发 源	触 发 类 型
000	TIMER2_CH0	硬件触发
001	TIMER1_CH2	
010	TIMER0_CH2	
011	TIMER7_CH0	
100	TIMER7_TRGO	
101	TIMER4_CH0	
110	TIMER4_CH2	
111	SWRCST	软件触发

10.3 ADC 库函数的使用

10.3.1 常用库函数

ADC 库函数集中在 gd32f10x_adc.c 文件中,共有超过 30 个库函数,开发中常用的库函数包括初始化、使能、软件转换、规则通道配置、获取转换结果等 14 个。

(1) void adc_deinit(uint32_t adc_periph):用于将 ADC 外设恢复到默认值,在关闭或准备初始化 ADC 时使用,代码如下:

```
/* 重置 ADC0 */
adc_deinit(ADC0);
```

(2) void adc_mode_config(uint32_t mode):用于配置 ADC 的工作模式,例如单次转换模式或连续转换模式,代码如下:

```
/* configure the ADC sync mode */
adc_mode_config(ADC_MODE_FREE); //ADC_MODE_FREE:所有 ADC 运行于独立模式
```

(3) void adc_channel_length_config(uint32_t adc_periph, uint8_t adc_channel_group, uint32_t length):用于配置 ADC 转换的通道数量,其中 adc_channel_group 为通道组选择,取值为 ADC_REGULAR_CHANNEL(规则通道组,长度为 1~16)或 ADC_INSERTED_CHANNEL(注入通道组,长度为 1~4),代码如下:

```
/* configure the length of ADC0 regular channel */
adc_channel_length_config(ADC0, ADC_REGULAR_CHANNEL, 4);
```

(4) void adc_external_trigger_config(uint32_t adc_periph, uint8_t adc_channel_group, ControlStatus newvalue):用于配置外部触发源,例如定时器触发或外部中断触发,代码如下:

```
/* enable ADC0 inserted channel group external trigger */
adc_external_trigger_config(ADC0, ADC_INSERTED_CHANNEL_0, ENABLE);
```

(5) void adc_data_alignment_config(uint32_t adc_periph, uint32_t data_alignment):用于配置 ADC 数据的对齐方式,例如左对齐或右对齐,代码如下:

```
/* configure ADC0 data alignment */
adc_data_alignment_config(ADC0, ADC_DATAALIGN_RIGHT);
```

(6) FlagStatus adc_regular_software_startconv_flag_get(uint32_t adc_periph):用于配置 ADC 的常规通道,包括通道号、采样时间和采样顺序等,代码如下:

```
/* get the bit state of ADC0 software regular channel start conversion */
FlagStatus flag_value;
flag_value = adc_regular_software_startconv_flag_get(ADC0);
```

（7）void adc_special_function_config（uint32_t adc_periph，uint32_t function，ControlStatus newvalue）：用于配置 ADC 的特殊功能，例如温度传感器和电压参考等，代码如下：

```
/* enable ADC0 scan mode */
adc_special_function_config(ADC0, ADC_SCAN_MODE, ENABLE);
```

（8）void adc_calibration_enable(uint32_t adc_periph)：用于执行 ADC 的校准过程，提高转换的准确性，代码如下：

```
/* ADC0 calibration and reset calibration */
adc_calibration_enable(ADC0);
```

（9）void adc_software_trigger_enable(uint32_t adc_periph，uint8_t adc_channel_group)：用于使能软件触发转换，代码如下：

```
/* enable ADC0 regular channel group software trigger */
adc_software_trigger_enable(ADC0, ADC_REGULAR_CHANNEL);
```

（10）void adc_interrupt_enable（uint32_t adc_periph，uint32_t adc_interrupt）和 void adc_interrupt_disable（uint32_t adc_periph，uint32_t adc_interrupt）：用于使能或禁用 ADC 的中断功能，代码如下：

```
/* enable ADC0 analog watchdog interrupt */
adc_interrupt_enable(ADC0, ADC_INT_WDE);
/* disable ADC0 interrupt */
adc_interrupt_disable(ADC0, ADC_INT_WDE);
```

（11）FlagStatus adc_flag_get（uint32_t adc_periph，uint32_t adc_flag）：用于检查 ADC 的状态标志位，例如转换完成标志位，代码如下：

```
/* get the ADC0 analog watchdog flag bits */
FlagStatus flag_value;
flag_value = adc_flag_get(ADC0, ADC_FLAG_WDE);
```

（12）uint16_t adc_regular_data_read(uint32_t adc_periph)：用于读取 ADC 规则组数据寄存器，代码如下：

```
/* read ADC0 regular group data register */
uint16_t adc_value = 0;
adc_value = adc_regular_data_read(ADC0);
```

（13）uint16_t adc_inserted_data_read(uint32_t adc_periph，uint8_t inserted_channel)：用于读取 ADC 注入组数据寄存器，代码如下：

```
/* read ADC0 inserted group data register */
uint16_t adc_value = 0;
adc_value = adc_inserted_data_read(ADC0, ADC_INSERTED_CHANNEL_0);
```

10.3.2 利用库函数实现 ADC 步骤

在 GD32F10x 微控制器中,使用库函数进行 ADC 转换一般分为 8 个步骤。

1. 初始化 ADC 模块

使用 adc_deinit()函数将 ADC 模块重置为默认配置,然后使用 adc_mode_config()函数设置 ADC 的工作模式(单次转换或连续转换)和触发源,代码如下:

```c
void adc_init(void)
{
    rcu_periph_clock_enable(RCU_ADC0); /* 使能 ADC 时钟 */
    adc_deinit(ADC0); /* 初始化 ADC 模块 */

    /* 配置 ADC 参数 */
    adc_mode_config(ADC_MODE_FREE); //将 ADC 工作模式设置为自由模式
    adc_data_alignment_config(ADC0, ADC_DATAALIGN_RIGHT); /* 将 ADC 数据对齐方式设置为右对齐 */
    adc_channel_length_config(ADC0, ADC_REGULAR_CHANNEL, 1); /* 将转换序列长度设置为 1 个通道 */

    /* 配置 ADC 通道 */
    adc_regular_channel_config(ADC0, 0, ADC_CHANNEL_0, ADC_SAMPLETIME_1POINT5); /* 配置通道 0(对应 GPIO 端口为 PA0)的采样时间周期 */

    /* 配置触发源(可选) */
    adc_external_trigger_config(ADC0, ADC_REGULAR_CHANNEL, ENABLE); /* 使能外部触发转换 */
    adc_external_trigger_source_config(ADC0, ADC_REGULAR_CHANNEL, ADC0_1_EXTTRIG_REGULAR_NONE); /* 将外部触发源设置为软件触发 */

    adc_enable(ADC0); /* 使能 ADC 模块 */

    delay_1ms(1); /* 温度传感器开启时需要等待一段时间进行初始化 */

    adc_software_trigger_enable(ADC0, ADC_REGULAR_CHANNEL); //启动 ADC 转换
}
```

2. 配置 ADC 通道

使用 adc_channel_length_config()函数设置转换序列的长度,然后使用 adc_regular_channel_config()函数配置每个通道的转换顺序、采样时间和采样分辨率,代码如下:

```c
void adc_channel_config(void)
{
    /* 配置 ADC 通道 */
    adc_regular_channel_config(ADC0, 0, ADC_CHANNEL_0, ADC_SAMPLETIME_239POINT5);
//将通道 0 配置为采样时间 239.5 周期
    adc_regular_channel_config(ADC0, 1, ADC_CHANNEL_1, ADC_SAMPLETIME_239POINT5);
//将通道 1 配置为采样时间 239.5 周期
```

```
adc_regular_channel_config(ADC0, 2, ADC_CHANNEL_2, ADC_SAMPLETIME_239POINT5);
//将通道2配置为采样时间239.5周期

    /* 配置转换序列长度 */
    adc_channel_length_config(ADC0, ADC_REGULAR_CHANNEL, 3); /* 将转换序列长度设置为3个
通道 */
}
```

3. 配置触发源（如果需要）

如果需要外部触发转换，则使用 adc_external_trigger_config()函数配置外部触发源的类型和触发极性。

假设需要配置 ADC0，并将外部触发转换使能。通过调用 adc_external_trigger_config()函数，可以使能外部触发转换，然后通过调用 adc_external_trigger_source_config()函数，可以设置外部触发源的类型和具体触发源，外部触发源被设置为外部中断线 11，代码如下：

```
void adc_trigger_config(void)
{
    /* 配置外部触发源 */
    adc_external_trigger_config(ADC0, ADC_REGULAR_CHANNEL, ENABLE); //使能外部触发转换
    adc_external_trigger_source_config(ADC0, ADC_REGULAR_CHANNEL, ADC0_1_EXTTRIG_REGULAR_
EXTI_11); //将外部触发源设置为外部中断线11
}
```

4. 启用 ADC 模块

使用 adc_enable()函数启用 ADC 模块。

5. 进行 ADC 转换

使用 adc_data_alignment_config()函数设置 ADC 数据对齐方式，然后使用 adc_software_trigger_enable()函数（如果使用软件触发转换）或 adc_external_trigger_enable()函数（如果使用外部触发转换）启动转换。

6. 等待转换完成

使用 adc_flag_get()函数轮询检查 ADC 转换完成标志位，直到转换完成。

7. 读取转换结果

使用 adc_regular_data_read()函数读取转换结果。步骤4～步骤7的代码如下：

```
void adc_conversion(void)
{
/* 使能 ADC 模块 */
    adc_enable(ADC0);
    /* 将 ADC 数据对齐方式设置为右对齐 */
    adc_data_alignment_config(ADC0, ADC_DATAALIGN_RIGHT);
    /* 启动 ADC 转换 */
    adc_software_trigger_enable(ADC0, ADC_REGULAR_CHANNEL);

    /* 等待转换完成 */
```

```
        while (!adc_flag_get(ADC0, ADC_FLAG_EOC));

        /* 读取转换结果 */
        uint16_t adc_result = adc_regular_data_read(ADC0);
    }
```

8. 关闭 ADC 模块(如果需要)

使用 adc_disable()函数关闭 ADC 模块。

这只是一般的步骤示例,在实际应用中可能需要根据需求适当地进行配置和处理。可参考 GD32F10x 系列微控制器的官方库函数文档以获取更详细的使用说明和函数接口。

10.4 小结

作为一种关键的电子组件,ADC 用于将模拟信号转换为数字信号,这是 ARM 单片机处理模拟信号必不可少的外设。本章简要地介绍了 ADC 的工作原理,包括并联比较型 ADC、逐次逼近型 ADC;在此基础上详细介绍了 GD32F10x 的 ADC 外设的原理框图、运行模式、采样时间与外部触发设置、库函数使用方法等。

GD32F10x 的 ADC 外设提供了多种配置选项,以满足各种应用的需求,从而能够进行高精度的模拟到数字的转换。用户可以根据其具体应用的要求来配置和使用 ADC 外设。

10.5 练习题

(1) 简述并联比较型 ADC 的工作原理。

(2) 简述逐次逼近型 ADC 的工作原理。

(3) ADC 的性能指标有哪些? 分别有什么含义?

(4) ADC 的分辨率、精度分别有什么含义? 有什么区别?

(5) ADC 的参考电压和分辨率之间有什么关系?

(6) 常用的 GD32F10x ADC 相关的标准库函数有哪些?

(7) 简述 ADC 初始化配置过程和读取 AD 转换值的操作流程。

(8) 尝试在本章实验的基础上,使用 ADC 采集开发板上可变电阻的阻值。

10.6 ADC 实验:测量光敏电阻的阻值

10.6.1 实验目标

GD32F103 开发板中集成了可变电阻 R17、光敏传感器 RG1,分别通过跳线帽和 PA4、PA5 相连。光照可以改变 RG1 的阻值,阻值的改变会使进入相应 I/O 端口的模拟信号(电压值)发生变化。

本案例目标：通过 ADC 获取光敏电阻上分得的电压，然后计算其阻值，并将结果显示到 OLED 屏幕上。

10.6.2 实验方法分析

开发板上的光敏传感器的电路原理图如图 10-12(a)所示，其中 P7 为短接帽，光敏传感器通过短接帽被连接到 GD32F103 的 PA5 引脚。原理图可以简化，如图 10-12(b)所示。光敏电阻的阻值受光照影响会发生变化，而阻值的变化导致和 R20 串联后分得的电压发生变化，即光敏电阻的变化表现为 PA5 的电压值的变化。

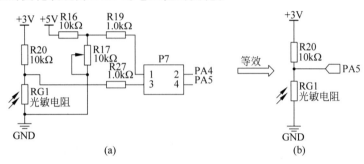

图 10-12 开发板上的光敏传感器的电路原理图

假设 PA5 的电压为 V_{IN}，则 RG1 的阻值可以通过公式 $RG1 = \dfrac{V_{IN} \times 10}{3 - V_{IN}}$ 算得，单位是 kΩ。

由于只需测量一个光敏电阻，所以可以采用单次模式进行 ADC 采集。GD32F103 中集成的 ADC 是 12 位的，并且参考电压是 3.3V。由 ADC 的工作原理可知，与 PA5 连接的 ADC0 采集到的是经过了模数转换的数字信号（假设为 ADC_Value），计算 V_{IN} 时还需要将数字信号再转换为电压信号。转换的公式为 $V_{IN} = \dfrac{ADC\_Value \times 3.3}{2^{12}} = \dfrac{ADC\_Value \times 3.3}{4096}$。

10.6.3 实验代码

在工程中加入 resister_adc 模块，添加 gd32f10x_adc 标准外设库，工程框架如图 10-13 所示。

在 resister_adc 模块包含了 resister_adc.h 和 resister_adc.c 两个文件，resister_adc.h 文件中的代码如下：

```
/*!
    \file    第 10 章\10.6 实验\resister_adc.h
*/
#ifndef _RESISTER_ADC
#define _RESISTER_ADC


#include "gd32f10x.h"
#include "systick.h"
```

```
void resister_adc_init(void);
void gpio_config(void);
void adc_config(void);

uint16_t read_adc0_data(uint8_t adc_channel);    //读取ADC0转换的结果
float get_photo_r(void);                         //获取光敏电阻的阻值

#endif
```

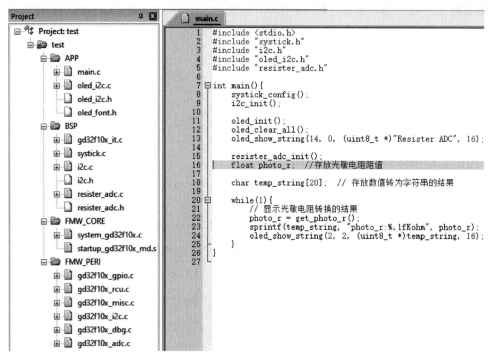

图 10-13 测光敏电阻工程框架

源文件 resister_adc.c 中的代码如下：

```
/*!
    \file    第10章\10.6实验\resister_adc.c
*/
#include "resister_adc.h"

//是与电阻相连的ADC外设及其通道的初始化
void resister_adc_init(void){
    gpio_config();
    adc_config();
}

/* 将I/O端口初始化为模拟输入模式 */
```

```
void gpio_config(){
    rcu_periph_clock_enable(RCU_GPIOA); //(1)使能 RCU 时钟
    gpio_init(GPIOA, GPIO_MODE_AIN, GPIO_OSPEED_50MHZ, GPIO_PIN_4|GPIO_PIN_5); //(2)初始化
GPIO 模式
}

/* 初始化 ADC0 */
void adc_config(){
    rcu_periph_clock_enable(RCU_ADC0);                          //使能时钟
    rcu_adc_clock_config(RCU_CKADC_CKAPB2_DIV8);                //配置 ADC 的时钟

    /* 配置 ADC0 的参数 */
    adc_mode_config(ADC_MODE_FREE);                            //自由模式
    adc_special_function_config(ADC0, ADC_SCAN_MODE, ENABLE);
    adc_special_function_config(ADC0, ADC_CONTINUOUS_MODE, DISABLE); /* 关闭连续模式 */

    adc_data_alignment_config(ADC0, ADC_DATAALIGN_RIGHT); //右对齐方式
    adc_channel_length_config(ADC0, ADC_REGULAR_CHANNEL, 1);

    adc_external_trigger_source_config(ADC0, ADC_REGULAR_CHANNEL, ADC0_1_2_EXTTRIG_
REGULAR_NONE);                                            //触发方式,软件触发
    adc_external_trigger_config(ADC0, ADC_REGULAR_CHANNEL, ENABLE); /* 使能外部触发 */

    /* 使能 ADC0 */
    adc_enable(ADC0);
    delay_1ms(2);                                            //等待稳定

    /* 自校准 */
    adc_calibration_enable(ADC0);
}

//读取 ADC0 转换的结果
uint16_t read_adc0_data(uint8_t adc_channel){
    /* 配置 ADC0 的通道 */
    adc_regular_channel_config(ADC0, 0, adc_channel, ADC_SAMPLETIME_1POINT5);

    /* 触发 ADC0 的转换 */
    adc_software_trigger_enable(ADC0, ADC_REGULAR_CHANNEL);

    /* 等待 EOC 置位,即 ADC0 转换完成 */
    while(!adc_flag_get(ADC0, ADC_FLAG_EOC));
        adc_flag_clear(ADC0, ADC_FLAG_EOC); /* 清零 EOC */

    /* 读常规通道数据寄存器值并返回 */
    return adc_regular_data_read(ADC0);
}

/* 获取光敏电阻的阻值
 * return:光敏电阻阻值,单位是千欧
```

```
*/
float get_photo_r(void){
    uint16_t adc_value = 0;
    uint8_t i;
    for(i = 0; i < 8; i++){
        adc_value += read_adc0_data(ADC_CHANNEL_5);
    }

    adc_value = adc_value / 8;

    float v_photo_res = adc_value * 3.3f / 4096.0f; /*得到模数转换的结果对应的电压值*/
    float result = (v_photo_res * 10) / (3 - v_photo_res);
    return result;
}
```

在 main.c 文件中只需调用 resister_adc 中的 get_photo_r 函数就可以得到光敏电阻的阻值,然后显示到 OLED 屏,代码如下:

```
/*!
    \file    第10章\10.6实验\main.c
*/
#include <stdio.h>
#include "systick.h"
#include "i2c.h"
#include "oled_i2c.h"
#include "resister_adc.h"

int main(){
    systick_config();
    i2c_init();

    oled_init();
    oled_clear_all();
    oled_show_string(14, 0, (uint8_t *)"Resister ADC", 16);

    resister_adc_init();
    float photo_r;        //存放光敏电阻的阻值

    char temp_string[20];//存放将数值转换为字符串的结果

    while(1){
        //显示光敏电阻转换的结果
        photo_r = get_photo_r();
        sprintf(temp_string, "photo_r:%.1fKohm ", photo_r);
        oled_show_string(2, 2, (uint8_t *)temp_string, 16);
    }
}
```

10.6.4 实验现象

实验结果如图 10-14 所示,若遮挡光敏电阻 RG1 以减小其光照强度,则测得的阻值会升高,若增加 RG1 上的光照强度,则阻值会减小。

图 10-14 测量光敏电阻实验结果

注意:由于开发板上的 W25Qxx 也使用了 PA4、PA5 引脚,所以在做本实验时需要将 W25Qxx 的短接帽断开并连接光敏电阻 PA4 的短接帽。

第 11 章

直接数据存储 DMA

直接存储器访问(Direct Memory Access,DMA),其作用是无须经过 CPU 而直接进行数据传输,可以让 CPU 处理更复杂的任务。DMA 充当通信"桥梁"的作用,可以将所有外设映射的寄存器"连接"起来,这样就可以高速地访问寄存器,其传输不受 CPU 的支配,传输还是双向的。

通俗点来讲就是 DMA 相当于 CPU 的一个秘书,它的作用就是帮 CPU 减轻负担。说得具体一点就是帮 CPU 来转移数据,例如希望将外设 A 的数据复制到外设 B,只要给两种外设提供一条数据通路,再加上一些控制转移的部件就可以完成数据的复制。DMA 就是基于以上设想设计的,它的作用就是解决大量数据转移过度消耗 CPU 资源的问题。有了 DMA,CPU 便可专注于更加实用的操作、计算、控制等。本章介绍 DMA 的工作原理、GD32 的 DMA 结构和软件编程,最后给出一个 GD32F103 的 DMA 的应用案例。

11.1 概述

DMA 是一种计算机系统中用于实现高速数据传输的技术。传统上,当一个外部设备(如硬盘驱动器或网络适配器)需要从内存中读取或写入数据时,通常需要中央处理器(CPU)的介入来完成这个任务。这意味着 CPU 必须花费时间和资源来执行数据传输操作,从而降低了系统的整体性能。DMA 可以在外设和存储器之间、存储器和存储器之间直接进行高速数据传输,如图 11-1 所示。DMA 无须 CPU 的干预,通过 DMA 数据可以快速地移动,这样可以节省 CPU 的资源来执行其他操作。现在越来越多的单片机采用 DMA 技术,提供外设和存储器之间的高速数据传输。当 CPU 初始化这个传输动作后,传输动作本身是由 DMA 控制器来实行和完成的。

使用 DMA 使数据可以直接在外部设备和主存之间传输,而不会占用 CPU 的时间和资源。DMA 控制器负责管理数据传输过程,而 CPU 可以继续执行其他任务。DMA 在 ARM 单片机中的一些常见用途和好处包括高速数据传输、解放处理器资源、支持多任务处理、降低功耗等。DMA 在 ARM 架构中的主要用途是提供高速的无须处理器干预的数据传输能力,解放处理器资源,支持多任务处理,并降低功耗。这使 ARM 系统能够更高效地处理数

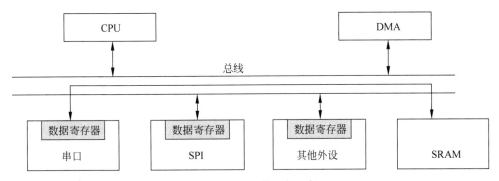

图 11-1　DMA 的一般思想

据和任务,提供更好的性能和响应能力。

　　外设和存储器使用 DMA 进行数据交互指的是在发生一个事件后,外设将一个请求信号发送到 DMA 控制器,DMA 控制器根据通道的优先权处理请求并进行外设和存储器的数据交互。当 DMA 控制器开始访问外设时,DMA 控制器立即发送给外设一个应答信号。当从 DMA 控制器得到应答信号时,外设立即释放它的请求。一旦外设释放了这个请求,DMA 控制器就同时撤销应答信号。如果发生更多的请求,则外设可以启动,以便下次处理。

　　DMA 控制器和 Cortex-M3 核共享系统数据总线,执行直接存储器数据传输功能。当 CPU 和 DMA 同时访问相同的目标(RAM 或外设)时,DMA 请求可能会停止 CPU 访问系统总线达若干个周期,总线仲裁器执行循环调度,以保证 CPU 至少可以得到一半的系统总线(存储器或外设)带宽。

11.2　DMA 控制器原理

11.2.1　理解 DMA 框图

　　DMA 模块包括 DMA 控制器、主模式控制电路、从模式控制电路和数据通道 FIFOs,如图 11-2 和图 11-3 所示。

22min

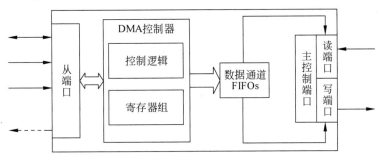

图 11-2　DMA 模块构成框图

主、从模式控制电路分别负责控制 DMA 模块在数据总线的主模式和从模式下的工作状态。FIFOs 实现数据缓冲通道,对总线端的高速信号和外设上本地低速信号进行速率匹配和缓冲。DMA 模块的上述结构使它既可以作为总线的从设备被访问,也可以在有 DMA 请求时,通过总线仲裁获得总线的控制权,作为主设备控制外设和内存间进行数据传输。DMA 不能实现类似 CPU 复杂的地址处理和译码等功能,DMA 传输的源和目的地址一般是总线全局地址。

DMA 控制器是整个 DMA 模块的核心部分,由逻辑控制电路和寄存器组成。它实际上是一个比 CPU 结构简单的处理器,也可以作为采用 DMA 方式进行数据传输的外设与系统总线的接口电路,它是在中断接口的基础上加上 DMA 结构组成的,其中,DMA 逻辑控制电路控制了整个 DMA 的传输过程,它主要通过一个 DMA 传输状态机实现。为实现外设与内存间直接成批交换数据,必须把数据的来源、去向和字节总数(数据长度)等信息事先通知DMAC,所以 DMAC 的寄存器组应包含源地址寄存器、目的地址寄存器、字节计数寄存器、状态寄存器、控制寄存器。DMA 控制器的基本结构如图 11-3 所示。

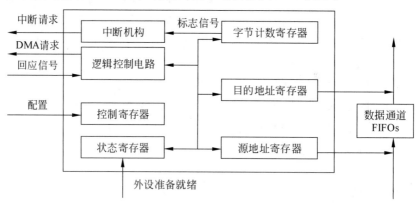

图 11-3　DMA 控制器的基本结构

11.2.2　MDA 寄存器

由图 11-3 可知 DMA 控制器通常包含一组寄存器,用于配置和控制 DMA 传输的各方面。这些寄存器的具体名称和功能可能会根据不同的 DMA 控制器和计算机体系结构而异,但通常包括源地址寄存器、目的地址寄存器、字节计数寄存器、控制寄存器、状态寄存器等。

(1)源地址寄存器:这个寄存器用于指定数据传输的源地址,即数据要从哪里读取。外部设备的地址或内存地址通常存储在这里。

(2)目标地址寄存器:这个寄存器用于指定数据传输的目标地址,即数据要写入哪里。通常是内存地址或外部设备的地址。

(3)数据长度寄存器:这个寄存器用于指定要传输的数据的长度或数量。它决定了DMA 控制器将传输多少数据。

(4)控制寄存器:控制寄存器包含各种标志位和控制位,用于配置 DMA 传输的方式。

例如,它可以包括启动传输、停止传输、设置传输方向(读取或写入)、选择传输模式(单次传输、循环传输等)等。

(5) 状态寄存器:状态寄存器包含有关 DMA 传输的信息,如传输完成标志、错误标志等。CPU 可以查询这些标志来检查传输的状态。

(6) 请求寄存器:这个寄存器用于管理外部设备向 DMA 控制器发出的请求信号。DMA 控制器根据这些请求来决定何时启动传输。

(7) 通道寄存器:在一些 DMA 控制器中,多个 DMA 通道可以同时存在,对每个通道可以独立地进行配置和控制。通道寄存器用于选择要配置和操作的 DMA 通道。

(8) 中断寄存器:用于配置 DMA 传输完成时是否发出中断请求以通知 CPU。

这些寄存器的名称和功能可能会因 DMA 控制器的型号和制造商而异,但它们的基本功能是为了配置和管理 DMA 传输过程,使外部设备能够直接访问内存,提高数据传输的效率,减轻 CPU 的负担。在编程 DMA 控制器时,程序员通常需要访问和配置这些寄存器以满足特定应用的需求。

DMA 中还需要有与寄存器相配套的逻辑控制电路,用来修改各寄存器的值,完成与CPU 之间的交互工作。

11.2.3　DMA 传输过程

虽然在 DMA 传输过程中外部设备直接访问内存,无须 CPU 的持续干预,但是在传输之前的 DMA 初始化工作需要由 CPU 操作。CPU 对 DMA 控制器的初始化通常涉及几个步骤:①配置源地址寄存器,指定要从哪个位置读取数据,可以是外部设备的寄存器或内存中的某个地址;②配置目标地址寄存器,指定数据应写入的位置,通常是内存中的某个地址;③配置数据长度寄存器,确定要传输的数据的长度或数量;④配置控制寄存器,设置传输的方向(读取或写入)、传输模式(单次、循环等)、中断选项等。

CPU 完成 DMA 的配置并开启 DMA 后,一次 DMA 传输过程又可分为外部设备请求DMA 传输、DMA 控制器启动传输、数据传输、中断或通知 CPU、CPU 响应、重复或结束这6 个步骤。

外部设备请求 DMA 传输:外部设备需要通过某种方式通知 DMA 控制器,请求进行数据传输。这可以通过硬件信号线、中断或其他机制实现,具体取决于 DMA 控制器和设备的连接方式。

DMA 控制器启动传输:一旦外部设备请求了 DMA 传输,DMA 控制器可以根据配置的参数开始传输数据。

(1) 数据传输:DMA 控制器根据源地址、目标地址和数据长度等配置,开始从外部设备读取数据或将数据写入目标位置。这个过程通常在不涉及 CPU 的干预下进行,因此可以提高数据传输的效率。

(2) 中断或通知 CPU:在传输完成后,DMA 控制器可以发出一个中断信号或通知CPU,以通知传输的状态。这是可选的,取决于 DMA 控制器的配置。

（3）CPU 响应：CPU 在接收到中断或通知后,可以检查传输的结果,例如检查数据是否已成功传输,或者可以继续执行其他任务。

（4）重复或结束：DMA 传输可以是一次性的,也可以是循环的,具体取决于配置。如果需要多次传输,则 DMA 控制器可以根据配置重复上述步骤,直到满足指定的条件为止。

总之,如果采用 DMA 方式,当有数据需要传输时,CPU 会中断正在运行的程序,然后执行几条 IO 指令、测试内存、外设、DMA 模块等的状态,然后将源地址、目的地址和传输数据字节数写入 DMA 控制器,剩下较耗费时间的数据传输工作由 DMA 控制器负责。由于这些 DMA 的配置和启动工作消耗 CPU 周期较少,完成后的 CPU 会继续执行刚才中断的程序,宏观上感觉不到程序运行有延迟。

11.3　GD32F10x 的 DMA

▶ 32min

GD32F103C8T6 具有两个 DMA 控制器,即 DMA0 和 DMA1。每个控制器都可以独立地执行数据传输操作,并具有独立的配置寄存器和传输控制器。

11.3.1　GD32F10x 的 DMA 原理框图

▶ 43min

在 GD32F10x 中,DMA 外设原理框图如图 11-4 所示。GD32F10x 的两个 DMA 控制器共有 12 个通道(DMA0 有 7 个通道,DMA1 有 5 个通道)。每个通道都专门用来处理一个或多个外设的存储器访问请求。DMA 控制器内部实现了一个仲裁器,用来仲裁多个DMA 请求的优先级。

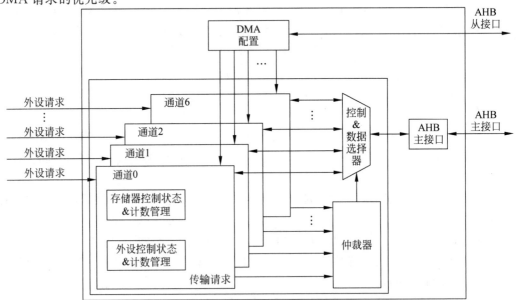

图 11-4　DMA 外设原理框图

DMA 控制器和 Cortex-M3 内核共享系统总线。当 DMA 和 CPU 访问同样的地址空间时,DMA 访问可能会阻挡 CPU 访问系统总线几个总线周期。总线矩阵中实现了循环仲裁算法并以此来分配 DMA 与 CPU 的访问权,它可以确保 CPU 得到至少一半的系统总线带宽。DMA 的整体框图如图 11-5 所示。

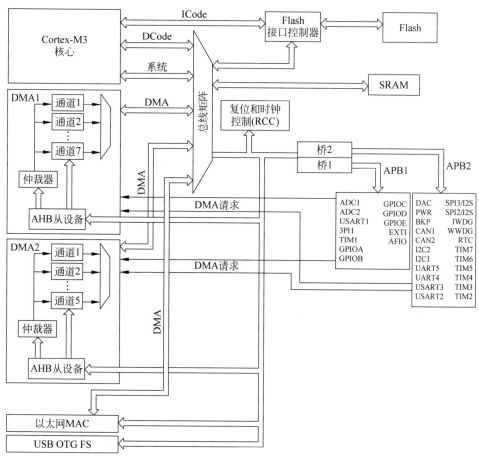

图 11-5 DMA 的整体框图

使用 DMA 时需要对其参数进行配置,主要包括通道地址、优先级、数据传输方向、存储器/外设数据宽度、存储器/外设地址是否增量、循环模式、数据传输量、中断等,而所有这些参数都是通过更改相应的寄存器值来配置的。

11.3.2 DMA 传输功能要点

DMA 传输分为两步操作:从源地址读取数据,之后将读取的数据存储到目的地址。
DMA 控制器的每个通道上都有若干个寄存器与之配合进行 DMA 传输,基于外设基地址寄存器 DMA_CHxPADDR、存储器基地址寄存器 DMA_CHxMADDR、控制寄存器 DMA_CHxCTL 寄存器的值计算下一次操作的源/目的地址。通道 x 计数寄存器 DMA_CHxCNT 寄存器用于控制传输的次数。DMA_CHxCTL 寄存器的 PWIDTH 和 MWIDTH 位域决定每次发送和接收的字节数(字节/半字/字)。

为了保证数据的有效传输,在 DMA 控制器中引入了外设和存储器的握手机制,包括请求信号和应答信号,如图 11-6 所示。请求信号由外设发出,表明外设已经准备好发送或接收数据;应答信号由 DMA 控制器响应,表明 DMA 控制器已经发送 AHB 命令去访问外设。

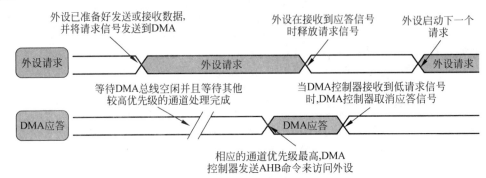

图 11-6　DMA 外设与存储器的握手机制

DMA 控制器加入仲裁器用于处理同一时刻接收到多个外设请求的情况,仲裁器将根据外设请求的优先级来决定响应哪一个外设请求。优先级包括软件优先级和硬件优先级,软件优先级分为 4 级,即低、中、高和极高。可以通过寄存器 DMA_CHxCTL 的 PRIO 位域来配置;硬件优先级的处理逻辑是当通道具有相同的软件优先级时,编号低的通道优先级高。

DMA 传输不需要 CPU 的参与,传输过程中存储器和外设都独立地支持两种地址生成算法:固定模式和增量模式。寄存器 DMA_CHxCTL 的 PNAGA 和 MNAGA 位用来设置存储器和外设的地址生成算法。在固定模式中,地址一直固定为初始化的基地址(DMA_CHxPADDR,DMA_CHxMADDR)。在增量模式中,下一次传输数据的地址是当前地址加 1(或者 2、4),这个值取决于数据传输宽度。

对于连续的外设请求(如 ADC 扫描模式)可以使用循环模式 DM 处理。将 DMA_CHxCTL 寄存器的 CMEN 位置位可以使能循环模式。在循环模式中,当每次 DMA 传输完成后,CNT 值会被重新载入,并且传输完成标志位会被置 1。DMA 会一直响应外设的请求,直到通道使能位(DMA_CHxCTL 寄存器的 CHEN 位)被清零。

将 DMA_CHxCTL 寄存器的 M2M 位置位可以将存储器使能到存储器模式。在此模式下,DMA 通道传输数据时不依赖外设的请求信号。一旦 DMA_CHxCTL 寄存器的 CHEN 位被置 1,DMA 通道就立即开始传输数据,直到 DMA_CHxCNT 寄存器达到 0,DMA 通道才会停止。

　　每个 DMA 通道都有一个专用的中断。中断事件有 3 种类型：传输完成、半传输完成和传输错误。每个中断事件在 DMA_INTF 寄存器中有专用的标志位,在 DMA_INTC 寄存器中有专用的清除位,在 DMA_CHxCTL 寄存器中有专用的使能位。

　　在 GD32F10x 系列微控制器中,外设与 DMA 通道的映射关系通常是预定义的,以便将外设与 DMA 传输通道相关联,分别如图 11-7 和图 11-8 所示。通过配置对应外设的寄存器,每个外设的请求均可以独立地开启或关闭。用户必须确保同一时间,在同一个通道上仅有一个外设的请求被开启。

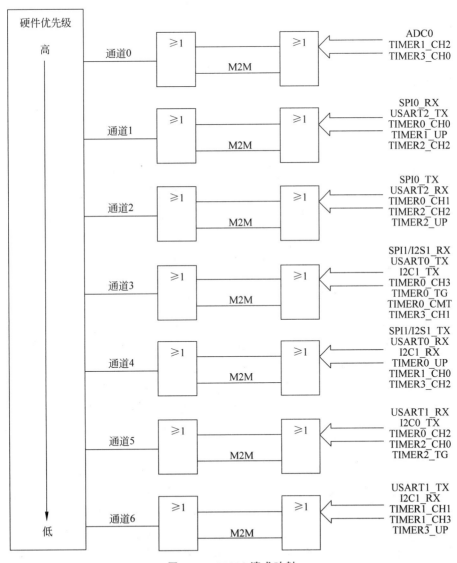

图 11-7　DMA0 请求映射

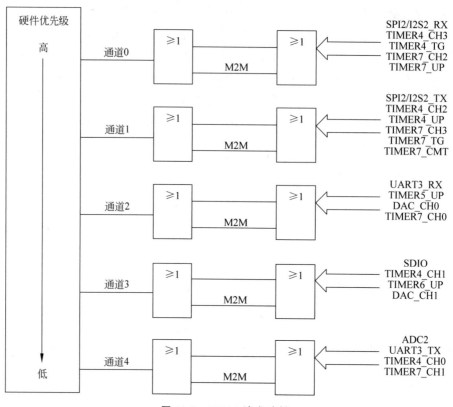

图 11-8 DMA1 请求映射

11.3.3 DMA 流程解析

在 GD32F103 微控制器上使用 DMA 的一般步骤包括外设和 DMA 通道配置、DMA 控制器配置、DMA 中断配置(可选)、DMA 传输启动、DMA 传输完成的处理(可选)。如未配置 DMA 中断,则还涉及 DMA 传输是否完成轮询操作。

(1) 配置外设和 DMA 通道。首先,确定要使用的外设和相应的 DMA 通道。选择合适的 DMA 通道和外设接口,并确保它们支持 DMA 功能,其次,配置外设接口,以使其能够与 DMA 通道进行数据传输。这通常涉及配置外设的寄存器,如设置数据方向、数据宽度和传输触发方式等。

(2) 配置 DMA 控制器。初始化 DMA 控制器,涉及使能 DMA 时钟,并对 DMA 控制器进行初始化设置。配置 DMA 通道的传输参数,包括设置源地址、目的地址、数据传输长度和传输方向等参数,这些参数决定了数据将如何在外设和存储器之间传输。

(3) 配置 DMA 中断(可选)。如果需要在数据传输完成或出现错误时进行处理,则可以配置 DMA 中断。这通常涉及使能 DMA 中断和编写相应的中断服务程序(ISR)来处理中断事件。

(4) 启动 DMA 传输。使用启动命令或触发信号启动 DMA 传输。这将使 DMA 控制器开始执行数据传输任务,并根据配置的参数自动进行数据传输。

（5）处理 DMA 传输完成事件（可选）。如果已配置 DMA 中断,当数据传输完成时,DMA 控制器将触发相应的中断事件。在中断服务程序中,可以进行相关处理,如数据处理、状态更新等。

（6）等待或检查传输完成。如果未配置 DMA 中断,则可以使用轮询的方式等待 DMA 传输完成。通过查询 DMA 状态寄存器或相关标志位,可以确定传输是否已完成。

11.4　小结

本章介绍了 DMA 的一般概念和工作原理,详细介绍了 GD32F10x DMA 的内部结构和常用功能,讲解了使用 DMA 传输的一般流程。后面 11.6 节还会通过一个摇杆应用的案例演示如何通过 DMA 方式对由 ADC 采集到的信号进行存储。

11.5　练习题

（1）简述 DMA 的作用。
（2）简述 GD32F10x 中 DMA 的特点。
（3）简述 DMA 仲裁器的作用。
（4）简述 DMA 的错误管理机制。
（5）简述 DMA 通道的工作模式、工作原理。
（6）简述通过标准库函数配置 DMA 通道的一般方法。

11.6　DMA 实验：DMA ADC 摇杆用法

63min

11.6.1　实验目标

GD32F103 开发板中集成了一个模拟摇杆,分别通过跳线帽和 PB14、PA6、PA7 相连。摇杆可以上下左右拨动,还可以按下。

本案例目标:在 OLED 屏幕上显示拨动摇杆造成的 ADC 采集到的数据的变化。

11.6.2　实验方法分析

开发板上摇杆的接线图如图 11-9 所示,摇杆在 X、Y 方向上各有一个可变电阻,用户在 X 或 Y 方向上拨动摇杆使可变电阻的阻值发生变化,阻值的变化反映为 JS_X、JS_Y 引脚（与 GD32F103C8T6 的 PA6、PA7 相连）的电压值变化。

本实验采用 DMA 的方式采集 ADC 的数据,在 ADC 转换序列中插入对应 PA6、PA7 的通道 6、通道 7,采用常规模式,当一个通道的模拟信号转换完成后会进入常规通道数据寄

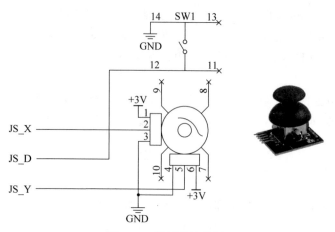

图 11-9　摇杆的接线图

存器并触发 DMA 传输,将寄存器中的数据自动转存至存储器中,如图 11-10 所示。摇杆的 DMA ADC 操作不需要 CPU 参与,自动循环执行,CPU 根据需要直接去存储器中指定的位置读取摇杆数据并使用即可。

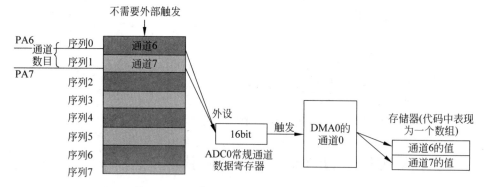

图 11-10　摇杆的 DMA ADC 数据采集过程

11.6.3　实验代码

因为要使用 ADC 和 DMA,所以要在标准外设库中添加 gd32f10x_adc 和 gd32f10x_dma。在代码中加入摇杆的驱动模块 rocker_driver,工程框架如图 11-11 所示。

因为使用了 ADC 的 DMA 模式,所以摇杆的驱动中既要有 ADC 的初始化,还要有 DMA 的初始化。头文件 rocker_driver.h 中的代码如下:

```
/*!
    \file    第 11 章\11.6 实验\rocker_driver.h
*/
#ifndef _ROCKER_DRIVE_H
#define _ROCKER_DRIVE_H
```

```
# include "gd32f10x.h"
# include "systick.h"

# define ROCKER_X_PIN GPIO_PIN_6
# define ROCKER_Y_PIN GPIO_PIN_7

extern uint16_t rocker_data[2];

void rocker_init(void); //初始化摇杆

void rcu_config(void);
void gpio_config(void);
void adc_config(void);
void dma_config(void);

# endif
```

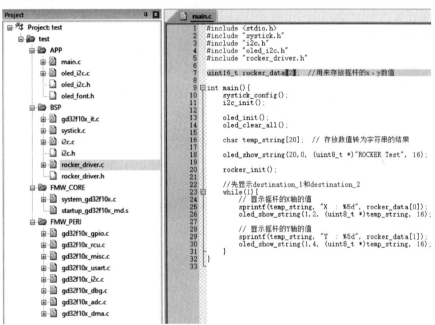

图 11-11　摇杆驱动工程框架

相应地,rocker_driver.c 文件中的代码如下:

```
/*!
    \file    第 11 章\11.6 实验\rocker_driver.c
*/
# include "rocker_driver.h"

//初始化摇杆
void rocker_init(void){
```

```
        rcu_config();
        gpio_config();
        adc_config();
        dma_config();
}

//外设时钟使能配置
void rcu_config(void){
        rcu_periph_clock_enable(RCU_GPIOA);

        rcu_periph_clock_enable(RCU_AF);

        rcu_periph_clock_enable(RCU_ADC0);
        rcu_periph_clock_enable(RCU_DMA0);

        rcu_adc_clock_config(RCU_CKADC_CKAPB2_DIV8);  //配置 ADC 的时钟
}

//GPIO 配置
void gpio_config(void){
        gpio_init(GPIOA, GPIO_MODE_AIN, GPIO_OSPEED_50MHZ, ROCKER_X_PIN|ROCKER_Y_PIN);
}

void adc_config(void){
        adc_deinit(ADC0);  //adc0 reset
        adc_mode_config(ADC_MODE_FREE);
        adc_special_function_config(ADC0, ADC_CONTINUOUS_MODE, ENABLE); /* 开启 ADC0 的循环模
式 */
        adc_special_function_config(ADC0, ADC_SCAN_MODE, ENABLE);  //开启扫描模式
        adc_data_alignment_config(ADC0, ADC_DATAALIGN_RIGHT);

        //ADC 序列的通道数量及通道号的设置
        adc_channel_length_config(ADC0, ADC_REGULAR_CHANNEL, 2);
        adc_regular_channel_config(ADC0, 0, ADC_CHANNEL_6, ADC_SAMPLETIME_55POINT5);
        adc_regular_channel_config(ADC0, 1, ADC_CHANNEL_7, ADC_SAMPLETIME_55POINT5);

        //ADC 的触发方式
        adc_external_trigger_source_config(ADC0, ADC_REGULAR_CHANNEL, ADC0_1_2_EXTTRIG_
REGULAR_NONE);
        adc_external_trigger_config(ADC0, ADC_REGULAR_CHANNEL, ENABLE);

        //使能 ADC、校正 ADC
        adc_enable(ADC0);
        delay_1ms(2);
        adc_calibration_enable(ADC0);

        //将 DMA ADC 功能使能
        adc_dma_mode_enable(ADC0);

        adc_software_trigger_enable(ADC0, ADC_REGULAR_CHANNEL);
}
```

```
//DMA 配置
void dma_config(void){
    dma_parameter_struct dma_data_parameter;

    dma_deinit(DMA0, DMA_CH0);

    //设置 DMA 的一些属性
    dma_data_parameter.periph_addr = (uint32_t)(&ADC_RDATA(ADC0)); /* ADC0 的外设地址 */

    dma_data_parameter.periph_inc = DMA_PERIPH_INCREASE_DISABLE;
    dma_data_parameter.memory_addr = (uint32_t)rocker_data;
    dma_data_parameter.memory_inc = DMA_MEMORY_INCREASE_ENABLE;
    dma_data_parameter.periph_width = DMA_PERIPHERAL_WIDTH_16 位;
    dma_data_parameter.memory_width = DMA_MEMORY_WIDTH_16 位;
    dma_data_parameter.direction = DMA_PERIPHERAL_TO_MEMORY;
    dma_data_parameter.number       = 2;
    dma_data_parameter.priority      = DMA_PRIORITY_HIGH;

    dma_init(DMA0, DMA_CH0, &dma_data_parameter);
    dma_circulation_enable(DMA0, DMA_CH0);

    dma_channel_enable(DMA0, DMA_CH0); //启动 DMA
}
```

在 main 函数中只需调用 rocker_driver 中的 rocker_init()函数配置 ADC、DMA 并开启 DMA 便可以让 ADC 不停地采集摇杆 X、Y 方向上可变电阻的信号,然后在指定的存储器位置(此处是一个长度为 2 的 uint16_t 的数组)中查看摇杆 X、Y 方向的数字信号即可。main.c 文件中的代码如下:

```
/*!
    \file    第 11 章\11.6实验\main.c
*/
#include <stdio.h>
#include "systick.h"
#include "i2c.h"
#include "oled_i2c.h"
#include "rocker_driver.h"

uint16_t rocker_data[2]; //用来存放摇杆的 x、y 数值

int main(){
    systick_config();
    i2c_init();

    oled_init();
    oled_clear_all();

    char temp_string[20]; //存放数值被转换为字符串的结果
```

```
oled_show_string(20,0, (uint8_t *)"ROCKER Test", 16);

rocker_init();

//先显示 destination_1 和 destination_2
while(1){
    //显示摇杆的 x 轴的值
    sprintf(temp_string, "X : %5d", rocker_data[0]);
    oled_show_string(1,2, (uint8_t *)temp_string, 16);

    //显示摇杆的 y 轴的值
    sprintf(temp_string, "Y : %5d", rocker_data[1]);
    oled_show_string(1,4, (uint8_t *)temp_string, 16);
}
}
```

11.6.4　实验现象

　　将编译完成的代码下载到开发板后,左右拨动摇杆可以使 X 值变化,上下拨动摇杆可以使 Y 值发生变化,如图 11-12 所示。

往右拨动摇杆,X值变大

往左拨动摇杆,X值变小

往上拨动摇杆,Y值变大

往下拨动摇杆,Y值变小

图 11-12　摇杆实验结果

　　注意:由于开发板上的摇杆、旋转编码器、光敏电阻、可变电阻和 W25Qxx 有共用的引脚,所以在做本实验时需要将摇杆的短接帽短接,将 W25Qxx(Flash)、旋转编码器、可变电阻、光敏电阻的短接帽断开。

## 第 12 章

电机控制入门

　　电机控制在现代工业和科技领域中具有重要意义,通过传感器、反馈系统和控制算法,可以实现电机的自动启停、速度调节、位置控制等功能,使生产过程更高效、准确和可靠。电机控制还可以优化电机的能源利用效率,通过控制电机的运行速度、负载匹配和能量回收等方式,可以降低能源消耗和损耗,提高系统的能源效率,减少能源成本和环境影响。

　　电机控制可以实现高精度的运动控制。在许多应用中,如机器人、CNC 机床、医疗设备等,需要对电机精确地进行速度和位置控制。电机控制系统可以通过闭环控制算法和高分辨率的反馈传感器,实现微调和精密运动,满足对运动精度和稳定性的要求。电机控制允许实现灵活的变速和扭矩控制。在许多应用中,如交通工具、工业机械等,需要根据实际需求对电机的速度和扭矩进行调节。电机控制系统可以根据输入信号实时调整电机的运行参数,使其适应不同的工作负载和工作条件。

　　电机控制可以与其他系统集成和互联。现代工业和科技应用通常是复杂的系统,涉及多个电机和其他设备的协同工作。通过电机控制系统,可以实现电机与其他设备的通信和协调,使整个系统具有更高的整体性能和灵活性。

　　总之,电机控制的意义在于提高生产效率、降低能源消耗、实现精密运动控制、灵活调节和系统集成。它在工业和科技领域中的广泛应用促进了现代化生产和技术的发展。本章以舵机、步进电机为例,介绍使用 GD32F10x 单片机进行电机控制的入门知识。

12.1　舵机

12min

　　舵机(Servo)是伺服电机的一种,用于控制角度、位置或方向。舵机的主要功能是将输入信号(通常是电信号)转换为相应的机械位移或角度运动,以实现位置控制。最初舵机被用于自动控制船舶的方向,以取代人工操舵,从而更准确地控制船舶的航向,因此被称为“舵机”。舵机在各种领域中的应用愈发广泛,包括机器人、遥控模型、自动化系统、航空和航天等领域。

12.1.1　构成原理

　　舵机与普通直流电机的一个重要区别是舵机只能在一定角度内转动(如 $180°$),不能一圈接着一圈旋转,但是,普通直流电机无法像舵机一样反馈转动的角度信息(如果带编码器就可以反馈角度)。因此,普通直流电机一般可整圈转动,作为动力用,舵机用于控制某物体转动一定角度(例如机器人的关节)。

舵机通常由直流电机、齿轮减速传动系统、位置反馈装置(电位器、电位比较器)和控制电路组成,如图 12-1 所示。直流电机提供动力,减速器降低输出速度并增加扭矩,位置反馈装置用于监测实际位置,而控制电路用于接收控制信号并控制电机的运动。

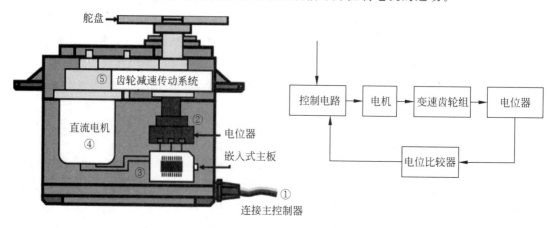

图 12-1　舵机原理框图

从图 12-1 可知,舵机围绕一个电机工作,由电机提供动力,结合位置控制、闭环控制、减速器、反馈装置、控制电路等实现舵机旋转角度的闭环控制。

舵机控制信号一般是 PWM 信号,脉冲的占空比决定舵机的角度位置。通常,舵机的角度范围为 $0°\sim180°$,但也有一些具有更大范围的舵机。舵机会由控制电路负责接收控制信号、读取反馈信号,并根据误差计算生成适当的输出信号,从而控制舵机的运动。控制电路通常包括驱动器和控制算法,用于处理输入信号并驱动舵机。

舵机采用闭环控制系统,即通过位置反馈装置(一般使用电位器)实时监测舵机的实际位置,并将该信息返给控制电路。控制电路使用反馈信息进行误差计算,并输出适当的控制信号来调整舵机的位置,以使其达到期望位置。舵机还通常配备位置反馈装置,例如旋转电位器或编码器,用于监测舵机的实际位置。反馈装置将位置信息传递给控制电路,以实现闭环控制。

舵机通常具有内置的减速器,用于降低电机输出的转速并增加输出扭矩。减速器可以使舵机具有较高的精度和稳定性,并提供足够的力矩来抵抗外部负载。

综上,舵机的工作原理是通过接收控制信号、闭环控制系统和位置反馈装置实现精确的位置控制。控制信号通过调整脉冲宽度来确定目标位置,控制电路根据反馈信息和控制信号来驱动电机,使舵机准确地转到指定位置。

12.1.2　使用方法

本书配套开发板的配件包中使用的舵机 SG90 通过 3 根线和外部相连,包括数据线(黄色)、地线(棕色)、信号线(红色),舵机的旋转角度由信号线上输入的 PWM 的占空比控制。PWM 的频率为 50Hz,对应的输出周期为 20ms,高电平持续时间的不同对应舵机的旋转角度也不一样。PWM 中高电平的持续时间范围被限定在 0.5ms～2.5ms(2.5%＜占空比＜12.5%),对应舵机的旋转角度为 0°～180°,如图 12-2 所示。

舵机最小旋转角度(记为 θ_{min})和最大旋转角度(记为 θ_{max})分别对应一个最小脉冲宽度(记为 P_{min})和最大脉冲宽度(记为 P_{min}),若要控制舵机转动到某个角度 θ,则只需调整脉冲宽度 P。P 和 θ 的对应关系可以表示为公式 $P = P_{min} + \dfrac{(P_{max} - P_{min}) \times \theta}{\theta_{max} - \theta_{min}}$,按此公式控制舵机信号线上 PWM 的脉冲宽度即可使舵机旋转到特定角度。如图 12-2 所示。

除旋转角度外,舵机另外两个比较重要的参数是速度和扭矩。舵机速度的单位是 sec/60°(秒/60°),也就是舵机转过 60°需要的时间,如果控制脉冲变化宽度大,变化速度快,舵机就有可能在一次脉冲的变化过程中还没有转到目标角度时,而脉冲就再次发生了变化,舵机的转动速度一般有 0.16sec/60°、0.12sec/60°等,0.16sec/60°就是舵机转动 60°需要 0.16s 的时间。SG90 的无负载速度为 0.12sec/60°。

舵机扭矩的单位是 kg×cm,可以理解为在舵盘上距离舵机轴中心水平距离 1cm 处,舵机能够带动的物体质量,如图 12-3 所示。

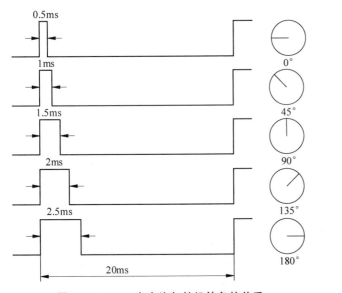

图 12-2　PWM 占空比与舵机转角的关系

图 12-3　舵机扭矩示意图

12.1.3　舵机案例:旋转编码器控制舵机旋转

▶ 15min

1. 案例目标
通过开发板上的旋转编码器开关控制舵机的转动,左转编码器舵机逆时针旋转、右转编码器舵机顺时针旋转,旋转的角度为 0°～180°,并且旋转角度在 OLED 屏显示。使用旋转编码器开关的物理按键控制旋转有效性。若旋转编码器的物理按键被按下的次数为偶数(包括0),则舵机不受旋转编码器控制,若按下的次数为奇数,则舵机受控。

2. 案例方法

63min

首先,要明白旋转编码器开关的工作原理。如图 12-4 所示,旋转轴上的两个触点 A、B 通过上拉电阻与 VCC 相连,编码盘上有若干个区域接地,当 A 或 B 触点旋转到编码盘上的接地区域时被拉为低电平,当触点不在接地区域时为高电平。若旋转轴逆时针转,则 A 点先到达接地区域(A 首先得到一个电平下降沿);若旋转轴顺时针转,则 B 点先到达接地区域(B 首先得到一个电平下降沿)。因此,只需判断 A、B 点哪个先得到低电平,便可以判断旋转轴的旋转方向,而根据下降沿的次数可以判断旋转轴的旋转角度。对于旋转方向的判断可以通过与 A、B 触点相连的 I/O 端口上的中断实现,可以根据 A、B 触点中断发生的先后顺序判断旋转轴的旋转方向。

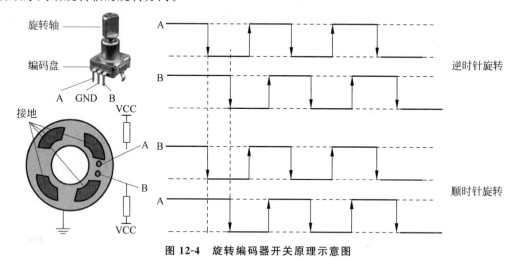

图 12-4 旋转编码器开关原理示意图

旋转编码器开关一般会在旋转轴上再接一个普通物理按键,当用户按下旋转轴时会触发这个按键的动作。对于本实验中的应用,旋转编码器旋转轴控制舵机旋转,通过按下旋转轴按键的次数解锁或锁定旋转编码器对舵机的控制。若旋转编码器按下奇数次,则左右旋转旋转轴,舵机也跟着左右旋转;若旋转编码器按下偶数次,则左右旋转旋转轴,舵机不转动。

由 12.1.2 节可知,ARM 单片机对于舵机的控制实际上是对 ARM 单片机上与舵机的信号线相连的 I/O 端口上的 PWM 信号的控制。因此,舵机的驱动程序只需实现对 PWM 信号输出口的初始化、PWM 信号周期、占空比进行控制。

OLED 屏幕显示方法和 7.6 节实验相同,可以直接将 7.6 节实验中实现的 OLED 控制代码移植过来。

3. 案例代码

60min

工程框架如图 12-5 所示,主要模块是旋转编码器驱动 encoder_drive 和舵机控制模块

encoder_drive。

图 12-5　旋转编码器开关控制舵机工程框架

在旋转编码器开关驱动中，除必要的初始化之外，还需要实现对物联按键按下状态的查询、对旋转编码器旋转轴的旋转与舵机转角的对应关系进行处理等。头文件 encoder_drive.h 中的代码如下：

```
/*!
    \file    第12章\12.1.3案例\encoder_drive.h
*/
//Filename: "encoder_drive.h"
# ifndef _ENCODER_DRIVE_H
# define _ENCODER_DRIVE_H

# include "gd32f10x.h"
# include "systick.h"

# define ENCODER_L_PORT GPIOA
# define ENCODER_L_PIN GPIO_PIN_6

# define ENCODER_R_PORT GPIOB
# define ENCODER_R_PIN GPIO_PIN_14

# define ENCODER_D_PORT GPIOA
```

```
#define ENCODER_D_PIN GPIO_PIN_7

void encoder_init(void);        //初始化旋转编码器
void gpio_config(void);         //I/O端口的配置
void exti_config(void);         //中断的配置

bit_status read_D(void);
bit_status read_L(void);
bit_status read_R(void);

uint8_t get_coder_num(void);
bool get_coder_d_flg(void);     //判断旋转编码器的上下按键是否被按下
#endif
```

旋转编码器的 A、B 触点分别连 PA6 和 PB14,而 GD32F10x 中的中断线 5～9 共用一个中断处理函数 EXTI5_9_IRQHandler、中断线 10～15 共用一个中断处理函数 EXTI10_15_IRQHandler,因此还需要在这个中断处理函数中判断中断来源。源文件 encoder_drive.c 中的代码如下:

```
/*!
    \file    第12章\12.1.3案例\encoder_drive.c
*/
#include "encoder_drive.h"

volatile uint8_t encoder_num = 0;
volatile bool encoder_d_flg = FALSE; /* 标识旋转编码器被按下奇数次(FALSE),还是偶数次
(TRUE) */
volatile uint8_t encoder_direct_flg = 0; //可能的旋转方向标识

void encoder_init(void){        //初始化旋转编码器
    gpio_config();
    exti_config();
}

void gpio_config(void){         //I/O端口的配置
    //使能 RCU 时钟
    rcu_periph_clock_enable(RCU_GPIOA);
    rcu_periph_clock_enable(RCU_GPIOB);

    //初始化 I/O 端口的工作模式
    gpio_init(ENCODER_L_PORT, GPIO_MODE_IPU, GPIO_OSPEED_50MHZ, ENCODER_L_PIN);
    gpio_init(ENCODER_R_PORT, GPIO_MODE_IPU, GPIO_OSPEED_50MHZ, ENCODER_R_PIN);
    gpio_init(ENCODER_D_PORT, GPIO_MODE_IPU, GPIO_OSPEED_50MHZ, ENCODER_D_PIN);
}

//中断的配置
void exti_config(void){
    rcu_periph_clock_enable(RCU_AF);
```

```
    //使能 PA6 线(exti_6)上的中断,表示 L
    nvic_irq_enable(EXTI5_9_IRQn, 2U, 2U);
    gpio_exti_source_select(GPIO_PORT_SOURCE_GPIOA, GPIO_PIN_SOURCE_6);
    exti_init(EXTI_6, EXTI_INTERRUPT, EXTI_TRIG_FALLING);
    exti_interrupt_flag_clear(EXTI_6);

    //使能 PB14 线上的中断, 表示 R
    nvic_irq_enable(EXTI10_15_IRQn, 2U, 2U);
    gpio_exti_source_select(GPIO_PORT_SOURCE_GPIOB, GPIO_PIN_SOURCE_14);
    exti_init(EXTI_14, EXTI_INTERRUPT, EXTI_TRIG_FALLING);
    exti_interrupt_flag_clear(EXTI_14);
}

void EXTI5_9_IRQHandler(void){
    if(exti_interrupt_flag_get(EXTI_6) == SET){ //是否为由 EXTI_6 触发的中断
        if(read_R() == SET){ //左转
            encoder_direct_flg = 1; //可能左转
        }else if(read_R() == RESET){ //又一次可能的右转
            if(encoder_direct_flg == 2){ //确认右转
                encoder_num = encoder_num < 1 ? 1 : encoder_num;
                encoder_num -- ;
                encoder_direct_flg = 0;
            }
        }
    }
    exti_interrupt_flag_clear(EXTI_6);
}

//为了避免抖动,在第 2 个边沿才确认旋转
void EXTI10_15_IRQHandler(void){
    if(exti_interrupt_flag_get(EXTI_14) == SET){
        if(read_L() == SET){ //可能右转,第 1 次
            encoder_direct_flg = 2; //记录右转的可能性
        }else if(read_L() == RESET){ //可能是第 2 次左转
            if(encoder_direct_flg == 1){ //第 1 次、第 2 次可能左转叠加
                encoder_num++; //保证 encoder++之后的结果不能大于 180
                encoder_num = encoder_num > 180 ? 180 : encoder_num;
                encoder_direct_flg = 0;
            }
        }
    }
    exti_interrupt_flag_clear(EXTI_14);
}

bit_status read_D(void){
    return gpio_input_bit_get(ENCODER_D_PORT, ENCODER_D_PIN);
}
bit_status read_L(void){
```

```
        return gpio_input_bit_get(ENCODER_L_PORT, ENCODER_L_PIN);
}

bit_status read_R(void){
        return gpio_input_bit_get(ENCODER_R_PORT, ENCODER_R_PIN);
}

uint8_t get_coder_num(void){
        return encoder_num;
}

//判断编码器的物理按键是否被按下,使用了软件消抖
bool get_coder_d_flg(void){
        if(read_D() == RESET){//如果 coder_d 口输入的是 0
            delay_1ms(10);    //等待 10ms
            if(read_D() == RESET){//再次查看 coder_d 口输入的是不是 0
                while(read_D() == RESET); //如果还是 0,则等待 0 结束
                encoder_d_flg = encoder_d_flg ? FALSE : TRUE; /* 然后给 encoder_d_flg 取反 */
            } //否则 encoder_d_flg 值不变
        }//否则 encoder_d_flg 值不变
        return encoder_d_flg;
}
```

舵机的控制模块的代码实现所需的函数较少,只需两个函数,一个函数对舵机控制信号口进行初始化;另一个函数根据舵机的目标角度输出合适占空比的 PWM 信号。当然,还需要通过控制 PWM 的脉冲宽度范围使舵机的旋转角度为 $0° \sim 180°$。头文件 servo_ctrl.h 中的代码如下:

```
/*!
    \file    第 12 章\12.1.3 案例\servo_ctrl.h
*/
#ifndef _SERVO_CTRL_H
#define _SERVO_CTRL_H

#include "gd32f10x.h"

#define SERVO_PERIOD 20000      //PWM 周期(单位:微妙)
#define SERVO_MIN_WIDTH 500     //舵机最小的脉冲宽度
#define SERVO_MAX_WIDTH 2500    //舵机最大的脉冲宽度

//舵机角度范围
#define SERVO_MIN_ANGLE 0
#define SERVO_MAX_ANGLE 180

//舵机的控制引脚的宏
#define SERVO_PWM_PORT GPIOB
#define SERVO_PWM_PIN GPIO_PIN_13
```

```
#define SERVO_PWM_CHANNEL TIMER_CH_0

void servo_init(void);
void set_servo_angle(uint8_t angle); //0°～180°,舵机的旋转角度

#endif
```

源文件 servo_ctrl.c 中的代码如下：

```
/*!
    \file    第12章\12.1.3案例\servo_ctrl.c
*/
#include "servo_ctrl.h"

void servo_init(void){
    //PB13 的初始化
    rcu_periph_clock_enable(RCU_GPIOB); //外设时钟使能
    gpio_init(SERVO_PWM_PORT, GPIO_MODE_AF_PP, GPIO_OSPEED_50MHZ, SERVO_PWM_PIN); //配置
PB13 的工作模式,_AF_PP

    //TIMER0_CH0_ON 输出 PWM 的初始化工作
    rcu_periph_clock_enable(RCU_AF);
    rcu_periph_clock_enable(RCU_TIMER0);

    timer_deinit(TIMER0);

    //配置定时器
    timer_parameter_struct timer_initpara;
    timer_struct_para_init(&timer_initpara);
    timer_initpara.prescaler = (SystemCoreClock / 1000000) - 1;
    timer_initpara.period = SERVO_PERIOD - 1;
    timer_init(TIMER0, &timer_initpara);

    //配置 Timer 的 channel
    timer_oc_parameter_struct timer_ocinitpara;
    timer_ocinitpara.ocpolarity = TIMER_OC_POLARITY_HIGH;
    timer_ocinitpara.outputstate = TIMER_CCX_ENABLE;
    timer_ocinitpara.ocidlestate = TIMER_OC_IDLE_STATE_LOW;
    timer_ocinitpara.outputnstate = TIMER_CCXN_ENABLE; //互补通道 ENABLE
    timer_ocinitpara.ocnpolarity = TIMER_OCN_POLARITY_LOW; //
    timer_ocinitpara.ocnidlestate = TIMER_OCN_IDLE_STATE_HIGH;
    timer_channel_output_config(TIMER0, SERVO_PWM_CHANNEL, &timer_ocinitpara);

    timer_channel_output_pulse_value_config(TIMER0, SERVO_PWM_CHANNEL, SERVO_MIN_WIDTH);
    timer_channel_output_mode_config(TIMER0, SERVO_PWM_CHANNEL, TIMER_OC_MODE_PWM0);
    timer_channel_output_shadow_config(TIMER0, SERVO_PWM_CHANNEL, TIMER_OC_SHADOW_
DISABLE);

    //使能时钟
```

```
        timer_primary_output_config(TIMER0, ENABLE);
        timer_auto_reload_shadow_enable(TIMER0);
        timer_enable(TIMER0);
    }


    //0°~180°,舵机的旋转角度
    void set_servo_angle(uint8_t angle){
        //调整的是 PWM 的占空比
        if(angle > SERVO_MAX_ANGLE) //保证目标角度不大于 180°
            angle = SERVO_MAX_ANGLE;

        uint32_t pulse_width = SERVO_MIN_WIDTH + (SERVO_MAX_WIDTH - SERVO_MIN_WIDTH) * angle
    / (SERVO_MAX_ANGLE - SERVO_MIN_ANGLE);
        //将目标角度映射为 PWM 的脉冲宽度
        timer_channel_output_pulse_value_config(TIMER0, SERVO_PWM_CHANNEL, pulse_width);
    }
```

最后,在 main 函数中只需不停地查询旋转编码器开关的按下状态,若解锁了舵机的控制功能,则可根据旋转编码器的旋转角度控制舵机以进行相应角度的旋转。main.c 文件中的代码如下:

```
/*!
    \file    第 12 章\12.1.3 案例\main.c
*/
#include <stdio.h>
#include "systick.h"
#include "i2c.h"
#include "oled_i2c.h"
#include "encoder_drive.h"
#include "servo_ctrl.h"

int main(){
    systick_config();
    i2c_init();

    oled_init();
    oled_clear_all();

    encoder_init();
    servo_init();

    char temp_string[20]; //存放数值被转换为字符串的结果

    oled_show_string(20,0, (uint8_t *)"SERVO Ctrl Test", 16);

    uint8_t angle_t = 0;
    while(1){
        if(get_coder_d_flg()){//若解锁舵机控制
```

```
            angle_t = get_coder_num();
            sprintf(temp_string, "CODER : %3d", angle_t);
            oled_show_string(1,2, (uint8_t *)temp_string, 16);
            set_servo_angle(angle_t);
            oled_show_string(1,4, (uint8_t *)"CODER D: ON ", 16);
        }else{
            oled_show_string(1,2, (uint8_t *)"CODER : XX ", 16);
            oled_show_string(1,4, (uint8_t *)"CODER D: OFF", 16);
        }
    }
}
```

4. 效果分析

将程序下载到开发板后,OLED屏上会显示CODER D:OFF,表示舵机控制被锁死,按下旋转编码器后变为CODER D:ON,表示舵机控制解锁,这时顺时针或者逆时针旋转编码器的旋转轴,舵机也会跟着旋转。

按一下编码器按键解锁后,如果逆时针旋转编码器的转轴,则舵机转角增大;如果顺时针旋转编码器的转轴,则舵机转角减小。但是,舵机的转角被限定在0°~180°。

12.2 步进电机

步进电机(Stepper Motor)是一种特殊的电机类型,它可以将脉冲信号转换成机械运动。步进电机在应用中被广泛使用,特别是在需要精确的位置控制和重复性运动的场合。它们常见于打印机、机器人、医疗设备、自动化生产线等领域。由于其简单、可靠且成本效益高的特点,步进电机是许多控制系统中不可或缺的组成部分。

12.2.1 工作原理

25min

步进电机的工作原理基于磁场与电流的相互作用,通过电流的变化使电机按照一定的步进角度进行旋转。步进电机通常由定子和转子两部分组成。定子包含固定的线圈与电源相连,当电流通过定子线圈时,产生一个磁场。转子通常由磁性材料制成,其中包含永久磁体或磁极。转子上的磁场与定子线圈产生的磁场相互作用,导致转子受到力矩或磁力的作用而发生转动。

如图12-6所示,为一个4相步进电机的工作原理示意图。与步进电机相关的几个重要概念包括相数、拍数、步距角、保持转矩、空载启动频率等。相数指的是电机中产生不同对极N、S磁场的线圈对数,如图12-6中的A、B、C、D。拍数是指完成一个磁场周期变化所需脉冲数或导电状态,如图12-6中先后对A、B、C、D导电完成一个周期的变化拍数就是4,若采用先后对A、A和B、B、B和C、C、C和D、D、D和A进行导电完成一个周期,则拍数是8。步距角是指对应一个脉冲信号,电机转子转过的角位移,从图12-6可知,同样4相的步进电机,4拍的步距角要大于8拍。保持转矩是指步进电机通电但没有转动时,定子锁住转子的力矩。空载启动频率是指步进电机在空载情况下能够正常启动的脉冲频率,如果脉冲频率高于该值,则电机不能正常启动,并且可能发生丢步或堵转现象。在有负载的情况下,启动频率应该更低。如果要使电机达到高速转动,则脉冲频率应该有加速过程,即启动频率较低,然后按一定加速度升到希望的高频(电机转速从低到高)。

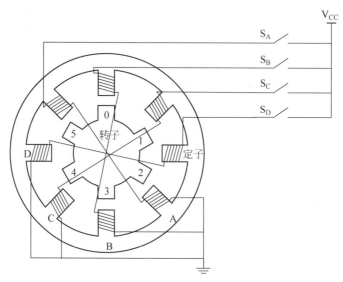

图 12-6　步进电机工作原理

本教程使用的是 28BYJ-48 步进电机,28BYJ-48 中的 28 表示步进电机的有效最大外径是 28 毫米,B 表示步进电机,Y 表示永磁式,J 表示减速型(减速比 1∶64),48 表示 4 相 8 拍。

28BYJ-48 步进电机原理如图 12-6 所示,用户通过控制 S_A、S_B、S_C、S_D 的通断以控制步进电机的动作。开始时,开关 S_B 接通电源,S_A、S_C、S_D 断开,B 相磁极和转子的 0、3 号齿对齐,同时,转子的 1、4 号齿就和 D、A 相绕组磁极产生错齿。当开关 S_C 接通电源且 S_B、S_A、S_D 断开时,由于 C 相绕组的力线和 1、4 号齿之间磁力线的作用,使转子转动,1、4 号齿和 C 相绕组的磁极对齐,而 0、3 号齿和 A、B 相绕组产生错齿,2、5 号齿就和 A、D 相组磁极产生错齿。以此类推,如果 A、B、C、D 四相绕组轮流供电,则转子会沿着 D、C、B、A 方向转动。当开关 S_B、S_C、S_D、S_A 依次通电一轮后,转子的 0、3 号齿从与 B 相磁极对齐转动到与 A 相磁极对齐,即转子转动了 $(1/8) \times 360° = 45°$。又因为 28BYJ-48 步进电机是 1∶64 减速的,所以步进电机上的转轴实际上只转动了 $(1/64) \times 45°$。

四相步进电机按照通电顺序的不同,可分为单四拍、双四拍、八拍 3 种工作方式。单四拍与双四拍的步距角相等,但单四拍的转动力矩小。八拍工作方式的步距角是单四拍与双四拍的一半,因此,八拍工作方式既可以保持较高的转动力矩又可以提高控制精度。

12.2.2　步进电机驱动 ULN2003

ARM 单片机的 I/O 端口输出的电流不能直接驱动步进电机,ULN2003 可以为单片机提

11min

供大电流的驱动能力,以此达到驱动步进电机所需的电流。达林顿管也称复合管,即使用两个三极管复合成一个三极管,如图 12-7 所示。一般大功率三极管的基极需要较大的电流来驱动,不能直接将小信号进行放大(小信号提供不了足够的基极驱动电流),而达林顿管内部由两个三极管组合而成,前级三极管将小电流放大后再驱动后级的三极管,这样小电流也可以驱动大功率的达林顿管,由原理也可以看出,功率部分主要是由后级的三极管来承担的。

本书配套的开发板上集成了 ULN2003LVDR,它由七路达林顿管构成。ULN2003 的每路达林顿都串联一个 2.7kΩ 的基极电阻(如图 12-8 所示),它的工作电压高,工作电流大,并且能够在关态时承受 50V 的电压,输出还可以在高负载电流并行远行。

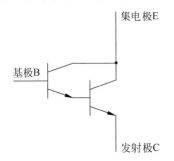

图 12-7 达林顿管

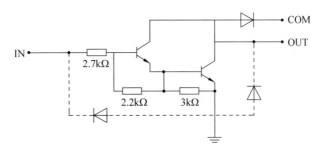

图 12-8 ULN2003 单路驱动原理示意图

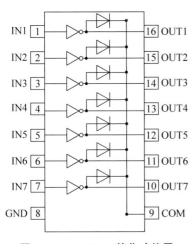

图 12-9 ULN2003 简化功能图

ULN2003LVDR 的引脚定义如图 12-9 所示。IN1～IN7 是控制信号输入端,一般连接 ARM 单片机的 I/O 端口,因为教材配套使用的 28BYJ-48 步进电机是四相的,所以只使用了 ULN2003 的四路达林顿管。OUT1～OUT7 是输出驱动端,每路都能输出 5000mA 的驱动电流。如图 12-9 中,输入和输出是有对应关系的,如 IN1 对应的是 OUT1,即 OUT1 的输出放大的是 IN1 的输入,其他类同。GND 是地,COM 是 5V 的电源输入端,其中,引脚 9 的 COM 口是内部 7 个续流二极管负极的公共端,各二极管的正极分别接各达林顿管的集电极。

所以,步进电机各个相的输入电流实际上是由 ULN2003 的 OUT 口提供的,而 ULN2003 的 OUT 口又是对 IN 口输入电流的放大,因此 ARM 单片机对于步进电机的控制实际上是通过对 ULN2003 的 IN 口输入控制实现的。具体的控制方法见12.5节步进电机实验部分。

12.3 小结

本章内容为电机控制入门,从舵机、步进电机的工作原理入手讲解了利用 ARM 单片机控制电机的方法。

舵机是一种伺服电机,可以实现闭环控制,它基于反馈回路系统,其中内部装置用于测量当前的位置并将其与所需位置进行比较,然后调整电机的转动,使实际位置逐渐接近所需位置。SG90 舵机的转动角度是通过调整固定周期 PWM 的占空比来控制的。

步进电机通常通过分步驱动电机的转子实现精确的旋转运动,而转子的旋转控制又通过控制定子上各个相上的电流的通断实现,因此,虽然步进电机是一个开环的系统,但是可以通过逐个激活定子上的电磁线圈,使转子精确地进行分步旋转,从而较精确地控制步进电机的旋转角度。这种工作方式使步进电机非常适合需要精确控制和可预测运动的应用,如打印机、数控机床、相机自动对焦等。

12.4 练习题

（1）什么是舵机？它通常用于哪些应用？

（2）舵机的工作原理是什么？它是如何实现精确的位置控制的？

（3）舵机与步进电机之间有哪些主要区别？

（4）什么是舵机的 PWM(脉宽调制)控制信号？它如何与舵机的角度或位置控制相关？

（5）舵机是一种开环还是闭环控制系统？解释其中的区别。

（6）什么是步进电机？它的主要特点是什么？

（7）步进电机的工作原理是什么？它是如何实现精确的步进运动的？

（8）解释步进电机的步距(Step Size)是什么,以及如何选择合适的步距。

（9）步进电机的控制信号是什么？通常使用哪种控制方式来控制步进电机？

（10）什么是全步进(Full Step)和半步进(Half Step)操作模式？它们之间的区别是什么？

（11）步进电机的主要优点和限制是什么？

▷ 62min

12.5 步进电机实验：步进电机正反转控制

12.5.1 实验目标

通过开发板上的按键 A、B 控制步进电机进行顺时针和逆时针旋转。实验满足以下要求：①当按键 A 被按下时,步进电机以四相四拍的方式顺时针旋转 90°；②当按键 B 被按下时,步进电机以四相八拍的方式逆时针旋转 90°；③如果按键 A、B 没有被按下,则步进电机停止。

12.5.2 实验方法分析

开发板使用 ULN2003 作为步进电机的驱动,其接线如图 12-10 所示。由图 12-6 所示步进电机的工作原理可知,在 GD32F103 的程序中只需能在适当的时机控制 PB3、PB4、PB8、PB9 的高低电平就可以实现对步进电机的转动控制。

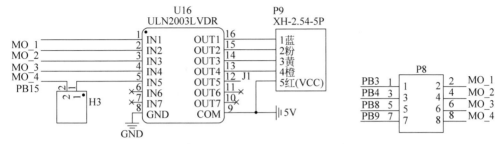

图 12-10　开发板上的 ULN2003 及其短接帽

所以,在工程的步进电机驱动模块中需要实现这样一些接口功能:①让步进电机顺时针旋转一定角度的函数,包括单四拍和八拍;②让步进电机逆时针旋转一定角度的函数,包括单四拍和八拍;③对步进电机 A、B、C、D 这 4 个磁极上的电流的通断进行控制。

根据实验目标,还需要实现按键 A、B 状态的查询功能,其方法与第 3 章实验中的方法类似。

12.5.3　实验代码

工程框架如图 12-11 所示,本实验工程代码中的主要模块是步进电机的控制模块 stepper_ctrl。

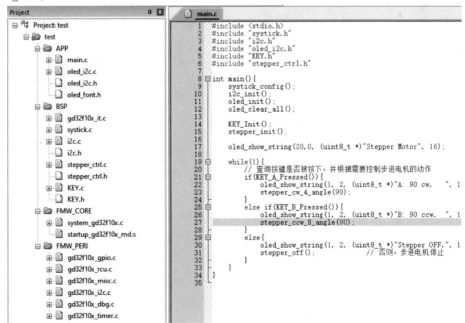

图 12-11　步进电机控制工程框架

步进电机控制模块 stepper_ctrl 主要实现对步进电机按照一定角度进行顺时针或逆时针旋转,还要能够让用户根据需要进行单四拍或八拍的选择。头文件 stepper_ctrl.h 中的代码如下:

```
/*!
    \file    第 12 章\12.5 实验\stepper_ctrl.h
*/
#ifndef _STEPPER_CTRL_H
#define _STEPPER_CTRL_H

#include "gd32f10x.h"
#include "systick.h"

#define STEPPER_RCU_PORT RCU_GPIOB
#define STEPPER_A_PORT       GPIOB
#define STEPPER_B_PORT       GPIOB
#define STEPPER_C_PORT       GPIOB
#define STEPPER_D_PORT       GPIOB
#define STEPPER_A_PIN        GPIO_PIN_3
#define STEPPER_B_PIN        GPIO_PIN_4
#define STEPPER_C_PIN        GPIO_PIN_8
#define STEPPER_D_PIN        GPIO_PIN_9

void stepper_init(void);

void stepper_cw_4(void);  //4 拍顺时针方向转动
void stepper_cw_8(void);  //8 拍顺时针方向转动
void stepper_ccw_4(void); //4 拍逆时针方向转动
void stepper_ccw_8(void); //8 拍逆时针方向转动

void stepper_cw_4_angle(uint16_t angle);  //4 拍,48 电机的转轴顺时针转 angle 度
void stepper_ccw_4_angle(uint16_t angle); //4 拍,48 电机的转轴逆时针转 angle 度
void stepper_cw_8_angle(uint16_t angle);  //8 拍,48 电机的转轴顺时针转 angle 度
void stepper_ccw_8_angle(uint16_t angle); //8 拍,48 电机的转轴逆时针转 angle 度

void stepper_off(void); //停止步进电机

void stepper_A_set(void);
void stepper_B_set(void);
void stepper_C_set(void);
void stepper_D_set(void);

void stepper_A_reset(void);
void stepper_B_reset(void);
void stepper_C_reset(void);
void stepper_D_reset(void);

void set_stepper_speed(uint32_t set_speed);

#endif
```

相应地，stepper_ctrl.c 文件中的代码如下：

```
/*!
    \file    第12章\12.5实验\stepper_ctrl.c
*/
# include "stepper_ctrl.h"

uint32_t stepper_speed;

void stepper_init(void){
    //初始化 A、B、C、D 对应的 I/O 端口
    rcu_periph_clock_enable(STEPPER_RCU_PORT); //使能外部时钟
    rcu_periph_clock_enable(RCU_AF);

    gpio_init(STEPPER_A_PORT, GPIO_MODE_OUT_PP, GPIO_OSPEED_50MHZ, STEPPER_A_PIN);
    gpio_init(STEPPER_B_PORT, GPIO_MODE_OUT_PP, GPIO_OSPEED_50MHZ, STEPPER_B_PIN);
    gpio_init(STEPPER_C_PORT, GPIO_MODE_OUT_PP, GPIO_OSPEED_50MHZ, STEPPER_C_PIN);
    gpio_init(STEPPER_D_PORT, GPIO_MODE_OUT_PP, GPIO_OSPEED_50MHZ, STEPPER_D_PIN);

    gpio_pin_remap_config(GPIO_SWJ_DISABLE_REMAP, ENABLE); /*取消 PB3、PB4 的调试功能*/

    stepper_speed = 10;

    stepper_off();
}

//4 拍顺时针方向转动
void stepper_cw_4(void){
    //依次给 A、B、C、D 通电
    stepper_A_set();
    stepper_B_reset();
    stepper_C_reset();
    stepper_D_reset();
    delay_1ms(stepper_speed);

    stepper_A_reset();
    stepper_B_set();
    stepper_C_reset();
    stepper_D_reset();
    delay_1ms(stepper_speed);

    stepper_A_reset();
    stepper_B_reset();
    stepper_C_set();
    stepper_D_reset();
    delay_1ms(stepper_speed);

    stepper_A_reset();
    stepper_B_reset();
```

```
    stepper_C_reset();
    stepper_D_set();
    delay_1ms(stepper_speed);
}

//8 拍顺时针方向转动
void stepper_cw_8(void){
    //依次给 A、AB、B、BC、C、CD、D、DA 通电
    stepper_A_set(); //A
    stepper_B_reset();
    stepper_C_reset();
    stepper_D_reset();
    delay_1ms(stepper_speed);

    stepper_A_set(); //AB
    stepper_B_set();
    stepper_C_reset();
    stepper_D_reset();
    delay_1ms(stepper_speed);

    stepper_A_reset(); //B
    stepper_B_set();
    stepper_C_reset();
    stepper_D_reset();
    delay_1ms(stepper_speed);

    stepper_A_reset(); //BC
    stepper_B_set();
    stepper_C_set();
    stepper_D_reset();
    delay_1ms(stepper_speed);

    stepper_A_reset(); //C
    stepper_B_reset();
    stepper_C_set();
    stepper_D_reset();
    delay_1ms(stepper_speed);

    stepper_A_reset(); //CD
    stepper_B_reset();
    stepper_C_set();
    stepper_D_set();
    delay_1ms(stepper_speed);

    stepper_A_reset(); //D
    stepper_B_reset();
    stepper_C_reset();
    stepper_D_set();
    delay_1ms(stepper_speed);
```

```
    stepper_A_set(); //DA
    stepper_B_reset();
    stepper_C_reset();
    stepper_D_set();
    delay_1ms(stepper_speed);
}


//4拍逆时针方向转动
void stepper_ccw_4(void){
    //依次给 D、C、B、A 通电
    stepper_A_reset();
    stepper_B_reset();
    stepper_C_reset();
    stepper_D_set(); //D
    delay_1ms(stepper_speed);

    stepper_A_reset();
    stepper_B_reset();
    stepper_C_set(); //C
    stepper_D_reset();
    delay_1ms(stepper_speed);

    stepper_A_reset();
    stepper_B_set(); //B
    stepper_C_reset();
    stepper_D_reset();
    delay_1ms(stepper_speed);

    stepper_A_set(); //A
    stepper_B_reset();
    stepper_C_reset();
    stepper_D_reset();
    delay_1ms(stepper_speed);
}

//8拍逆时针方向转动
void stepper_ccw_8(void){
    //依次给 D、DC、C、CB、B、BA、A、AD 通电
    stepper_A_reset(); //D
    stepper_B_reset();
    stepper_C_reset();
    stepper_D_set();
    delay_1ms(stepper_speed);

    stepper_A_reset(); //DC
    stepper_B_reset();
    stepper_C_set();
```

```
        stepper_D_set();
        delay_1ms(stepper_speed);

        stepper_A_reset(); //C
        stepper_B_reset();
        stepper_C_set();
        stepper_D_reset();
        delay_1ms(stepper_speed);

        stepper_A_reset(); //CB
        stepper_B_set();
        stepper_C_set();
        stepper_D_reset();
        delay_1ms(stepper_speed);

        stepper_A_reset(); //B
        stepper_B_set();
        stepper_C_reset();
        stepper_D_reset();
        delay_1ms(stepper_speed);

        stepper_A_set(); //BA
        stepper_B_set();
        stepper_C_reset();
        stepper_D_reset();
        delay_1ms(stepper_speed);

        stepper_A_set(); //A
        stepper_B_reset();
        stepper_C_reset();
        stepper_D_reset();
        delay_1ms(stepper_speed);

        stepper_A_set(); //AD
        stepper_B_reset();
        stepper_C_reset();
        stepper_D_set();
        delay_1ms(stepper_speed);
}

//4拍,让48电机的转轴顺时针转angle度
void stepper_cw_4_angle(uint16_t angle){
    //转轴旋转1圈需要调用stepper_cw_4()的次数是8 * 64次
    uint32_t stepper_s = (uint32_t)((angle/45) * 64); /* 调用stepper_cw_4()的次数 */
    uint32_t i;
    for(i = 0; i < stepper_s; i++){
        stepper_cw_4();
    }
}
```

```
//8拍,让48电机的转轴顺时针转angle度
void stepper_cw_8_angle(uint16_t angle){
    //转轴旋转1圈需要调用stepper_cw_8()的次数是8*64次
    uint32_t stepper_s = (uint32_t)((angle/45) * 64); /*调用stepper_cw_8()的次数*/
    uint32_t i;
    for(i = 0; i < stepper_s; i++){
        stepper_cw_8();
    }
}


//4拍,让48电机的转轴逆时针转angle度
void stepper_ccw_4_angle(uint16_t angle){
    //转轴旋转1圈需要调用stepper_ccw_4()的次数是8*64次
    uint32_t stepper_s = (uint32_t)((angle/45) * 64); /*调用stepper_ccw_4()的次数*/
    uint32_t i;
    for(i = 0; i < stepper_s; i++){
        stepper_ccw_4();
    }
}


//8拍,让48电机的转轴逆时针转angle度
void stepper_ccw_8_angle(uint16_t angle){
    //转轴旋转1圈需要调用stepper_ccw_8()的次数是8*64次
    uint32_t stepper_s = (uint32_t)((angle/45) * 64);
    //转angle度需要调用stepper_ccw_8()的次数
    uint32_t i;
    for(i = 0; i < stepper_s; i++){
        stepper_ccw_8();
    }
}


//停止步进电机
void stepper_off(void){
    stepper_A_reset();
    stepper_B_reset();
    stepper_C_reset();
    stepper_D_reset();
}


void stepper_A_set(void){
    gpio_bit_set(STEPPER_A_PORT, STEPPER_A_PIN);
}


void stepper_B_set(void){
    gpio_bit_set(STEPPER_B_PORT, STEPPER_B_PIN);
}


void stepper_C_set(void){
```

```
        gpio_bit_set(STEPPER_C_PORT, STEPPER_C_PIN);
}

void stepper_D_set(void){
        gpio_bit_set(STEPPER_D_PORT, STEPPER_D_PIN);
}

void stepper_A_reset(void){
        gpio_bit_reset(STEPPER_A_PORT, STEPPER_A_PIN);
}

void stepper_B_reset(void){
        gpio_bit_reset(STEPPER_B_PORT, STEPPER_B_PIN);
}

void stepper_C_reset(void){
        gpio_bit_reset(STEPPER_C_PORT, STEPPER_C_PIN);
}

void stepper_D_reset(void){
        gpio_bit_reset(STEPPER_D_PORT, STEPPER_D_PIN);
}

void set_stepper_speed(uint32_t set_speed){
        stepper_speed = set_speed;
}
```

对于按键 A、按键 B,只需简单地对按下状态进行查询。因为开发板上自带的触摸按键已经进行了硬件消抖,所以可以直接使用触摸按键控制步进电机而不需要进行软件消抖。KEY.h 文件中的代码如下:

```
/*!
    \file    第 12 章\12.5 实验\KEY.h
*/
#ifndef _KEY_H
#define _KEy_H

#include "gd32f10x.h"
#include <stdio.h>

#define KEY_A_PIN GPIO_PIN_0
#define KEY_B_PIN GPIO_PIN_1

void KEY_Init(void);

bool KEY_A_Pressed(void);
bool KEY_B_Pressed(void);

#endif
```

相应地,KEY.c 文件中的代码如下:

```
/*!
    \file     第 12 章\12.5 实验\KEY.c
*/
#include "KEY.h"
#include "systick.h"

void KEY_Init(void){
    rcu_periph_clock_enable(RCU_GPIOA);

    gpio_init(GPIOA, GPIO_MODE_IPU, GPIO_OSPEED_50MHZ, KEY_A_PIN|KEY_B_PIN);
}

/*
功能:判断按键 A 是否被按下
返回:如果被按下,则返回值为 TRUE,否则返回值为 FALSE
*/
bool KEY_A_Pressed(void){
    if(gpio_input_bit_get(GPIOA, KEY_A_PIN) == RESET){
        return TRUE;
    }

    return FALSE;
}

/*
功能:判断按键 B 是否被按下(没加软件消抖)
返回:如果被按下,则返回值为 TRUE,否则返回值为 FALSE
*/
bool KEY_B_Pressed(void){
    if(gpio_input_bit_get(GPIOA, KEY_B_PIN) == RESET){
        return TRUE;
    }
    return FALSE;
}
```

OLED 屏的代码直接移植 7.6 节实验中的代码即可。

在主函数 main 中,只需不停地查询按键 A 和按键 B 的状态,然后根据它们的状态进行相应控制步进电机的操作。main.c 文件中的代码如下:

```
/*!
    \file     第 12 章\12.5 实验\main.c
*/
#include < stdio.h>
#include "systick.h"
#include "i2c.h"
#include "oled_i2c.h"
#include "KEY.h"
```

```
#include "stepper_ctrl.h"

int main(){
    systick_config();
    i2c_init();
    oled_init();
    oled_clear_all();

    KEY_Init();
    stepper_init();

    oled_show_string(20,0, (uint8_t * )"Stepper Motor", 16);

    while(1){
        //查询按键是否被按下,并根据需要控制步进电机的动作
        if(KEY_A_Pressed()){
            oled_show_string(1, 2, (uint8_t * )"A: 90 cw. ", 16); / *顺时针旋转 90°的提示 * /
            stepper_cw_4_angle(90); //如果 A 键被按下,则步进电机顺时针旋转
        }
        else if(KEY_B_Pressed()){
            oled_show_string(1, 2, (uint8_t * )"B: 90 ccw. ", 16); / *逆时针旋转 90°的提示 * /
            stepper_ccw_8_angle(90); //否则,如果 B 键被按下,则步进电机逆时针旋转
        }
        else{
            oled_show_string(1, 2, (uint8_t * )"Stepper OFF.", 16); / *逆时针旋转 90°的提示 * /
            stepper_off();               //否则步进电机停止
        }
    }
}
```

12.5.4 实验现象

将程序下载到开发板并将步进电机接好后,观察实验现象。按一下按键 A,步进电机顺时针旋转 90°并在 OLED 屏上显示"A:90 cw.",步进电机旋转之后停止,OLED 屏上显示"Stepper OFF.";按一下按键 B,步进电机逆时针旋转 90°并在 OLED 屏上显示"B:90 ccw.",步进电机旋转之后停止,OLED 屏上显示"Stepper OFF."。

因为步进电机在旋转时会阻塞 CPU 的执行,所以在步进电机旋转到目标角度之前,如果按开发板上的其他按键,则 CPU 不会响应。

还有一点需要注意,因为本实验使用了 PB3、PB4,在代码中失能了这两个 I/O 端口的调试功能,因此本实验的代码不能通过 St-Link 下载,需要使用 1.3.3 节介绍的方法通过 FlyMcu 工具软件由开发板的"USB 串口下载"的接口向开发板下载程序。若要重新使能 PB3、PB4 的调试功能,则只需通过 FlyMCU 下载一个没有失能 PB3、PB4 调试功能的工程。

参 考 文 献

[1] 张勇.ARM Cortex-M3 嵌入式开发与实践：基于 STM32F103[M].北京：清华大学出版社,2017.

[2] 郭志勇.嵌入式技术与应用开发项目教程[M].北京：人民邮电出版社,2019.

[3] 严海蓉,李达,杭天昊.嵌入式微处理器原理与应用 [M].2 版.北京：清华大学出版社,2019.

[4] 邢传玺.嵌入式系统应用实践开发：基于 STM32 系列处理器[M].长春：东北师范大学出版社,2019.

[5] 贾丹平,桂珺.STM32F103x 微控制器与 μC/OS-Ⅱ操作系统[M].北京：电子工业出版社,2017.

[6] 曹国平,王宜怀,等.嵌入式技术基础与实践[M].北京：清华大学出版社,2019.

[7] 张洋,刘军,严汉宇.原子教你玩 STM32(库函数版)[M].北京：北京航空航天大学出版社,2013.

图 书 推 荐

书　名	作　者
数字 IC 设计入门（微课视频版）	白栎旸
鲲鹏架构入门与实战	张磊
鲲鹏开发套件应用快速入门	张磊
华为 HCIA 路由与交换技术实战	江礼教
华为 HCIP 路由与交换技术实战	江礼教
数字电路设计与验证快速入门——Verilog＋SystemVerilog	马骁
LiteOS 轻量级物联网操作系统实战（微课视频版）	魏杰
物联网——嵌入式开发实战	连志安
边缘计算	方娟、陆帅冰
巧学易用单片机——从零基础入门到项目实战	王良升
Cadence 高速 PCB 设计——基于手机高阶板的案例分析与实现	李卫国、张彬、林超文
Altium Designer 20 PCB 设计实战（视频微课版）	白军杰
openEuler 操作系统管理入门	陈争艳、刘安战、贾玉祥 等
5G 核心网原理与实践	易飞、何宇、刘子琦
西门子 S7-200SMART PLC 编程及应用（视频微课版）	徐宁、赵丽君
深入理解微电子电路设计——电子元器件原理及应用（原书第 5 版）	宋廷强 译
深入理解微电子电路设计——数字电子技术及应用（原书第 5 版）	宋廷强 译
深入理解微电子电路设计——模拟电子技术及应用（原书第 5 版）	宋廷强 译
OpenHarmony 轻量系统从入门到精通 50 例	戈帅
ANSYS Workbench 结构有限元分析详解	汤晖
ANSYS 19.0 实例详解	李大勇、周宝
CATIA V5-6 R2019 快速入门与深入实战（微课视频版）	邵为龙
SOLIDWORKS 2023 快速入门与深入实战（微课视频版）	赵勇成、邵为龙
Creo 8.0 快速入门教程（微课视频版）	邵为龙
UG NX 快速入门教程（微课视频版）	邵为龙
Octave 程序设计	于红博
Octave GUI 开发实战	于红博
Octave AR 应用实战	于红博
AR Foundation 增强现实开发实战（ARKit 版）	汪祥春
AR Foundation 增强现实开发实战（ARCore 版）	汪祥春
ARKit 原生开发入门精粹——RealityKit＋Swift＋SwiftUI	汪祥春
HoloLens 2 开发入门精要——基于 Unity 和 MRTK	汪祥春
数字化转型——从数字个人到数字企业的演进	夏月东
云原生开发实践	高尚衡
云计算管理配置与实战	杨昌家
虚拟化 KVM 极速入门	陈涛
虚拟化 KVM 进阶实践	陈涛
华为方舟编译器之美——基于开源代码的架构分析与实现	史宁宁
从数据科学看懂数字化转型——数据如何改变世界	刘通
Java＋OpenCV 高效入门	姚利民
Java＋OpenCV 案例佳作选	姚利民

图 书 推 荐

书　　名	作　者
Diffusion AI 绘图模型构造与训练实战	李福林
图像识别——深度学习模型理论与实战	于浩文
网络攻防中的匿名链路设计与实现	杨昌家
HuggingFace 自然语言处理详解——基于 BERT 中文模型的任务实战	李福林
动手学推荐系统——基于 PyTorch 的算法实现（微课视频版）	於方仁
人工智能算法——原理、技巧及应用	韩龙、张娜、汝洪芳
跟我一起学机器学习	王成、黄晓辉
深度强化学习理论与实践	龙强、章胜
自然语言处理——原理、方法与应用	王志立、雷鹏斌、吴宇凡
TensorFlow 计算机视觉原理与实战	欧阳鹏程、任浩然
计算机视觉——基于 OpenCV 与 TensorFlow 的深度学习方法	余海林、翟中华
深度学习——理论、方法与 PyTorch 实践	翟中华、孟翔宇
Pandas 通关实战	黄福星
深入浅出 Power Query M 语言	黄福星
深入浅出 DAX——Excel Power Pivot 和 Power BI 高效数据分析	黄福星
从 Excel 到 Python 数据分析：Pandas、xlwings、openpyxl、Matplotlib 的交互与应用	黄福星
FFmpeg 入门详解——音视频原理及应用	梅会东
FFmpeg 入门详解——SDK 二次开发与直播美颜原理及应用	梅会东
FFmpeg 入门详解——流媒体直播原理及应用	梅会东
FFmpeg 入门详解——命令行与音视频特效原理及应用	梅会东
FFmpeg 入门详解——音视频流媒体播放器原理及应用	梅会东
Flink 原理深入与编程实战——Scala＋Java（微课视频版）	辛立伟
Spark 原理深入与编程实战（微课视频版）	辛立伟、张帆、张会娟
PySpark 原理深入与编程实战（微课视频版）	辛立伟、辛雨桐
HarmonyOS 移动应用开发（ArkTS 版）	刘安战、余雨萍、陈争艳 等
HarmonyOS 应用开发实战（JavaScript 版）	徐礼文
HarmonyOS 原子化服务卡片原理与实战	李洋
鸿蒙操作系统开发入门经典	徐礼文
鸿蒙应用程序开发	董昱
鸿蒙操作系统应用开发实践	陈美汝、郑森文、武延军、吴敬征
HarmonyOS 移动应用开发	刘安战、余雨萍、李勇军 等
HarmonyOS App 开发从 0 到 1	张诏添、李凯杰
JavaScript 修炼之路	张云鹏、戚爱斌
JavaScript 基础语法详解	张旭乾
Android Runtime 源码解析	史宁宁
恶意代码逆向分析基础详解	刘晓阳
深度探索 Go 语言——对象模型与 runtime 的原理、特性及应用	封幼林
深入理解 Go 语言	刘丹冰
Python 游戏编程项目开发实战	李志远
编程改变生活——用 Python 提升你的能力（基础篇·微课视频版）	邢世通
编程改变生活——用 Python 提升你的能力（进阶篇·微课视频版）	邢世通